U0375712

自动目标识别

——工程视角

郁文贤　著

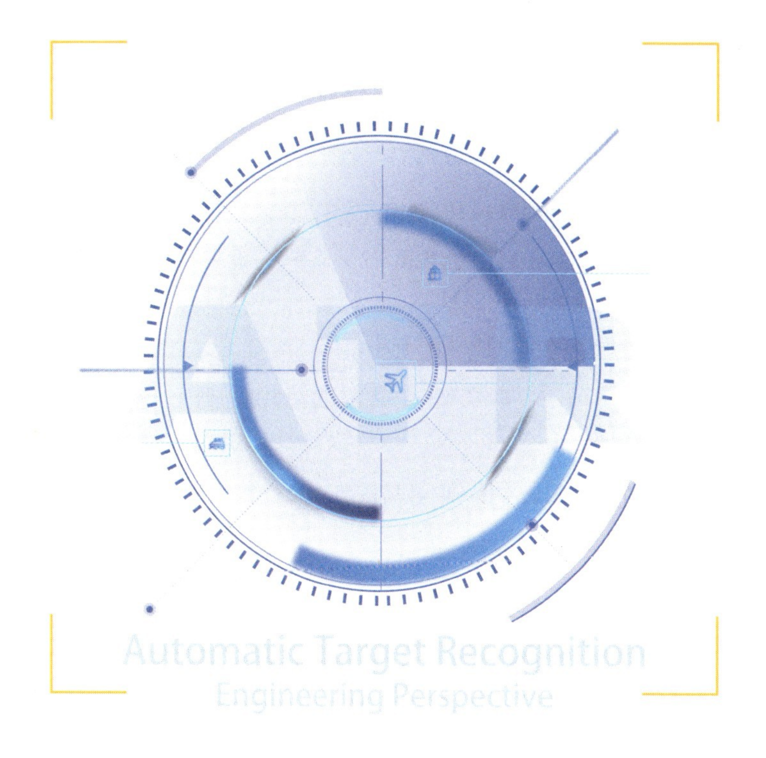

国防工業出版社

·北京·

内 容 简 介

自动目标识别(Automatic Target Recognition,ATR)是一个和信号与信息处理、模式识别、人工智能等学科密切相关的工程技术领域。由于识别对象固有的不确定性,识别环境的复杂性,以及日益加剧的识别对抗性,使得ATR的发展一直面临着从理论到技术,再到应用的系统性挑战。本书从工程视角出发分析与描述了ATR的内涵与特征,梳理了ATR的核心技术体系,并从目标特性与特征、ATR体系结构与系统实现方法、动态任务规划、多源融合目标识别、ATR系统的学习与演进、目标识别测试评估体系等方面阐述了相关技术;本书最后评述了ATR技术的未来发展与挑战。本书内容尽可能结合工程应用背景,以期对该领域的工程实践具有较好的参考性。

本书不仅适用于目标识别领域的初学者阅读,也可作为从事目标识别工作的科研人员及高校学生的主要参考书籍使用。

图书在版编目(CIP)数据

自动目标识别:工程视角/郁文贤著.—北京:国防工业出版社,2023.4

ISBN 978-7-118-12891-8

Ⅰ.①自… Ⅱ.①郁… Ⅲ.①自动识别—研究 Ⅳ.①TP391.4

中国国家版本馆CIP数据核字(2023)第059617号

※

国防工业出版社 出版发行

(北京市海淀区紫竹院南路23号 邮政编码100048)

北京龙世杰印刷有限公司印刷

新华书店经售

*

开本 710×1000 1/16 **印张** 15¾ **字数** 266千字

2023年4月第1版第1次印刷 **印数** 1—2000册 **定价** 118.00元

(本书如有印装错误,我社负责调换)

国防书店:(010)88540777 书店传真:(010)88540776

发行业务:(010)88540717 发行传真:(010)88540762

序 1

自动目标识别(ATR)技术,特别是雷达自动目标识别技术,是国际上一项极富挑战性的科技前沿难题。它的难点在于:一是目标识别本质上是一个逆问题求解,而保证逆问题求解的唯一性是实现求解正确性即实现目标正确识别的关键;二是识别的目标具有高机动性,对各种非合作的运动目标的自动识别,注定是一个动态模式识别难题;三是雷达待识别目标具有应用域的多样性以及目标所处场景的复杂性,因此研究能够有效识别空中飞行器目标、地面车辆目标、海上舰船目标的具有普适性的技术方法,难度极大。

1985 年,本书作者开始从事岸基雷达对海上过往舰船目标自动识别技术方法、算法的探索性研究及其工程应用实践。三十多年来,作者将雷达自动目标识别技术与系统确定为自己长期的主要研究方向,承担并主持了该领域多项国家级科研任务,获得了多个国家科学技术进步奖,其研究、研制的识别技术方法与系统已成功付诸用户实际使用。

本书正是作者三十多年来所取得的部分成果的总结。本书尝试从工程应用角度来系统刻画 ATR 技术的框架和相关技术内容,反映本书作者在 ATR 技术领域研究过程中的创新思维,以及在工程应用方面持之以恒的研制工作中的技术积累;同时也反映作者对 ATR 技术认知的不断深化与系统把握。应该肯定本书的尝试是成功的。

全书共 8 章:第 1 章绪论;第 2 章目标特性与特征;第 3 章 ATR 体系结构与系统实现方法;第 4 章动态任务规划;第

5 章多源融合目标识别;第 6 章 ATR 系统的学习与演进;第 7 章目标识别测试评估;第 8 章结语——永恒的挑战。

在此强调以下三个问题。

(1) 雷达自动目标识别的实现,要依赖于从雷达系统的输出中获取非合作目标的信息,才能做出关于目标类型等属性的判决。因此需要事先建立各类目标的特征模式库,这里特征模式的提取,极大地关系到识别正确率的高低,所以要特别重视"特征模式提取课题"的深入研究,在第 2 章中对此有详细的阐述。

(2) 在解决自动目标识别问题中,常常会碰到仅靠单一传感器的目标信息获取与处理难以奏效的情况,这时采用多(信)源融合目标识别技术方法可以提高 ATR 系统的识别正确率。因此,"多(信)源融合目标识别技术课题"不失为一个重要研究方向。对此可见本书第 5 章的论述。

(3) 关于 ATR 系统的学习和演进问题,在本书第 6 章中系统介绍了 ATR 系统所面临的持续学习、开放场景学习和小样本学习的需求,指出了持续学习灾难性遗忘等挑战性问题,讨论了解决这些问题的技术方法。因此,"学习和演进课题"值得十分重视。

总之,本书是一部十分有价值的学术专著,本书的问世,将为从事 ATR 技术和系统领域研究工作的读者提供有益的参考借鉴。

ATR 技术的发展永远在路上,期待 ATR 领域的同仁继续共同努力,不断做出新的贡献。

郭桂蓉

国防科技大学自动目标识别重点实验室

2022 年 8 月

序2

自动目标识别是实现智能感知和自主决策的关键技术，具有多学科综合、高度复杂的特征以及应用领域广泛的特点。本专著结合了作者在该领域三十多年的研究实践，从工程应用的视角体系化的梳理、分析和阐述了相关理论与技术，这为该领域的工程师和科研人员提供了针对性、启示性的研究参考。

本书从自动目标识别的基本定义和内涵出发，系统地回顾了自动目标识别技术的发展历程与核心技术体系，详细阐述了目标特性与特征基础理论、自动目标识别系统的体系架构、动态任务规划、融合识别和在线学习演进等核心技术原理、算法和应用场景。同时，本书还介绍了自动目标识别的测试评估指标与方法，并针对不同场景和任务，结合实际案例，提供了测试评估实践方法和指标体系。本书的一个特色是以问题为导向，立足工程视角介绍自动目标识别在实际工程中的应用和实践方法，涵盖从信号数据处理与分析、自动目标识别模型选择和调优、系统集成和迭代演进、到测试评估的全流程。这些经过实践检验的宝贵内容揭示了在多种类型信号场景中如何高效实现自动目标识别。

此外，本书还关注了相关领域的最新发展动态。作者介绍了如何结合机器学习最新的研究进展和前沿技术实现自动目标识别系统的迭代演进，如小样本学习、增量学习、自监督学习等，并提出借鉴自动驾驶领域的虚实融合数据驱动方式实现系统的迭代演进，这些思路非常新颖，对自动目标识别领域的研究应该有很大启发。

人工智能技术的应用才拉开大幕,自动目标识别技术体系的构建与发展将是一个不断完善的过程,只有坚持实践、与时俱进,才会不断的有所创新、有所创造。正如作者说的:"识别对象所固有的未知性,叠加实际环境中的强对抗性,自动目标识别的发展也将永远在路上",期待本书的问世对于该领域的发展能够起到重要的推动作用。

郑南宁

西安交通大学

2022 年 12 月

序 3

ATR 的每一小步进展都需要付出艰巨的代价

自动目标识别(ATR)是信息化、智能化作战的核心支撑技术,是世界军事强国优先发展和重点支持的国防关键技术领域之一。

我在国防科技大学 ATR 实验室攻读硕士研究生期间,曾有幸在郁文贤教授的课题组参加对海目标识别研究工作,那时候大家都称呼他“郁博”。这个年轻的团队,大家年龄相仿、创新活跃、团结协同,短短几年,我们一起完成了多项科研项目,团队的文化氛围给我留下了很深的印象。

我至今还记得 1993 年夏秋季节,ATR 实验室团队前往东海舰队舟山基地做海上目标多传感器融合识别数据获取试验的情景。预设的试验是通过岸基雷达和新型驱逐舰舰载雷达,对同一个区域的海上目标实施观测和数据采集;但当时在现场发现,这样的试验执行起来空前困难,两个平台的雷达要实现时空同步观测几乎不可能。这次试验我们不但获得了有限又珍贵的目标数据,而且也让我切身感受到 ATR 问题的困难,ATR 的研究和传感器、探测平台,甚至整个任务体系都高度相关,其试验验证具有高度复杂性。

三十余年来,郁文贤教授始终坚持在 ATR 研究一线,研究方向涵盖窄带雷达对海目标识别、雷达空间目标识别、合成孔径雷达(SAR)目标识别和多传感器信息融合目标识别等,在 ATR 工程技术创新与应用实践等方面做了大量的开拓性、系统性工作。他针对现役雷达识别需求，完成了国际上对海警戒雷达目标识别领域已知的最大规模的应用试验验证；他主持研制了我国空间监视首台战略相控阵雷达目标识别系统，实现任务流程构建、编目识别等“从无到有”的跨越发展。可以说，多年来的 ATR 技术创新研究与工程实践认知为本书的构思和成形提供了最重要的基础，从全书的内容框架可以清晰地看到郁文贤教授从工程视角对 ATR 的深刻理解与把握。

ATR 的困难在于识别的对抗性，ATR 的每一小步进展都需要付出艰巨的代价。整体而言，当前 ATR 领域的工程化面临很多短板，ATR 的发展远远落后于应用的需要。可以相信本专著的面世将会给 ATR 工程应用领域提供一个基本的技术视图和发展途径，这对 ATR 领域的发展具有重要的现实意义。

诚如郁文贤教授本书结语所言：“ATR 之美，既在于她的难，更在于她的至关重要、不可或缺，是一个永恒的挑战。ATR 的发展需要领域相关技术的进步与应用整合，需要更多的领域研究人员面向应用场景深耕细作，不断地把 ATR 技术的研究和工程应用推向极限，享受 ATR 之美，成就 ATR 之美。”在这里，期待 ATR 领域的同仁一起创新开拓，共同成就 ATR 的新未来！

国防科技大学自动目标识别重点实验室

2022 年 9 月于长沙

前言

自动目标识别(Automatic Target Recognition,ATR)根源于军事任务需求,是一个和信号与信息处理、模式识别、人工智能等学科密切相关的特殊工程应用技术领域。

1985年,我在国防科学技术大学读硕士研究生,导师为郭桂蓉教授和傅诚忠教授,主要研究对海警戒雷达目标识别算法。1987年8月和9月,课题组在湛江硇洲岛雷达站开展目标识别“现场会战”。至今虽已有35年,但那两个月却恍如昨日:我们在雷达坑道里,不停地采数据、调算法、做测试,不分白天和黑夜。10月的一天,南海舰队专家们来站里实测识别系统的性能,我负责系统操作,大家围着屏息助战。“016”“大商”;“025”“客轮”;……;“全部正确”!现场一片欢呼,有的同学激动得相拥而泣。我们当时只是觉得打了场胜仗,多年之后才意识到是先生带领我们开辟了现役雷达ATR技术的新方向。不久,ATR国防科技重点实验室组建,我与ATR也结下了不解之缘。郭桂蓉老师经常把硇洲岛会战比喻成ATR实验室发展中的井冈山革命,这份特殊的情感源于大家倾注了如火岁月并催生了新的事业。

三十多年来,自己从学生成了老师,也培养了一批批ATR方向的研究生,研究方向从窄带雷达对海目标识别,拓展到雷达空间目标识别、合成孔径雷达目标识别、多传感器信息融合目标识别、认知导航情景识别等;研究层面从基础理论、技术方法、算法软件,到装备系统研制与应用服务。然而,这么多年过去了,尽管持之以恒的努力一波又一波,矢志于此的才俊一批又一批，但我们看到的现实却是：ATR 领域的工程化进展依然举步维艰，ATR 领域数据智能化的进展远远滞后于装备系统的发展，ATR 领域的实际能力远远落后于应用场景的需要。更加值得关切的是，研究人员、工程应用人员和管理者对于 ATR 的认识和理解也还不尽相同，很多初入门的技术人员缺乏对 ATR 的系统性理解。这触发了我从工程应用视角来梳理 ATR 技术脉络的想法。

历经几年的酝酿和撰写，在本书即将付梓成书之际，正是上海和国内多地遭遇百年未遇之酷热，自己虽坚持对内容不断推敲琢磨，但总觉得在理论分析和范式化表述等方面存在着差距。本书的思路与内容一定程度上反映了我们三十余年来的 ATR 探索和实践，撰写过程更深感 ATR 发展之艰辛与难上加难的创新之美，也更认识到构建 ATR 技术体系框架、诠释 ATR 相关技术之概貌与最新进展对本领域研究的现实意义。

毫不夸张地说，ATR 是军事行动过程中的灵魂，其重要性源于作战任务的固有需求与现实问题的挑战。ATR 融合了系统与体系的能力，操控探测系统汇聚有价值的数据，从数据中洞察目标类型、属性与意图；她的学习与自我演进能力将推动武器装备从机械化、信息化迈向智能化。本书从工程应用视角分析与描述 ATR 的内涵与特征，并从 ATR 系统核心能力构成上来梳理相关核心技术体系。本书从目标特性与特征基础技术，到系统体系架构与动态任务规划等系统总体技术，再到融合处理识别与在线学习演进系统核心技术，最后到识别能力测试评估来分析阐述 ATR 系统相关技术内容，并期望形成技术内容的闭环。文中内容尽可能结合工程应用背景提出解决方案与思路，以期对该领域的工程实践具有较好的参考性。

真诚地感谢在国防科学技术大学 ATR 重点实验室的老师、同事与学生们，是大家共同奋斗的积累才成就了今天的书稿。郭桂蓉先生将《敢问路在何方》作为实验室的室歌，代表了团队三十余年 ATR 跋山涉水奋斗的心路与情愫。感谢郭桂蓉老师、张银福老师、王润生老师、傅诚忠老师、郭修煌老师和庄钊文老师等的引导与帮助。本书成稿过程中，要特别致谢上海交通大学智能探测与识别重点实验室的同事们，他们是张增辉研究员、李东瀛副教授、潘常春副研究员、熊刚副研究员、邹丹平副教授、吕娜副研究员、张涛助理教授，以及同济大学的郭炜炜副教授，他们都参加了相关章节内容的撰写。感谢军事科学院张静研究员对书稿给予了从思路到内容的很多帮助，并进行了细致的修正。感谢 ATR 实验室毕业的杨宏文博士、计科峰博士、王壮博士、杜小勇博士、李飚博士、朱长仁博士、张乐锋博士、赵宏钟博士、卢建斌博士、虞华博士、余安喜博士、高峰博士、高贵博士、宋锐博士、宋正鑫博士、袁振涛博士、邹焕新博士、黄小红博士、陈涛博士等给予的支持。感谢实验室武元新教授、同济大学刘富强教授对书稿进行了审阅，感谢复旦大学张文强教授、西安电子科技大学杜兰教授、哈尔滨工程大学周天教授、上海交通大学张重阳教授等对相关章节内容给予了指正，感谢戎慧智能科技公司提供了应用案例和多维度的支持，感谢上海交通大学苏跃增教授、李萍副教授和龚玲高工提供的支撑与帮助。最后感谢我们实验室各位年轻的博士生，他们做了大量的辅助工作，他们是未来 ATR 的新生力量。

雄关漫道真如铁，而今迈步从头越！进入 21 世纪后，陆、海、空、天立体化、一体化目标探测感知能力不断增强。同时，以大数据分析、深度学习为代表的现代人工智能（AI）技术迅猛发展，所有这些都为 ATR 的技术进步与工程化应用带来了前所未有的机遇。但是，由于 ATR 系统识别对象所固有的未知性，叠加实际环境中的强对抗性，ATR 的发展也将永远在路上。ATR 没有 100%的识别率，这种不确定性之憾呼唤后来人的征服。这迫切需要更多的 ATR 领域研究人员面向应用场景深耕细作，以更好地应对当前所面临的广泛且急迫的应用需求和工程技术挑战。在本书撰写过程中，我深感内容覆盖面太宽，也还缺乏更多的工程实践内容支撑，不免存在疏漏与不妥之处，诚请各位读者与同仁多多指教，以期日后不断完善。

谨以此书献给已故的导师陈芳允先生。1989 年，在北京远望楼召开“KD85－466 舰船雷达目标自动/智能识别系统”鉴定会时，他在总结讲话中专门说道：“在非相参窄带雷达上实现目标类型自动识别，这是一个奇迹”“让我很欣慰的是看到一批在一线的优秀的年轻人”。当年参加这个项目的所有年轻人，都记得陈先生的这番话。陈先生对年轻人总是给予温暖的勉励，让我们受益终生。

最后与各位同仁共勉：把 ATR 应用推向极限！

郁文贤

2022 年 8 月

目录 CONTENTS

第1章 绪论

第 2 章
目标特性与特征

第 3 章
ATR 体系结构与系统实现方法

第4章

动态任务规划

第5章
多源融合目标识别

第6章
ATR 系统的学习与演进

第 7 章
目标识别测试评估

第1章 绪 论

自动目标识别(Automatic Target Recognition,ATR)领域涉及面很宽,本书尝试从工程应用视角来系统化地梳理和介绍 ATR 领域共性关键技术。本章主要介绍 ATR 的定义、内涵及其发展动态;阐述 ATR 系统的能力构成与核心技术体系,最后说明本书的内容框架。

1.1 ATR 的定义与内涵

1.1.1 ATR 的定义

"知己知彼,百战不殆"。目标识别是军事对抗中的基本问题,直接影响各级各类作战行动任务。现代信息化精确交战,需要目标识别系统能全天时、全天候地对作战范围内的目标进行探测、鉴别、定位和跟踪(图 1-1),提供实时、准确的战场态势信息。

目标识别首要关注的是敌我属性判别,即进行敌我识别,以达到快速引导打击敌方目标、减少误伤的目的。早期的敌我识别系统(Identification of Friend or Foe,IFF)是一种基于询问/应答模式的合作目标识别方式,只能识别我方目标而不能识别敌方和中立目标,会不可避免地造成误判。

20 世纪 90 年代的海湾战争出现了大量误伤事故。为了尽量避免误判误伤,北约(North Atlantic Treaty Organization,NATO)及美军提出了新的敌我识别概念,即战斗识别(Combat Identification,CID)。根据美国国防部的定义,战斗识别是在作战环境下获得被探测目标精确特征的过程,

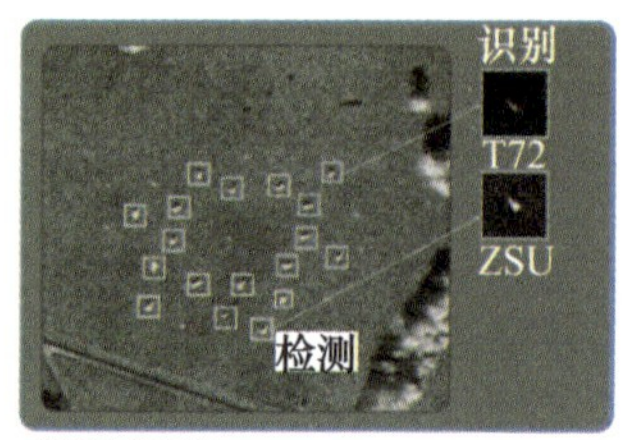

图 1-1 目标探测识别

目的是支持交战决策，提高部队战斗力、并将附加伤害最小化，同时避免友军伤害。它强调通过各种传感器获得战场空间中的每个敌方、友方、中立方实体目标的战斗识别信息，不仅包括每个目标的精确位置信息，而且还包括目标的敌我属性信息，形成全面、精确、连续、可靠的战场态势，以支持最终作战决策。

ATR 是战斗识别的核心。伴随着传感器探测能力与数据处理计算技术的进步，ATR 技术逐渐起步，并得到越来越广泛的重视和发展。1958 年，D. K. Barton 通过 AN/FPS-16 雷达对苏联人造卫星 Spuknit Ⅱ 的外形特征做出准确判断（如图 1-2 所示），被认为是雷达界 ATR 技术发展初期重要的里程碑事件[1]。

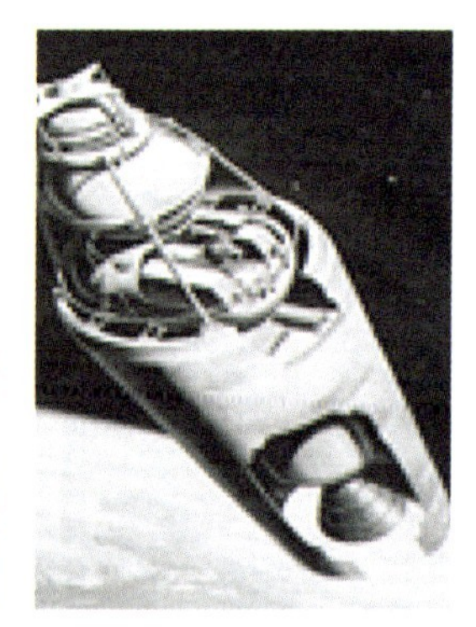

图 1-2 D. K. Barton 通过 AN/FPS-16 雷达回波推断苏联人造卫星 Spuknit Ⅱ 的外形特征

事实上,对于自动目标识别甚至"识别"(Recognition)本身,学术领域和工程应用领域目前都还没有一个明确一致、广泛接受的定义。在AAP-6术语表"NATO Glossary of Military Terms and Definitions"[2]中,北大西洋公约组织从作战任务的角度将"识别(Recognition)"描述为一个包括6个层级的分类树。

(1) 检测(Detection):将目标从背景中提取出来;

(2) 分类(Classification):将目标划分成某一大类,如飞机、车辆等;

(3) 识别(Recognition):在大类的基础上,进一步分成子类,如飞机大类中的战斗机、运输机、轰炸机等,车辆大类中的坦克、运输车等;

(4) 辨识(Identification):对目标型号的区分,如MIG-29战斗机、F-15战斗机、T-72坦克等;

(5) 规格(Characteristic):对目标型号的变体延展,如MIG-29 PL,无油桶的T-72坦克;

(6) 指纹(Fingerprinting):对目标的精细分析,如带有侦察吊舱的MIG-29 PL。

在2008年的AAP-6修订版中,进一步将自动目标识别定义为确定目标特性以及类型的过程,以便能够为武器系统提供高置信度实时决策[2]。

从ATR技术的角度,Tait[3]将目标识别视为包含了从目标分类到辨识的所有含义。美国林肯实验室将ATR定义为利用计算机来处理一个或多个传感器数据以自动检测和辨识敌方目标[4]。美国陆军实验室的Ratches[5]认为ATR是处理传感器数据并进行自动目标捕获与辨识的过程;Bhanu[6]认为ATR还包括执行目标跟踪的过程;Schachter[7]则从不同角度解释了ATR。从狭义的技术角度来说,ATR是指自动化处理数据以实现目标定位与分类;从广义的技术角度来说,ATR是一类信号和图像处理技术的总称,包含了一系列算法以及实现这些算法的软硬件系统;从工程系统的角度来说,ATR是指ATR系统或者自动识别器,或是某类传感器或者系统(如雷达)的一项功能或操作模式。

本书着重从工程应用系统角度来阐述ATR,ATR是基本作战任务功能,贯穿于目标检测、跟踪、鉴别、定位、决策、打击等任务链的每个环节,包含了一系列自动化、智能化的目标信号和信息处理算法以及相应的软硬件系统,以实现目标敌我、位置、种类和类型等属性的高置信度辨识。

战场环境复杂多变,各类目标混杂分布,而且还存在干扰、伪装和欺骗。ATR 作为武器装备自主化、智能化的核心技术与重要组成,可有效提高目标快速搜索发现、精准识别与快速决策响应能力,大幅缩短作战链路,降低人在作战过程中的数据与信息认知负担。2022 年初爆发的俄乌战争再次印证:具备 ATR 能力的侦察打击无人机和精确制导武器在战场上发挥了极其重要的作用,ATR 已成为现代化战争取胜的关键所在。

1.1.2 认知 ATR 的视角

研究人员通常从传感手段和目标特征维度来归类和描述 ATR,缺乏工程应用的系统性考虑。ATR 是一个面向战斗识别任务的感知与决策过程,需要从系统工程的不同视角来理解和描述 ATR。

从识别的基本原理来看,ATR 很大程度上取决于目标特征提取与匹配识别,因此有众多研究工作都是围绕目标特征及其相关的目标特性机理来展开,这是从特征识别的视角来认知 ATR。ATR 系统的性能与任务需求、探测器及平台特性、目标环境状态,以及整个探测情报体系的支持等都直接相关,其能力是系统相关功能的集成。因此,需要从系统工程应用总体的视角来认知 ATR,也就是说,需要强调具体作战应用场景和任务驱动,需要关注任务过程中各类探测与处理资源的动态优化调度,以及整个探测情报体系的支撑。军事活动的对抗性、观测目标信息的不完备性与随机性等使得 ATR 系统天生具有不确定性的特点,需要从不确定性的视角来认知 ATR。学习能力是任何识别系统的核心支撑。因此,需要从开放环境动态学习的视角去认知 ATR 系统自组织、自生长的内在需求。

图 1-3 从特征识别、任务驱动、优化调度、体系支撑、不确定性、动态学习等 6 个不同的视角概括了 ATR 的内涵与特点。

1.1.2.1 特征识别

目标识别有赖于目标的特征信息。每类目标在特定环境中都有其固有特性,特征是目标特性在探测器观测域内的外在表现,可认为是目标特性在识别域的物理数学表征,也是对目标具备的空间、几何、电磁、运动等特性的感知、分析与描述。特征源自目标特性,但与目标的运动状态及所处环境有关,更与探测器的特性及其目标观测模式密切相关。不同传感器,如红外[8]、雷达[9-11]、声纳[12]等对目标/环境的频谱特性及探测方式

差异显著,所获得的目标信号样式与特征表象也不相同。图 1-4 展示了第二次世界大战时期美国士兵利用螺旋桨声纳回声特征来识别舰船。

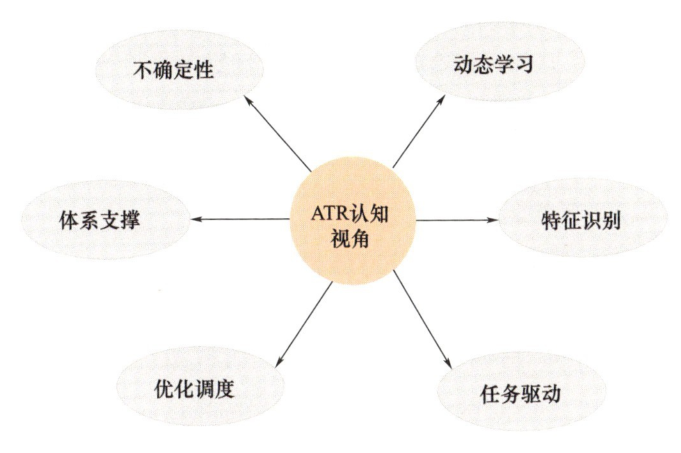

图 1-3 ATR 的认知视角

图 1-4 第二次世界大战时期美国士兵通过螺旋桨声纳回声特征识别舰船

(引自 DARPA,US Navy Institute)

传统模式识别方法主要是基于特征提取与模式匹配,即探测器获得的原始信号数据,处理并转换到低维度的特征数据空间,再输入到匹配分类器。通常要求特征之间无相关性,这样便于分类器的快速处理和评估不同特征的识别性能。随着深度学习神经网络的发展,数据处理与特征提取的很多工作正逐步被神经网络所取代,但这种“新兴”识别模式当前还存在可解释性差等问题。

由于目标场景的多变性,实际应用中并不存在永远具有价值的特征。在某种场景下能够支撑高置信度判别结果的优势特征,在另一种场景下可能会“毫无用处”。因此,为了实现可靠的目标识别,至关重要的问题是如何快速发现并“锁定”及获取特定场景下易于计算且稳健的目标特征。也就是说,我们需要去揭示和掌握探测空间中信号、目标与环境复杂的耦合作用机理,从而可以有效地预测特定场景下的目标特性与优势特征,设计出合理的目标探测模式,最大可能地挖掘与获取目标信号的信息量。

1.1.2.2 任务驱动

ATR 服务于具体场景下的作战任务,而任务牵引和驱动 ATR 系统完成特定目标识别。作战任务过程可以用 OODA 环来进行描述,即包含观察(Observe)-调整(Orient)-决策(Decide)-行动(Act)四个环节。OODA 环是由美空军军官 John Boyd 于 1977 年提出的理论,简明而深刻地阐释了如何赢得竞争和对抗,不仅在军事对抗中广泛运用,而且在商界、管理学界等领域也被奉为准则。

贯穿 OODA 环及其循环过程的核心是 ATR,与 ATR 相关的任务描述与表征是 ATR 系统开发的基础。任务与目标场景、系统探测处理能力等紧密相关。与任务表征相关的要素包括目标探测范围与环境条件、目标数量与目标类型、识别距离与时间约束、目标识别精度要求、重要目标识别要求、探测平台特性、探测传感器配置与功能协同性、系统数据处理能力、数据传输与通信保障性能、人在环路特性、先验知识与情报的支撑能力等。任务需求不是固定不变的,而是随着 OODA 环的变化动态调整。因此,我们把 ATR 看成是任务过程中的能力,其有效支持了不同任务阶段的战斗识别。

图 1-5 是 ATR 在无人机区域目标探测中的概念性图示,OODA 环旨在强调实际作战策略的牵引。多传感器协同、人机协作等都是 ATR 系统的基本要求,而贯穿全局的关键是对目标的精准识别。

任务具有多样性、多变性、复杂性和不确定性,因此面向任务的 ATR 研究与运用也存在着多样性与复杂性。ATR 领域不存在适合任意场景的传感器手段,也不存在适用于不同应用需求的通用识别方法。深入分析 ATR 的典型任务模式与任务流程特点,从工程应用的视角总结出有效的 ATR 任务表征方法、ATR 技术体系结构与系统实现方法,对 ATR 的发展至关重要。

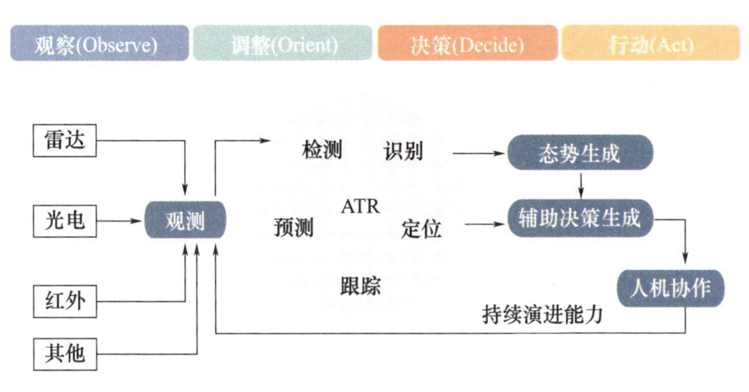

图 1-5 ATR 在 OODA 中的功能描述(检测、跟踪、定位、识别、预测)

1.1.2.3 优化调度

如前所述,OODA 环中的 ATR 任务描述与表征涉及诸多要素。ATR 工程系统需要针对目标探测识别的任务要求,依据目标场景信息、平台和传感器特性以及其他相关要素,优化调度系统探测资源和计算资源才能实现面向识别任务的最佳匹配。

在实际优化调度过程中,需要充分考虑功率、时间、频率、存储、计算、传输等资源要素,实现占用资源少、系统消耗低的最佳调度策略,以提高特定任务的完成效能和可靠性。需要指出的是,任务规划和资源调度也受到一些实际变量的约束,如目标类型、环境、作用范围、传感器类型与性能等,因此在实际应用中需要结合这些约束变量进行综合分析,如图 1-6 所示。

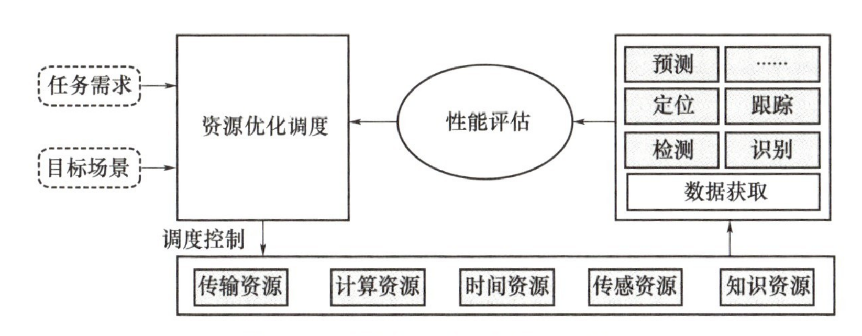

图 1-6 ATR 中任务与资源优化调度

1.1.2.4 体系支撑

信息技术和信息化武器装备的发展推动了现代作战体系的形成。

通过对整个作战体系中目标情报信息的共享和探测能力的协同，可有效提升每个作战感知单元的 ATR 能力；即使是全自主的精确制导武器或无人作战系统，也需要预置和装订相关先验数据模型与知识，而先验知识的获取依赖于情报信息体系的支持。为了实现体系支撑下的快速、精准 ATR 能力，还需注重各系统间的高连接性、可用性、安全性及扩展性。

网络化作战体系要求真正实现多站、多平台、跨域的信息传递、链接与汇集，这对 ATR 提出了更大的需求和挑战，主要包括几个方面：一是面向 ATR 的任务需求，如何实现相关目标探测数据与信息的智能化高效引接；二是如何实现不同探测系统目标数据的一致性处理、关联配准与融合，以得到全面、精确的联合识别结果；三是各类数据与信息处理结果的置信度可信评估、一体化更新和体系统一目标视图的形成；四是面向高速运转的作战进程，如何在最短时间内，以最适合的方式，向不同作战节点提供精准的 ATR 信息支撑。也就是说，既能在有限的时间窗口提供必要信息；也要避免因冗余信息堵塞带来新的“困扰”。

1.1.2.5 不确定性

现代战争的对抗在全域展开，敌方目标的非合作性、高动态性和欺骗性，环境的复杂变化与各种干扰的引入，以及受限的观测手段、有限的观测时空窗口、匮乏的样本数据、迟滞/缺失的真值输入等主、客观条件，导致 ATR 难以满足复杂的作战要求，并长期面临各种严峻挑战。国际上至今未见动态对抗环境下大范围有效使用的高可靠 ATR 系统，国内外技术界普遍认为，ATR 是一个永恒的难题。

ATR 结果的不确定性源于诸多因素。作战预设目标场景的变化、对手作战模式与目标的未知性、目标与环境先验知识的有限性、仿真模型的精度问题、新型“低、小、隐身”目标、目标实际观测数据的稀少性等，都给目标的搜索发现、定位跟踪、干扰鉴别、识别确认与决策执行等带来不确定性，导致识别结果的置信水平生成与赋值非常困难。可以说，ATR 的每一步判决本质上都是一个不确定性判决。为了缓解前述问题，普遍的做法是在 ATR 的链路中补充人工干预，但人工干预又会带来新的不确定性，如受限于人员自身的工作经验、水平、状态等，以及如何对人工

干预进行合理性、针对性建模等。上述各类不确定性的累加,会降低 ATR 系统的有效性与稳健性,甚至无法满足任务场景的使用要求。另一种方法是利用多源信息融合来消除、减少不确定性对目标识别和决策的影响,其中融合层面可在数据层、特征层或决策层三个层面进行,如图 1-7 所示[28]。

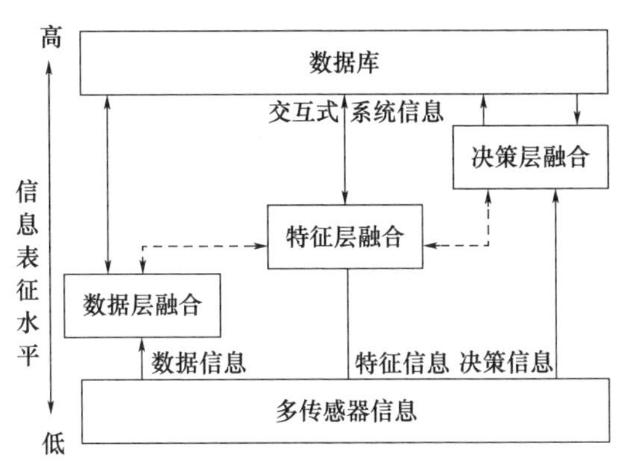

图 1-7 多源融合层次化结构

处理 ATR 的不确定性,需要对各类数据与信息的不确定性来源及特点进行梳理和分析,并成体系地采用针对性的方法进行抑制或消减。在实际 ATR 系统设计中,应将不确定性因素进行合理建模,并纳入到系统设计与开发中,从而为 ATR 提供更加可靠的判决。

1.1.2.6 动态学习

ATR 最终是过程实践与学习积累形成的能力。无论是通过实际应用场景学习积累,还是通过基于先验模型的虚拟场景数据训练。复杂多变的目标场景决定了 ATR 系统必须具备高效率的在线学习、增量学习、迁移学习、联想学习等动态学习能力。识别系统也应随着任务与场景数据的不断积累,动态实现系统数据、算法软件的更新与识别能力的跃升。以在线学习为例,图 1-8 给出了其自演进架构。

学习能力是 ATR 系统的核心,但目标场景数据匮乏、数据缺乏真实性验证,以及对抗目标固有的未知性等问题是发展和提升 ATR 学习能力的瓶颈。从机器学习发展趋势来看,提高预测目标场景模型的可用性以及采用虚实混合数据的学习方法,对提升 ATR 系统学习效率与应用效能非常关键。

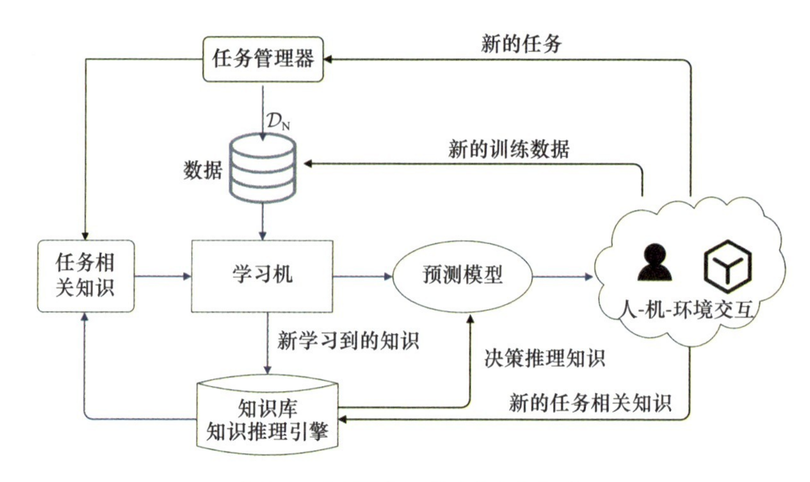

图 1-8　ATR 在线学习自演进架构

1.2　ATR 发展回顾

尽管 ATR 领域的研究自 20 世纪 60 年代始就已得到有关学术界和应用部门的高度重视,但真正得到普遍关注还是从 20 世纪 80 年代开始的。伴随着各类算法、集成电路芯片与处理器技术的快速发展,以及作战样式、作战理论的快速发展,ATR 系统研究从过去的理论探索与实验室仿真逐步演进到实际的应用[13]。值得关注的是,近 50 年来,美国国防高级研究计划局(Defense Advanced Research Projects Agency,DARPA)一直把 ATR 列为国防关键技术方向,从著名的移动和固定目标自动识别项目(Moving and Stationary Target Automatic Recognition,MSTAR)[14]到 2015 年启动的对抗环境目标识别与适应项目(Target Recognition and Adaption in Contested Environments,TRACE)[15],都在持续推进 ATR 技术的研究与实战应用。图 1-9 展示了 MSTAR 数据集中的目标类别。

以下从三个方面来对 ATR 领域的发展做简略的分析与回顾。

(1) 20 世纪 60 年代末开始直至 21 世纪初的 ATR 初级发展阶段,该阶段涉及了所有的传感器以及各类 ATR 识别理论与方法,也普遍采用了知识库系统、人工神经网络等人工智能技术[16-18],但由于探测数据与数据计算能力的局限性,ATR 方法普遍基于特征提取与模式匹配的传统模式识别基础框架[19],我们把这个阶段统称为经典模式识别方法阶段。

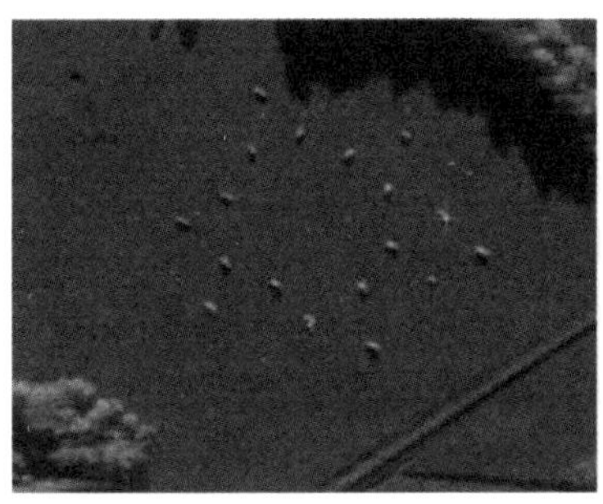

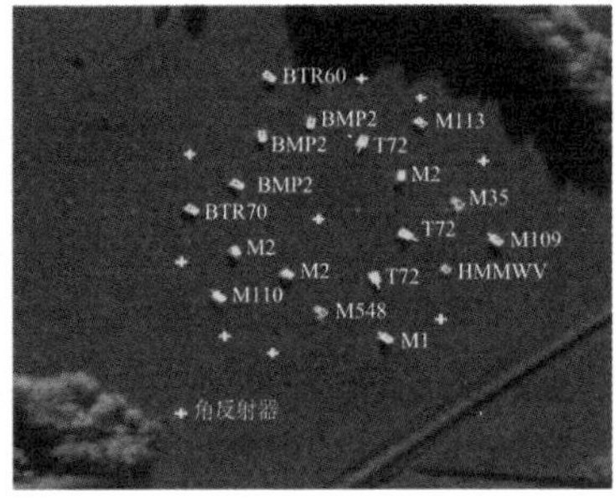

图 1-9 MSTAR 的合成孔径雷达自动目标识别

(2) 随着 21 世纪初机器学习技术的兴起，尤其是深度学习神经网络的不断迭代进步，ATR 技术的研究不再局限于“特征”模式识别框架，我们把这个阶段归类为深度学习识别阶段。

(3) ATR 作为一个系统层面的任务功能，依托系统应用实践形成能力，我们从 ATR 工程化试验验证技术的角度来分析和回顾 ATR 的重要项目与相关发展。

1.2.1 经典模式识别方法

经典模式识别包括数据获取、数据处理、特征提取、分类决策四个部分[20]。基于经典模式识别算法的目标识别工作主要集中于特征提取与分类器设计等环节。就整个过程而言，特征提取最为重要，不同传感器下的目标所体现出的特征大不相同。

光学图像目标识别涵盖了可见光、红外、高光谱等多种模态的传感器，最早的图像特征提取与识别始于 20 世纪 60 年代的矩不变理论[21]，重点提取目标平面图像的二维不变矩特征，建立基于 Hu 不变矩等矩不变量的识别系统。在此基础上，包括图像灰度共生矩阵参数[22]、小波分形特征[23]、局部灰度特征[24]，以及超像素特征[25]等在内的图像纹理特征都被广泛用于特征提取与识别，并取得了较好的识别效果。此外，以红外图像目标识别为代表，多光谱特征信息与辐射强度等物理特征，也普遍用于目标识别中[26]。

雷达目标识别方面，主要依赖于目标电磁散射特征（空、时、频、极化多域表征）、多普勒特征等，这些特征的获取与雷达的探测状态相关[27-29]。对于窄带雷达，雷达目标的自然谐振频率不依赖雷达调制方式与目标姿态,是目标判别的重要特征之一[30]。同时,根据谐振区雷达回波携带的目标尺寸与形状信息,目标雷达散射截面积(Radar Cross Section,RCS)与后向散射相位信息也被用于目标分类识别[31-32]。对于宽带雷达,主要关注雷达高分辨距离像(High Resolution Range Profile,HRRP)特征提取。需要注意的是,HRRP 通常具有方位敏感性和平移敏感性,但特征稳定性欠缺,需要采用非相干平均、平移不变性的特征提取等方式得到稳定特征[33]。事实上,无论是宽带还是窄带雷达,多普勒信息一直都被视为目标识别的重要信息。例如战场环境下,步兵目标的回波瞬时频率变化的周期性及坦克目标独特的履带特性均可成为判别依据[34]。

合成孔径雷达(Synthetic Aperture Radar,SAR)与逆合成孔径雷达(Inverse Synthetic Aperture Radar,ISAR)目标识别是雷达目标识别的重要方向。雷达图像既具有直观的形状纹理特征,又蕴含了目标特有的电磁散射特性及极化特性,对其特征提取与应用的相关方法融合了图像识别与雷达目标电磁特征识别的共性方法[35]。例如,文献[36]将极化信息与马尔可夫随机场相结合进行地物分类。需要指出的是,合成孔径雷达图像中的纹理信息[37]、几何特征[38]、目标轮廓特征[39-40]也可用于逆合成孔径雷达目标分类与识别。

激光雷达的目标识别主要依赖于测距图像中的几何形状特征提取,包括将感应到的测距图像与基于激光物理学提取出的测距模板相匹配[41],以及基于三维(3D)几何模型/散射数据与相关知识库的模板匹配与目标识别[42-43]。此外,利用目标模型的几何形状和尺寸特征,也可以实现与姿势无关的激光雷达 ATR[44]。

上述从传感器的角度对目标识别方法进行了概略介绍,这些早期的目标识别方法采用的数据样本数量还较小,识别算法更多依靠人工设计出的特征和采用小规模的神经网络分类器。例如,在红外目标识别方面,将人工提取到的目标长度和能量等特征与多层感知器相结合进行目标分类识别[45];在雷达目标识别方面,将低分辨率雷达一维距离像中提取出的对雷达方位角不敏感的特征,通过 BP 神经网络进行分类[46];在 ISAR 图像中将目标轮廓特征输入三层前馈神经网络进行识别[47];在光学图像将中,将 Hu 不变矩图像特征送入 BP 神经网络分类器进行目标快速识别[48];以 BP 神经网络为基础,文献[49]进一步提出了一种基于 BP 神经网络的网络群,并成功将其应用于目标分类。尽管这些方法用到了神经

网络与多层感知机等技术,但其本质仍依赖于传统模式识别方法提取的信号与数据特征,可以被认为是 ATR 由传统模式识别走向端到端识别的“中间状态”。

在卷积神经网络出现之前,也出现了一些“端到端”的神经网络雏形,它们只需要输入原始图像或信号,从原始数据中学习特征并进行目标识别[50-51]。例如,基于模糊自组织神经网络 FSONN 的目标检测[52],基于子波神经网络的自动目标识别[53],基于 RSOM 树模型的目标检测识别方法[54],基于形态滤波神经网络的图像形态学识别[55],以及利用小波遗传神经网络实现高分辨率雷达一维目标多普勒信号的特征提取[56]。这类方法的问题在于人工选择的特征通常不完整,具有“端到端”雏形的神经网络也只能提取单一特征,在噪声等干扰条件下可能会导致识别方法整体失效。

基于知识的 ATR 也获得了普遍重视。早在 1981 年美国海军武器中心就已着手建设基于知识库的目标识别系统[57]。该系统在远距离对峙情况下,利用广域覆盖红外成像传感器在昼夜之间对船舶进行近实时自动分类。2013 年,针对 HRRP 目标识别,进一步开发了基于专家知识的 ATR 系统[58]。

对不同信息的融合使用能够显著提升各类目标的识别准确率[59-61],基于多传感器融合技术的 ATR 吸引了广大科研人员的注意[62]。Miller 等[63-64]于 1999 年提出的基于传感器融合的同步检测、跟踪和识别框架是 ATR 融合识别的经典案例。在这一框架中跟踪和测距雷达提供目标检测相关的粗尺度信息,而高分辨率光学传感器、前视红外传感器和脉冲多普勒雷达提供目标姿态与身份的细尺度信息。类似地,文献[65]通过结合使用雷达和红外数据实现了对飞行目标的高精度检测与跟踪。

1.2.2 深度学习方法

借助新一代人工智能技术,ATR 进入了一个新的发展和应用阶段。

人工神经网络(Artificial Neural Networks,ANN)由于其优秀的并行处理、自组织和自学习能力,以及很强的稳健性,正在目标识别领域内发挥着越来越重要的作用,业已成为当前目标识别的一个研究热点。对 ANN 的研究始于 1943 年,美国心理学家 McCulloch 和数学逻辑学家 Pitts[66]在这一年建立了神经网络数学模型。2012 年,AlexNet 网络首次将深度卷积神经网络(Convolutional Neural Networks,CNN)用于大规模图像识别,大幅提高了识别精度,并在计算机视觉领域最重要的赛事 ILSVRC 中轻松取胜[67]。自此,基于模型和数据混合驱动的目标识别方法得到了长足发展。

早期的研究将 CNN 作为特征提取工具,发现其相比于传统特征提取方法拥有更高的目标识别率[68]。这一观点在声纳图像、雷达图像的现实识别方法应用中得到了反复验证[69-70]。随着研究的深入,越来越多的方法开始扬弃"特征"这一传统模式识别概念,利用 CNN 实现"端到端"目标识别,即利用 CNN 来完成目标特征提取和分类识别全过程[71]。CNN 已被大量应用于一维距离像雷达导引头自动目标识别[72]、红外图像高精度识别[73]、雷达图像目标识别等[74-76],并被证明在一维距离像姿态敏感性改进、抗噪能力提升等方面具备独到的优势。文献[77]利用完全学习机来学习有用的 CNN 特征,该方法在红外图像目标识别的泛化性能和训练速度方面优势明显。将 CNN 与联合稀疏表示相结合,文献[78]所提方法在噪声样本和小样本的条件下都取得了较好的性能。与它们不同,文献[79]提出的深度嵌套 CNN 有效提取了雷达回波信号特征,结果表明该算法可更好地识别雷达目标。此外,文献[80]表明,将 CNN 与注意力机制相结合可对重要目标区域实现有效聚焦,能为 SAR 识别带来显著的性能增益。在 CNN 去噪方面,文献[81]提出了一种快速灵活的去噪卷积神经网络,该网络在推理速度和去噪性能之间实现了良好的折中。通过对前馈去噪卷积神经网络进行研究与改进,文献[82]实现了图像的盲高斯去噪。当然,近期研究也发现 CNN 在抗欺骗、干扰等方面具备先天缺陷,在输入中插入轻微的不可察觉扰动就能轻易实现模型欺骗[83-84]。文献[85]提出了一种新型网络"防御层",旨在阻止对抗性噪声的产生,并防止黑盒和灰盒环境中的对抗性攻击。文献[86]提出了一种新的 SAR ATR 对抗欺骗算法,可用于 SAR 数据集保护和 SAR 图像质量评估等应用。此外,开展噪声、干扰及多视角情况下的高鲁棒性目标识别神经网络研究已成为当前研究热点[87]。文献[88]提出了空间变换多通道深度卷积神经网络,与传统深度卷积神经网络相比,该网络在图像缩放、旋转和组合变形方面具有更高的稳健性。文献[89]提出了利用具有 L2 正则化的 CNN 框架进行训练以提取稳健性特征的思路,并在随机小数据集上获得了良好的性能。

数据驱动的分类算法依赖于大量标注数据,然而面向具体任务采集和标注适合的数据集本身就是一大挑战,在很多任务下甚至是不可能的。当缺乏足够数量真实标记数据集时,迁移学习可将一个在拥有完备数据集上训练好的网络应用到另一个相似任务中进行识别[90]。文献[91]首次展示了模拟数据集和真实 SAR 图像集之间的迁移学习,结果表明在模拟数据上预训练的卷积神经网络,比只在真实数据上训练出的网络具有更大优势;特别是当真实数据稀疏时,在模拟数据上的预训练模型在训练阶段收敛速度更快。文献[92-93]利用域自适应迁移学习,在有标注的源域数据和未标注的目标域数据共同训练下的神经网络模型,能更加准确检测识别目标域 SAR 图像中密集分布的舰船目标。还有一种方法是利用生成对抗网络(Generative Adversarial Network,GAN)学习分布相近的新样本,实现对目标数据集的增强[94-95]。基于目标先验知识,通过在数据库中存储目标物理模型和对模型目标特征的假设,来实现训练样本扩充也是常见的方法;三维电磁散射模型与计算机辅助设计(Computer Aided Design,CAD)模型是目前最常被用来实现仿真数据扩充[96]的方法。

1.2.3 ATR 试验验证技术

数据与场景化试验验证是推动 ATR 系统发展与应用的关键。无论是经典模式识别方法,还是神经网络驱动的深度学习方法,都需要在任务场景-数据-试验验证的闭环中迭代与耦合发展。

数据是 ATR 方法发展的基础与动力,与 ATR 相关联的数据丰富程度对识别系统而言至关重要。各类场景化目标数据集的构建对推动 ATR 技术研发、验证 ATR 系统的性能等发挥着关键作用。为确保 ATR 系统适用于实际场景,数据集在构建之初就应对实际应用中的各类复杂环境和影响因素进行细分并予以考虑,获取目标在各种状态下的观测数据,使数据库更为贴近真实场景[97]。

早在 20 世纪 60 年代,美国就开始通过“观察岛”“沃・沦岑”导弹观测船等移动平台长期采集外军导弹、火箭等目标数据,建立并完善了数据库。美国“无暇”号水声监测船、P-3C 反潜巡逻机搜集全球各类水面、水下目标的特征数据,被用来充实美军的国家目标与威胁特性数据库系统(National Target/Threat Signatures Data System,NTSDS)。国内中国科学院空天信息研究院、海军航空大学等单位也公开发布了对地观测 SAR 图像数据集、岸对海雷达目标观测数据集等，上海交通大学建立了国内第一个面向 SAR 图像解译的数据开放共享在线平台提供了 4 万个以上精确标注的 SAR 图像海上舰船目标切片，如图 1-10 所示[98]。

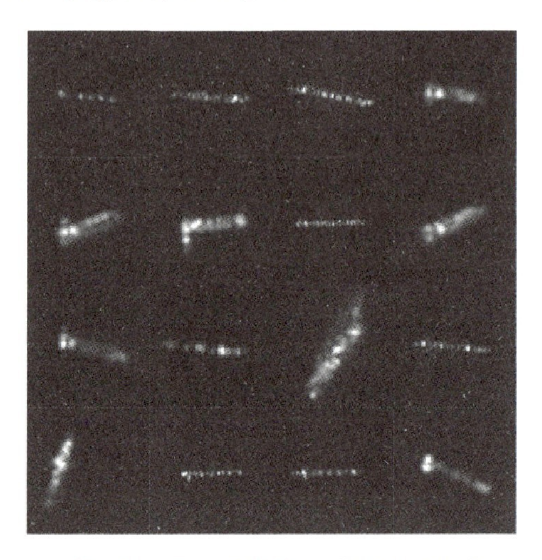

图 1-10　OpenSARShip 部分数据样本

依赖实测构建的数据集常面临目标样本稀少、场景依赖性强的问题。20 世纪 80 年代起，DARPA 开展了一系列基于模型的 ATR 数据集构建，这其中包括前面提到的 MSTAR，旨在提供不同扩展操作条件（Extended Operating Conditions，EOC）下的各类军事车辆实测数据[99-101]。1986 年开展的测量与特征情报（Measurement and Signature Intelligence，MASINT）系统，针对实测数据的质量和可用性难以保障问题，采取基于目标实测数据的模型仿真和数据增强、增广来取得高置信度数据，在结合目标实测的情况下，大幅提升了数据集的规模与可用性。

基于实际应用场景的试验验证是 ATR 系统发展中不可或缺的一环。通过实测验证和评估 ATR 系统的应用效能，可形成系统技术演进闭环。2001—2006 年，国防科技大学 ATR 实验室开展了现役窄带雷达舰船目标自动识别试验验证，共采集获取二十余类目标 20 万批次的雷达目标信号数据，开展在线增量自适应分类研究，识别准确率可达 85%以上，并在试验中持续提升了算法的场景适应性[102]。在美国，DARPA 主导了跨域海上监视与瞄准计划，利用水下、海上、空中等有人、无人系统的雷达、光电、

水声探测装备,构建对海监视瞄准体系架构,并持续开展了大规模的体系化应用测试。

在试验验证中引入人在环路的标注、验证与判别也是辅助 ATR 系统演进的重要因素。文献[103]提出了利用人工判别知识和经验结合的 ATR 技术来进行海上目标识别,并验证了该技术相较于单一人工或 ATR 技术能大幅提高目标识别效率与准确率。文献[104]则在水下识别领域应用了相似策略,通过人类感知与 ATR 算法协同使用的方式完成各类水下物体的标注、筛选及识别任务。文献[105]同样针对水下物体识别,在 ATR 算法基础上将操作人员纳入整体识别系统以扩展及完善系统的识别能力。文献[106]则在人机结合基础上,分析比较不同人机搭配方案在不同海况、尺寸目标情况下真实试验中的识别能力。

ATR 系统需要适应动态多变的任务场景需求才能实现对目标的可靠识别。“适应”是让系统针对各类场景进行调整以降低识别难度,可通过多源信息融合、自适应化、模块化等方式来实现[107]。美国在 20 世纪 90 年代就开展了以任务场景为驱动的 ATR 系统技术研究,早期典型的案例是 1996 年起开展的半自动图像处理(Semi-Automated IMINT(Image Intelligence) Processing,SAIP)项目。该项目旨在通过对战场上所获大量图像数据的快速处理来辅助作战人员对战场态势的把握,并针对各类环境进行模块化设计升级,使其可以进一步帮助分析人员检测和分离目标、减少误报、提升对目标成功识别的能力[108]。

从 2015 年起,DARPA 开展了一系列以 TRACE 计划为代表的智能化识别技术研究,将发展重点聚焦于任务场景驱动的复杂环境、有限数据、高实时性、高动态环境下的 ATR 技术。包括复杂部署环境的低虚警率检测技术、有限数据集下的新目标快速学习技术,以及低功耗系统下的快速目标识别技术[108]。2020 年开展的动目标识别(Moving Target Recognition,MTR)计划重点发展在没有敌方阵地先验信息或仅有少量信息的情况下,完成对敌方高价值目标的自动搜索、识别及跟踪,同时该计划也将 OODA 环路思维融入识别技术体系流程[109]。精确制导是 ATR 的主要应用方向,美国的 AIM-9X、英国的“风暴前兆”、以色列的 Python5 等各类基于红外成像的制导导弹便是其中的典型应用。红外在实际应用中所获信息有限,且易受干扰,致使各国着眼于开发各类适应特定场景下的 ATR 系统[110]。文献[111]分别介绍了多种基于激光雷达 ATR 技术的典型导

弹应用;文献[112]列举了如美国低成本自主攻击系统 LOCAAS 和瑞典的 Amik 等弹载 ATR 系统的优化改进实例。

要强调的是,目前有关 ATR 的试验测试评估还并不成熟。研究 ATR 系统的评估理论,构建有效的体系化、场景化的测试方法,对促进 ATR 技术进步和加快 ATR 工程化应用具有重要意义。

1.3 ATR 核心技术体系

从工程应用视角出发,梳理和构建 ATR 核心技术体系,并系统地分析和描述相关核心技术,对 ATR 领域的发展具有可以预见的现实意义。同时,基于这样的视角理解和发展 ATR,不但可以提高相关领域研究资源的使用效益,而且可为 ATR 支撑战斗力的最终生成开辟有效途径。

ATR 核心技术体系的描述可以从 ATR 系统核心能力的构成来梳理,这需要首先明确 ATR 能力的核(Core)是什么。这里我们将 ATR 系统的核心能力归纳为任务链中与 ATR 密切相关且有机衔接的三个能力:数据信息能力、信息认知能力和感知通信计算支撑能力。

数据信息能力是指 ATR 系统在任务时空窗口内,最佳地使用探测器以及情报链路所获得的目标数据的识别信息量。如图 1-11 所示,提升数据信息能力涉及的核心技术有:目标场景分析预测、任务建模与动态生成、多传感器协同探测、多源数据引接与一致性处理等。要强调的是,这些核心技术都涉及目标特性这一共性基础技术,只有掌握了目标特性及其规律,才能有效支撑目标场景分析预测、识别任务生成与最优化的协同

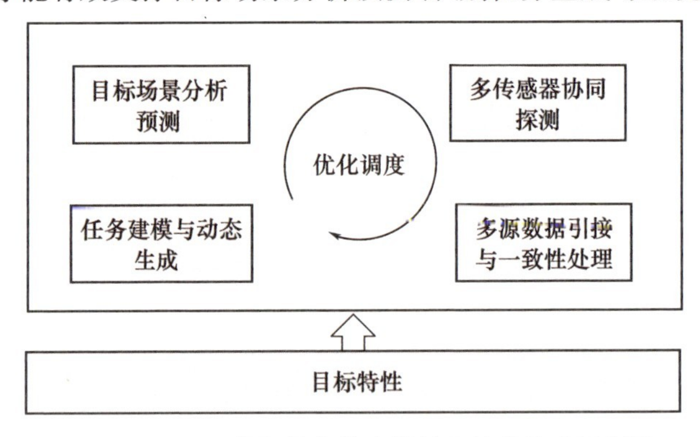

图 1-11　ATR 数据信息能力的核心技术构成示意图

探测。可以看出，优化调度是数据信息能力形成过程中的一个共性问题。另外要说明的是，在实际复杂环境中，发现即识别一般是不可能的，因为 ATR 系统需要多次或连续地观测目标才能获得更多的识别信息量，因此数据信息能力的提升也和 ATR 系统的目标检测与精确定位跟踪能力密切相关。

信息认知能力是指 ATR 系统从数据中有效提取信息并实现目标检测、定位、跟踪、识别与态势预测的能力以及系统动态学习演进的能力。如图 1-12 所示，提升信息认知能力涉及的核心技术有：目标特性先验知识库、目标数据处理识别模型、人机交互与协同、自适应模型学习、数据处理体系架构与低功耗实时计算、识别能力验证与评估等。其中，目标特性先验知识库是目标数据特征信息认知的基础，各类目标数据处理与检测、跟踪、识别等算法用于实现目标不同层级与维度的信息认知任务，人机交互与协同可以增强目标认知能力，自适应学习能力是 ATR 系统不断演进的关键，合理的处理体系架构可以确保 ATR 最佳的计算资源保障，面向工程化应用的 ATR 测试评估可以加速构建与形成 ATR 系统的真实任务实现能力。ATR 的信息认知能力不是一蹴而就的，需要 ATR 系统日积月累的场景化目标数据训练与性能迭代演进。

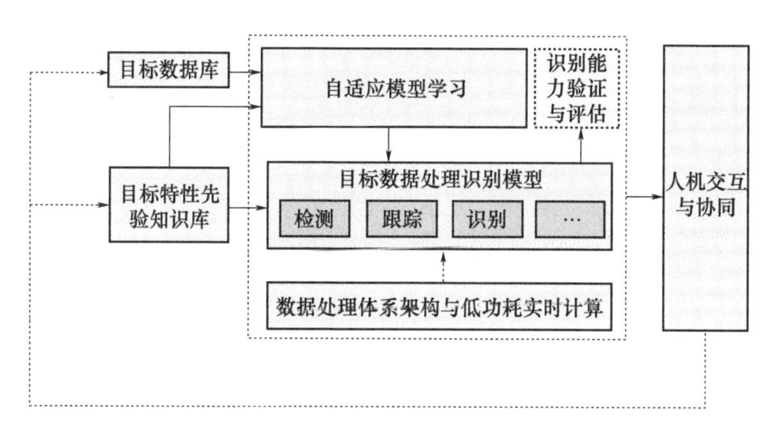

图 1-12　ATR 信息认知能力的核心技术构成示意图

感知通信计算支撑能力是指 ATR 所依赖并紧耦合的探测、通信与计算资源，以及运动平台载体资源等，是目标数据获取、传输与计算的基础支撑能力。运动平台与载荷决定了目标感知的时间跨度与空间范围、目标探测的时域、频域与空间域的分辨能力，通信链路提供了数据的可靠及时传输，各类数据处理基础软/硬件等构成的计算系统为算法软件的运行提供支持。

图 1-13 是 ATR 核心技术能力(ATR Core)的构成示意图。从软件定义系统来看，所有硬件都是 ATR 系统中获取、传输与处理数据的不同功能模块；因此，在感知通信计算支撑能力确定的情况下，ATR 系统的核心关键能力主要在于数据信息能力与信息认知能力。

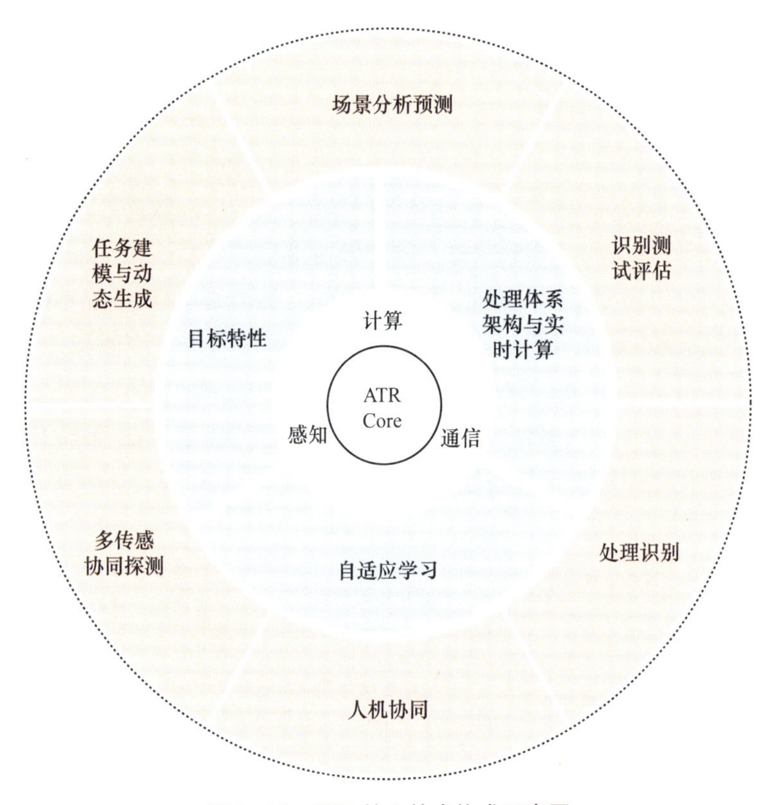

图 1-13　ATR 核心技术构成示意图

随着探测器技术与集成探测系统的发展，目标探测的时间、空间与频谱分辨率不断提高，陆、海、空、天立体化目标探测感知能力不断增强，武器装备的数字化、网络化、信息化与智能化取得显著进展；同时以大数据分析、深度学习为代表的现代人工智能技术迅猛发展，云-边-端一体化计算能力快速提升；所有这些都为 ATR 的技术进步与工程化应用带来了前所未有的机遇。但是，由前面的分析可以看到，由于识别对象目标的固有未知性，感知环境的不确定性，以及目标观测数据的稀少性等，无论是

模型驱动的识别,还是数据驱动的深度学习识别,均难以取得战场对抗环境下可靠的工程化应用成果。领域实践急需进一步厘清工程 ATR 的核心技术体系,需要领域研究人员面向应用场景深耕细作,以更好地应对 ATR 领域广泛而急迫的应用需求和工程技术挑战。

本书首先从体系的角度论述,根据目标特性与特征基础的支撑技术,全面分析 ATR 系统总体技术(系统体系架构与动态任务规划);其次介绍融合处理识别与在线学习演进系统核心技术;最后讨论识别能力测试评估形成 ATR 系统主要技术内容的闭环。因此,较为系统地阐述 ATR 研究所涉及的主要技术方向与相关技术内容,尽可能结合工程应用背景提出解决方案与思路,以期对该领域的工程实践具有较好的参考性。

1.3.1 目标特性与特征

目标识别特性研究与特征信息提取是 ATR 技术体系中的共性基础,也是与目标识别方法联系最为紧密的技术环节。目标特性、特征的有效表征与任务、场景密切相关。如何在动态环境中对场景化目标特征进行有效的提取与表征,评判目标特征的可识别性,是解决目标识别问题的前提。

第 2 章从目标特性与特征的定义出发,系统性地论述目标特性、特征数据的信息量、可识别性等基础问题,揭示动态目标特征的机理,描述场景化的目标特征表征。

1.3.2 目标识别体系结构与系统实现方法

ATR 系统的建立需要首先构建符合 OODA 任务要求的 ATR 模式与流程,并采用与任务特点相适应,从数据获取处理到识别与决策控制全链路,闭环高效的软硬件技术系统架构。可以说,ATR 任务模式与流程,ATR 系统的技术体系架构与系统实现方法等,对 ATR 的工程化实现至关重要,是 ATR 核心技术体系中的系统性共性技术。

结合 OODA 环,第 3 章描述了 ATR 的任务流程结构与特点,并针对典型 ATR 任务类型,阐述了云-边-端分布式、端到端集中式等 ATR 系统技术体系结构,并指出了需要关注的 ATR 系统实现方法。

1.3.3 目标识别动态任务规划

ATR 任务与场景紧密耦合、不可分割,与识别系统可使用的传感器时-空-频资源、计算资源、存储与传输资源密切相关。动态任务规划是贯穿 ATR 过程的共性关键技术。如何在有限的资源限制下,在有限的时空窗口,实现任务实时规划与资源最优化调度,以满足任务要求的目标准确识别,是 ATR 系统高效运行的关键。

第 4 章对 ATR 系统中的任务与资源给出定义并模型化,在此基础上,面向任务优先、多目标约束等不同优化目标,讨论不同任务应用中识别任务规划实现方式,结合具体应用场景,给出识别任务规划案例与讨论。

1.3.4 融合识别与不确定性决策

ATR 是一个典型的动态不确定性决策问题,信息融合与不确定性处理技术是提升 ATR 系统信息认知能力与识别结果置信水平的主要技术途径。

第 5 章讨论了在目标识别工程化应用中融合处理的关键技术实现,包括数据配准、关联、联合跟踪,以及典型的不确定性决策方法。

1.3.5 ATR 系统的在线学习与演进

ATR 系统的实现是过程性的渐进积累,学习能力是 ATR 系统能力的核心。有效利用目标识别开发与应用进程中的目标存量与增量信息,渐进式在线提升目标分类识别性能,并在少量观测样本下,针对未知、可疑目标实现高效识别与在线实时学习,是 ATR 系统在数据视角下实现演进闭环的关键环节。

结合 ATR 系统的学习演进需求,第 6 章针对灾难性遗忘以及对抗环境小样本学习两个学习演进关键问题,讨论 ATR 系统中增量学习、小样本学习以及系统迭代演进架构的方法,并给出了具体技术的实现方法。

1.3.6 识别系统测试评估

ATR 系统的测试评估是从工程化视角衡量 ATR 系统效能的重要手段,也是 ATR 系统各维度、各阶段能力的综合体现。如何定量、准确地建立 ATR 系统测试评估指标体系,构建体系化的测试流程方法,对 ATR 系统的实际效能进行测试、评估与反馈,是构建 ATR 核心技术体系任务闭环的关键。同时,将 ATR 系统测试方法与测试指标融合到系统设计、算法论证、技术研发、性能评估的每一环节中,实现“测试左移”“测建一

体”,对于 ATR 系统能力的快速提升有着重要意义。

第 7 章基于 ATR 测试评估的需求,提出面向任务场景的系统测试评估体系架构,并给出了系统化的测试评估指标体系、测试方法与测试环境,并结合实际案例论述了 ATR 测试评估的基本流程。

参考文献

[1] 姜卫东. 光学区雷达目标结构成像的理论及其在雷达目标识别中的应用[D]. 长沙:国防科学技术大学,2000.

[2] BLACKNELL D,GRIFFITHS H. Radar automatic target recognition(ATR) and Non-Cooperative Target Recognition(NCTR)[M]. London:IET Digital Library,2013.

[3] TAIT P. Introduction to radar target recognition[M]. England:IET Digital Library,2005.

[4] VERLY J,DELANOY R L,DUDGEON D E. Machine intelligence technology for automatic target recognition[J]. Lincoln Laboratory Journal,1989,2(2):277-311.

[5] RATCHES J A. Review of current aided/automatic target acquisition technology for military target acquisition tasks[J]. Optical Engineering,2011,50(7):249-249.

[6] BHANU B. Automatic target recognition:State of the art survey[J]. IEEE Transactions on Aerospace and Electronic Systems,1986,22(4):364-379.

[7] SCHACHTER B J. Automatic target recognition[M]. 3rd,ed. New York:John Wiley & Sons,Ltd,2018.

[8] 毛宏霞,刘忠领,田岩. 红外辐射与目标识别[M]. 北京:科学出版社,2022.

[9] 庄钊文,王雪松,黎湘,等. 雷达目标识别[M]. 北京:高等教育出版社,2015.

[10] 胡卫东,杜小勇,张乐锋,等. 雷达目标识别理论[M]. 北京:国防工业出版社,2015.

[11] 丁建江. 防空雷达目标识别技术[M]. 北京:国防工业出版社,2008.

[12] 程玉胜,李智忠,邱家兴. 水声目标识别[M]. 北京:科学出版社,2022.

[13] 郁文贤,郭桂蓉. ATR 的研究现状和发展趋势[J]. 系统工程与电子技术,1994,16(6):25-32.

[14] AFRL,DARPA. Sensor data management system website,MSTAR database[DB/OL]. (1995-02-07)[2022-07-31]. https://www.sdms.afrl.af.mil/index.php?collection=mstar.

[15] BRYANT A. Target recognition and adaption in contested environments(RTRACE)[EB/OL]. (2017-10-08)[2022-07-31]. https://www.darpa.mil/program/trace.

[16] 郭炜炜,杜小勇,胡卫东,等. 基于稀疏先验的SAR图像目标方位角稳健估计方法[J]. 信号处理,2008,24(6):889-893.

[17] 郁文贤,李明国. 军事电子信息处理中的人工神经网络技术[J]. 国防科技大学学报,1998,20(3):3-5.

[18] 黎湘,郁文贤,庄钊文,等. 决策层信息融合的神经网络模型与算法研究[J]. 电子学报,1997,25(9):117-120.

[19] 郭桂蓉. 模糊模式识别[M]. 北京:国防科技大学出版社,1993.

[20] 杨云志,黄成芳. 战斗识别与网络战述评[J]. 电讯技术,2004,44(3):1-4.

[21] HU M K. Visual pattern recognition by moment invariant[J]. IEEE Transactions on Information Theory,1962,8(2):179-187.

[22] BARALDI A,PANNIGGIANI F. An investigation of the textural characteristics associated with gray level cooccurrence matrix statistical parameters[J]. IEEE Transactions on Geoscience and Remote Sensing,1995,33(2):293-304.

[23] ESPINAL F,HUNTSBERGER T L,JAWERTH B D,et al. Wavelet-based fractal signature analysis for automatic target recognition[J]. Optical Engineering,1998,37(1):166-174.

[24] 毋小省,文运平,孙君顶. 基于纹理与特征选择的前视红外目标识别[J]. 光电子激光,2014,25(11):2203-2211.

[25] 祝胜男,郭炜炜,柳彬,等. 利用超像素级上下文特征进行靠岸集装箱船检测[J]. 武汉大学学报:信息科学版,2019,44(4):578-585.

[26] 武春风,张伟,丛明煜,等. 基于红外多光谱图像相关性的自动目标识别算法[J]. 红外与毫米波学报,2003,22(4):266-269.

[27] 何友,黄勇,关键,等. 海杂波中的雷达目标检测技术综述[J]. 现代雷达,2014,36(12):1-9.

[28] 艾小锋,赵锋,刘晓斌. 双/多基地雷达目标探测与识别[M]. 北京:电子工业出版社,2020.

[29] BARTON D K. Radar system analysis and modeling[M]. New York:Artech House Radar Library,2005.

[30] CHUANG C W,MOFFATT D L. Natural resonances of radar targets via Prony's method and target discrimination[J]. IEEE Transactions on Aerospace and Electronic Systems,1976,12(5):583-589.

[31] CHEN J S,WALTON E K. Comparison of two target classification techniques[J]. IEEE Transactions on Aerospace and Electronic Systems,1986,22(1):15-22.

[32] 郭桂蓉,郁文贤,胡步法. 一种有效的舰船目标识别新方法[J]. 系统工程与电子技术,1990,6:1-8.

[33] 袁莉,刘宏伟,保铮. 基于中心矩特征的雷达 HRRP 自动目标识别[J]. 电子学报. 2004,32(12):2082-2085.

[34] 冀振元,孟宪德. 战场侦察雷达目标的自动识别[J]. 哈尔滨工业大学学报,2001,33(6):830-833.

[35] 吴一戎,朱敏慧. 合成孔径雷达技术的发展现状与趋势[J]. 遥感技术与应用,2000,15(2):121-123.

[36] WU Y,JI K,YU W,et al. Region-based classification of polarimetric SAR images using wishart MRF[J]. IEEE Geoscience and Remote Sensing Letters,2008,5(4):668-672.

[37] HOLMES Q A,NUESCH D,SHUCHMAN R. Textural analysis and real-time classification of sea-ice types using digital SAR data[J]. IEEE Transactions on Geoscience and Remote Sensing,1984,22(2):113-120.

[38] IKEUCHI K,WHEELER M D,YAMAZAKI T,et al. Model-based SAR ATR system [C]//Algorithms for Synthetic Aperture Radar Imagery Ⅲ. SPIE,1996,2757:376-387.

[39] ANAGNOSTOPOULOS G. SVM-based target recognition from synthetic aperture radar images using target region outline descriptors[J]. Nonlinear Analysis:Theory,Methods & Applications,2009,71(12):2934-2939.

[40] SAIDI M,DAOUDI K,KHENCHAF A,et al. Automatic target recognition of aircraft models based on ISAR images[C]//IEEE International Geoscience and Remote Sensing Symposium,2009,4:IV-685-IV-688.

[41] ZHENG Q,DER S,MAHMOUD H I. Model-based target recognition in pulsed ladar imagery[J]. IEEE Transactions on Image Processing,2002,10(4):565-572.

[42] RUEL S,ENGLISH C E,MELO L,et al. Field testing of a 3D automatic target recognition and pose estimation algorithm[C]//Automatic Target Recognition XIV. SPIE,2004,5426:102-111.

[43] GRONWALL C,GUSTAFSSON F,MILLNERT M. Ground target recognition using rectangle estimation[J]. IEEE Transactions on Image Processing,2006,15(11):3400-3408.

[44] VASILE A. Pose independent target recognition system using pulsed ladar imagery [D]. Cambridge:Massachusetts Institute of Technology,2004.

[45] BRIAN E. Complete automatic target cuer/recognition system for tactical forward-looking infrared images[J]. Optical Engineering,1997,36(9):2593-2603.

[46] INGGS M R,ROBINSON A D. Ship target recognition using low resolution radar and neural networks[J]. IEEE Transactions on Aerospace and Electronic Systems,1999,35(2):386-393.

[47] NING W, CHEN W, ZHANG X. Automatic target recognition of ISAR object images based on neural network[C]//IEEE International Conference on Neural Networks and Signal Processing, 2003, 1: 373-376.

[48] 黄金,梁彦,程咏梅,等. 基于序列图像的自动目标识别算法[J]. 航空学报, 2006, 27(1): 87-93.

[49] 宋锐,张静,夏胜平,等. 一种基于 BP 神经网络群的自适应分类方法及其应用[J]. 电子学报, 2001, 29(1): 1950-1953.

[50] AVCI E, COTELI R. A new automatic target recognition system based on wavelet extreme learning machine[J]. Expert Systems with Applications, 2012, 39(16): 12340-12348.

[51] 李明国,郁文贤. 神经网络的函数逼近理论[J]. 国防科技大学学报, 1998, 20(4): 3-5.

[52] 胡卫东,郁文贤,郭桂蓉. 一种有效的神经网络检测器[J]. 国防科技大学学报, 1997, 19(3): 18-22.

[53] 路军,郁文贤,郭桂蓉,等. 子波神经网络及其在自动目标识别中的应用[J]. 系统工程与电子技术, 1995, 17(11): 11-18.

[54] 夏胜平,张乐锋,虞华,等. 基于 RSOM 树模型的机器学习原理与算法研究[J]. 电子学报, 2005, 33(5): 939-944.

[55] 李予蜀,余农,吴常泳,等. 红外航空图像自动目标识别的形态滤波神经网络算法[J]. 航空学报, 2002, 23(4): 368-372.

[56] ENGIN A, TURKOGLU I, POYRAZ M. A new approach based on wavelet nero genetic network for automatic target recognition with X-band Doppler radar[J]. IU-Journal of Electrical and Electronics Engineering, 2006, 6(2): 157-168.

[57] KOVAR J, KNECHT J, CHENOWETH D. Automatic classification of infrared ship imagery[C]//Processing of Images and Data from Optical Sensors, SPIE, 1981, 292: 234-240.

[58] AVCI E. A new method for expert target recognition system: Genetic wavelet extreme learning machine(GAWELM)[J]. Expert Systems with Applications, 2013, 40(10): 3984-3993.

[59] 郁文贤,雍少为,郭桂蓉. 多传感器信息融合技术述评[J]. 国防科技大学学报, 1994, 16(3): 1-11.

[60] 王耀南,李树涛. 多传感器信息融合及其应用综述[J]. 控制与决策, 2001, 16(005): 518-522.

[61] 郁文贤,计科锋,柳彬. 星载 SAR 与 AIS 综合的海洋目标信息处理技术[M]. 北京:科学出版社, 2017.

[62] BHANU B. Evaluation of automatic target recognition algorithms[C]//Architectures and Algorithms for Digital Image Processing. SPIE,1984,435:18-27.

[63] MILLER M I,GRENANDER U,O'SULLIVAN J A,et al. Automatic target recognition organized via jump-diffusion algorithms[J]. IEEE Transactions on Image Processing,1997,6(1):157-174.

[64] SIMS S R F,PITTMAN W C. Synthetic discriminant function automatic target recognition system augmented by LADAR:U. S. Patent 6,042,050[P]. 2000-03-28.

[65] 黄霄腾,杨宏文,胡卫东,等. 基于两坐标雷达与红外传感器的融合跟踪[J]. 火力与指挥控制,2006,31(9):54-57.

[66] MCCULLOCH W S,PITTS W. A logical calculus of the ideas immanent in nervous activity[J]. The Bulletin of Mathematical Biophysics,1943,5(4):115-133.

[67] KRIZHEVSKY A,SUTSKEVER I,HINTON G. ImageNet classification with deep convolutional neural networks[J]. Advances in Neural Information Processing Systems,2017,60(6):84-90.

[68] GAO F,HUANG T,SUN J,et al. A new algorithm for SAR image target recognition based on an improved deep convolutional neural network[J]. Cognitive Computation,2019,11(6):809-824.

[69] ZHU P,ISAACS J,FU B,et al. Deep learning feature extraction for target recognition and classification in underwater sonar images[C]//IEEE 56th Annual Conference on Decision and Control(CDC),2017:2724-2731.

[70] 田壮壮,占荣辉,胡杰民,等. 基于卷积神经网络的 SAR 图像目标识别研究[J]. 雷达学报,2016,5(3):320-325.

[71] CHEN S,WANG H. SAR target recognition based on deep learning[C]//IEEE International Conference on Data Science and Advanced Analytics(DSAA),2014:541-547.

[72] 王容川,庄志洪,王宏波,等. 基于卷积神经网络的雷达目标 HRRP 分类识别方法[J]. 现代雷达,2019,41(5):33-38.

[73] CHEVALIER M,THOME N,CORD M,et al. Low resolution convolutional neural network for automatic target recognition[C]//7th International Symposium on Optronics in Defence and Security,2016.

[74] 喻玲娟,王亚东,谢晓春,等. 基于 FCNN 和 ICAE 的 SAR 图像目标识别方法[J]. 雷达学报,2018,7(5):622-631.

[75] ZHANG Z,GUO W,ZHU S,et al. Toward arbitrary-oriented ship detection with rotated region proposal and discrimination networks[J]. IEEE Geoscience and Remote Sensing Letters,2018,15(11):1745-1749.

[76] ZHAO J,ZHANG Z,YU W,et al. A cascade coupled convolutional neural network guided visual attention method for ship detection from SAR images[J]. IEEE Access, 2018,6:50693-50708.

[77] ATMANE K,MA H B,FEI Q. Convolutional neural network based on extreme learning machine for maritime ships recognition in infrared images[J]. Sensors,2018,18 (5):1490.

[78] SHI G J. Target recognition method of infrared imagery via joint representation of deep features[J]. Infrared and Laser Engineering,2021,50(3):20200399-1-20200399-6.

[79] PAN M,LIU A,YU Y,et al. Radar HRRP target recognition model based on a stacked CNN - Bi - RNN with attention mechanism [J]. IEEE Transactions on Geoscience and Remote Sensing,2021,60:1-14.

[80] LI R,WANG X,WANG J,et al. SAR target recognition based on efficient fully convolutional attention block CNN[J]. IEEE Geoscience and Remote Sensing Letters, 2020,99:1-5.

[81] ZHANG K,ZUO W,ZHANG L. FFDNet:Toward a fast and flexible solution for CNN-based image denoising[J]. IEEE Transactions on Image Processing,2018, 27(9):4608-4622.

[82] ZHANG K,ZUO W,CHEN Y,et al. Beyond a gaussian denoiser:Residual learning of deep CNN for image denoising[J]. IEEE Transactions on Image Processing,2017, 26(7):3142-3155.

[83] OSAHOR U M,NASRABADI N M. Design of adversarial targets:Fooling deep ATR systems[C]//Automatic Target Recognition XXIX,SPIE,2019,10988:82-91.

[84] HUANG T,ZHANG Q,LIU J,et al. Adversarial attacks on deep-learning-based SAR image target recognition[J]. Journal of Network and Computer Applications,2020, 162(12):102632.

[85] GOEL A,AGARWAL A,VATSA M,et al. DNDNet:Reconfiguring CNN for adversarial robustness[C]//Proceedings of the IEEE/CVF Conference on Computer Vision and Pattern Recognition Workshops,2020:22-23.

[86] ZHANG F,MENG T,XIANG D,et al. Adversarial deception against SAR target recognition network[J]. IEEE Journal of Selected Topics in Applied Earth Observations and Remote Sensing,2022,15:4507-4520.

[87] DING J,CHEN B,LIU H,et al. Convolutional neural network with data augmentation for SAR target recognition[J]. IEEE Geoscience and Remote Sensing Letters,2016, 13(3):364-368.

[88] BAI X,ZHOU X,ZHANG F,et al. Robust pol-ISAR target recognition based on ST-

MC-DCNN[J]. IEEE Transactions on Geoscience and Remote Sensing, 2019, 57(12):9912-9927.

[89] ZHAI Y,DENG W,XU Y,et al. Robust SAR automatic target recognition based on transferred MS-CNN with L2-Regularization[J]. Computational Intelligence and Neuroscience,2019,2019(3):1-13.

[90] HUANG Z,PAN Z,LEI B. Transfer learning with deep convolutional neural network for SAR target classification with limited labeled data[J]. Remote Sensing,2017, 9(9):907.

[91] MALMGREN-HANSEN D,KUSK A,DALL J,et al. Improving SAR automatic target recognition models with transfer learning from simulated data[J]. IEEE Geoscience and Remote Sensing Letters,2017,14(9):1484-1488.

[92] ZHAO S,ZHANG Z,ZHANG T,et al. Transferable SAR image classification crossing different satellites under open set condition[J]. IEEE Geoscience and Remote Sensing Letters,2022,19:1-5.

[93] ZHAO S,ZHANG Z,GUO W,et al. An automatic ship detection method adapting to different satellites SAR images with feature alignment and compensation loss[J]. IEEE Transactions on Geoscience and Remote Sensing,2022,60:1-17.

[94] KARJALAINEN A,MITCHELL R,VAZQUEZ J. Training and validation of automatic target recognition systems using generative adversarial networks[C]//IEEE Sensor Signal Processing for Defence Conference(SSPD),2019,1-5.

[95] YANG S,SHI X,ZHOU F. Automatic target recognition for low-resolution SAR images based on super-resolution network[C]//IEEE 6th Asia-Pacific Conference on Synthetic Aperture Radar(APSAR),2019:1-6.

[96] AHMADIBENI A,JONES B,BOROOSHAK L,et al. Automatic target recognition of aerial vehicles based on synthetic SAR imagery using hybrid stacked denoising auto-encoders[C]//Algorithms for Synthetic Aperture Radar Imagery XXVII,SPIE,2020, 11393:71-82.

[97] ZELNIO E G. Advanced decision-making systems in future avionics:automatic target recognition example[C]//IEEE Aerospace Conference Proceedings,IEEE,1998,1: 309-313.

[98] HUANG L,LIU B,LI B,et al. Open SAR ship:A dataset dedicated to sentinel-1 ship interpretation[J]. IEEE Journal of Selected Topics in Applied Earth Observations and Remote Sensing,2018,11(1),195:208.

[99] O'SULLIVAN J A,DEVORE M D,KEDIA V,et al. SAR ATR performance using a conditionally Gaussian model[J]. IEEE Transactions on Aerospace and Electronic

Systems,2001,37(1):91-108.

[100] ZHANG H,NASRABADI N,ZHANG Y,et al. Multi-view automatic target recognition using joint sparse representation[J]. IEEE Transactions on Aerospace and Electronic Systems,2012,48(3):2481-2497.

[101] DING B,WEN G. Exploiting multi-view SAR images for robust target recognition [J]. Remote sensing,2017,9(11):1150.

[102] 张静,宋锐,郁文贤. 雷达目标识别中的BP神经网络算法改进及应用[J]. 系统工程与电子技术,2005,(04):582-585.

[103] BLASCH E,SEETHARAMAN G,DAREMA F. Dynamic data driven applications systems(DDDAS) modeling for automatic target recognition[C]//Automatic Target Recognition XXIII. SPIE,2013,8744:165-174.

[104] WILLIAMS D P,COUILLARD M,DUGELAY S. On human perception and automatic target recognition:Strategies for human-computer cooperation[C]//IEEE International Conference on Pattern Recognition,2014:4690-4695.

[105] TELLEZ O L. Human-in-the-loop for autonomous underwater threat recognition [C]//IEEE OCEANS 2018-MTS/IEEE Charleston,2018:1-5.

[106] TELLEZ O L. Underwater threat recognition:Are automatic target classification algorithms going to replace expert human operators in the near future? [C]//IEEE OCEANS 2019-Marseille,2019:1-4.

[107] ROSS T D,Goodwon L C. Improved Automatic Target Recognition (ATR) value through enhancements and accommodations[C]//Algorithms for Synthetic Aperture Radar Imagery XIII,SPIE,2006,6237:221-232.

[108] IRVINE J M. Evaluating assisted target recognition performance:An assessment of DARPA's SAIP system[C]//Algorithms for Synthetic Aperture Radar Imagery VI, SPIE,1999,3721:693-704.

[109] EVERSDEN A. DARPA issues solicitation for moving-target recognition project [EB/OL]. (2022-07-22)[2022-07-31]. https://www. c4isrnet. com/home/2020/07/21/darpa-issues-solicitation-for-moving-target-recognition-project/.

[110] 范晋祥,张渊,王社阳. 红外成像制导导弹自动目标识别应用现状的分析[J]. 红外与激光工程,2007,36(6):778-781.

[111] 马超杰,杨华,吴丹,等. 自动目标识别技术在武器系统中的应用[J]. 飞航导弹,2008,10:45-48.

[112] 丛敏,金善良,罗翌. 自动目标识别技术的发展现状及其应用[J]. 飞航导弹,1999,12:1-9.

第2章 目标特性与特征

本章从目标特性与特征的内涵与表征形式出发，从 ATR 应用角度给出了目标特性与特征的定义，并分析了目标数据信息量与可识别性等基本问题。介绍了目标动态特征的三态表征，给出了窄带雷达舰船目标动态回波三态特征的表征案例，并对典型传感器的目标特征类型及识别特点进行了概述。

2.1 目标的特性与特征

2.1.1 目标特性

目标特性，是指目标自身具有的内在属性，或在探测空间中目标与环境、介质（如光、电、声）相互耦合呈现出的物理属性。在现实应用时，也有从目标内在/外部属性分类出发，将目标特性定义为目标自身具有、彼此相对独立的内在属性和外部运行规律[1]。与大多数物理现象一样，目标特性是固有的和客观存在的，而不同目标在特性上具有差异性或唯一性，这从源头上为目标识别提供了基础。

从信息的角度理解，各种测量设备仪器获取的目标数据可看作特定介质下目标特性的调制，这种调制是本源的目标特性与现实世界环境叠加、耦合所产生的信号响应，蕴含了目标的丰富信息。因而，ATR 的核心任务正是通过揭示探测空间中复杂的耦合作用机理、挖掘获取信号的信息量，以实现目标特性的反演。因此，在 ATR 工程应用中，充分获取和利用目标数据中的信息量，是提升识别系统效能的关键，而目标特性是支撑这一关键能力的共性基础。结合任务、场景有效利用目标特性，可对目标场景分析预测、识别任务生成、协同探测方案优化等 ATR 工程应用全流程提供有效支撑。

常见的目标特性主要涵盖目标自身的物理特性与运动规律，包含目标基本特性、运动特性、散射与辐射特性、易损特性等。目标的对抗特性由于蕴含了目标的自身意图与规律，也可以纳入目标特性的范畴(表 2-1)。

(1) 目标基本特性是描述目标基本形态的固有物理量，一般不随目标的时空变化、行为变化而变化。常见的目标基本特性包括目标尺寸、几何形状、物理材质、目标质量、部件结构等。

(2) 目标运动特性反映的是目标在空间中的运动方式，包含了目标速度、航向、轨迹、活动规律与范围等。目标的运动特性常引起目标观测角的变化，进而会影响传感器对其他目标特性的观测。同时，目标的运动特性常携带了目标的行为信息。

(3) 目标散射与辐射特性是指目标在电磁时域与频谱上呈现出的被动散射与主动辐射特点。散射与辐射特性主要包括目标雷达散射截面积及其变化特性、调制谱特性、目标辐射频谱、目标辐射强度、极化与结构散射特性等信息。

(4) 目标易损特性主要指的是在对抗性场景与条件下，目标在对抗中呈现出来的易受对抗损害特点。主要包括目标的易损部位、要害部位、目标毁伤特性等。

(5) 目标对抗特性指目标在对抗性场景与对抗性任务中，所呈现出来的对抗行为特点。包括目标的运动态势、运动意图、对抗意图等。

表 2-1　目标特性的分类

目标特性				
基本特性	运动特性	散射与辐射特性	易损特性	对抗特性
目标尺寸 几何形状 物理材质 目标质量 部件结构	速度 航向 轨迹 活动规律与范围	雷达散射截面积及其变化特性 调制谱特性 目标辐射频谱 目标辐射强度 极化与结构散射特性	易损部位 要害部位 目标毁伤特性	运动态势 运动意图 对抗意图

2.1.2 目标特征

在 ATR 系统中,传统方法很少直接使用目标原始数据来实现目标识别。这主要是由于:①数据量大,且数据本身常常包含干扰、噪声污染,往往不能与目标特性建立直接显式关系;②直接使用目标原始数据,会导致无法充分利用数据/样本空间中蕴含的信息,尤其是与目标识别任务相关的信息(2.2.2 节将从目标可识别性详细讨论这个问题)。图 2-1 为某军舰在窄带对海警戒雷达探测下的一组视频回波数据,从这一组目标数据中,可获得目标长度相关的信息,但要反演出更多的真实目标特性是困难的。

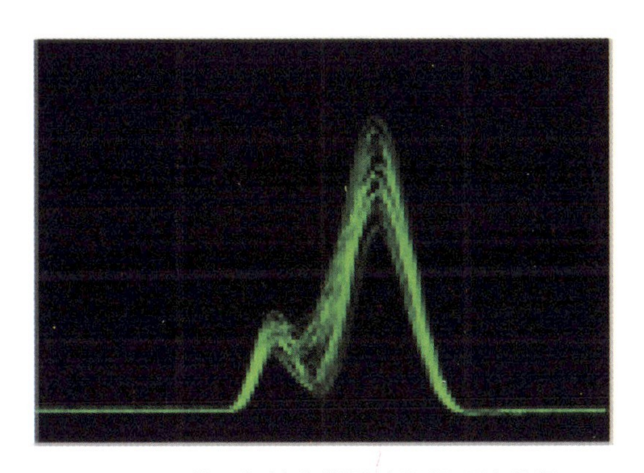

图 2-1 某军舰的窄带雷达视频回波数据

目标特征源于目标特性,是目标特性在高维观测信号域内转换到低维度特征空间的参数化表示,也是对目标具备的空间、几何、电磁、运动等特性的感知、分析与描述。换言之,目标特性的表现可以看作是通过传感器测量机理调制于传感器量测上的规律与信息,而特征是对传感器量测进行变换形成的新的表达方式,它部分或全部体现了真实的目标特性。在目标特性的支持下,特征提取是从现实测量信号中寻求目标差异性和唯一性的数学表征过程。通常来说,可支持目标识别的目标特征需要具备的特点如下:

(1) 可定义性:即可量化计算。

(2) 可鉴别性:对不同类型目标,特征可以显著区分。

(3) 可预测性:在有限目标数据下特征易于模型化或可枚举。

满足以上要求并可有效支撑识别的目标特征不仅应与目标本身属性

相关,同时也需要考虑任务、环境,以及所选用的传感器特性、观测特性,以此为基础遴选出合适的特性与特征维度,即合适的“目标识别特性”。在现实应用中,目标特征通常具有如下特点。

(1) 目标特征的呈现具有时空动态性。目标识别要求特征具有一定的稳健性,但在现实 ATR 应用中,时空变化通常带来特征的动态变化,即存在特征的动态性。以雷达目标为例,雷达回波提取到的目标回波调制宽度、目标散射强度等特征虽有一定规律,但随观测时间、观测角变化,在时空域均呈现出动态特性。这既是目标识别中必须考虑的因素,也是可被识别所用的重要信息。

(2) 目标特征的表征具有场景关联性。目标特征的动态性,常常源于目标与场景的耦合与变化,因此目标特征的表征和场景密切相关。

(3) 目标特征的使用具有知识相关性。先验知识在目标特征的提取与辨识中发挥着重要作用。以视觉识别为例,被遮挡目标的特征通常显著少于可视目标。但基于相关先验知识,即使利用较少的特征,也可有效识别目标。

2.2 目标数据信息量与可识别性

目标数据所携带的信息是目标分类识别的基础,通过对不同条件下目标数据信息量的分析度量,给出目标可识别性的定义,可为目标识别奠定理论基础。

2.2.1 目标数据的信息量

2.2.1.1 目标信息表达空间

目标数据的信息量与目标表达空间密切相关。通常,需要在特定的信息表达空间内,对目标数据的信息量进行定义和度量。在 ATR 领域,目标信息表达空间主要包括目标数据信息、目标环境信息、目标先验信息等。根据传感器种类不同,目标数据可分为雷达数据、光学数据、红外数据、声学数据和电侦数据等;根据数据的维度,可分为一维数据、二维数据和高维数据。

图 2-2 给出了目标信息表达空间、信息度量与可识别性关系图。目

标先验信息是指关于目标的经验数据和历史资料，目标环境信息为目标所处的环境产生的信息。由于环境信息与目标的关联性，目标环境信息也可作为目标分类识别的依据。

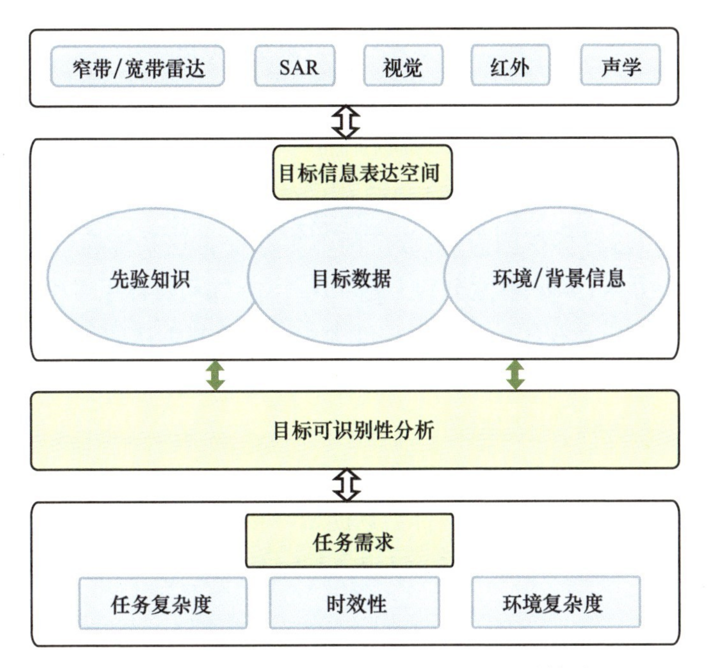

图2-2 目标信息表达空间、信息度量与可识别性关系图

2.2.1.2 数据信息量的度量方法

1. 信息量和信息熵

信息量度量的是一个具体事件发生所带来的信息有多少，信息量的大小和事件发生的概率成反比，而信息熵则是对可能产生的信息量的期望。信息熵[2]（Information Entropy）是信息论的基本概念，它描述了信息源各可能事件发生的不确定性。20世纪40年代，香农（C. E. Shannon）借鉴了热力学的概念，把信息中排除了冗余后的平均信息量称为“信息熵”，并给出了数学表达式。信息熵是用来衡量事物不确定性的，信息熵越大，事物越具不确定性，越复杂。

设某离散消息 a 发生的概率是 $P(a)$，它携带的信息量为

$$I(a) = -\log_b p(a) = \log_b \frac{1}{p(a)} \tag{2-1}$$

当 $b = \mathrm{e}$（自然对数的底数）时，信息量的单位为奈特（nit），当 $b = 2$

时，单位为比特(bit)。设信源输出 r 个独立符号 $a_i(1 \leqslant i \leqslant r)$，出现的概率分别为 $p(a_1),p(a_2),\cdots,p(a_r)$，则每个符号所含信息量的统计平均值即离散信源的平均信息量，即信源的信息熵为

$$H(X)=E[I(a)]=-\sum_{i=1}^{r}p(a_i)\log p(a_i) \tag{2-2}$$

对于连续信源而言，相应地将离散概率和求和替换为概率密度函数和积分运算即可。

对于探测系统而言，单条量测数据的信息量可采用信息熵进行度量。以单脉冲雷达目标探测为例，假定两部单脉冲雷达系统的带宽分别为 $B_1=1\text{GHz}$、$B_2=1\text{MHz}$，脉宽分别为 $t_{p1}=1\text{ns}$，$t_{p2}=1\mu\text{s}$，目标距离和观测角度相同，目标在雷达视线上的投影长度为15m。两部雷达的目标回波采样率分别为4倍带宽，回波时长取 $T=2\mu\text{s}$，则假设雷达回波的序列长度为 $N_1=8000$，$N_2=8$；目标回波扩展宽度为

$$T_{p1}=0.101\mu\text{s},T_{p2}=1.1\mu\text{s} \tag{2-3}$$

假设不考虑杂波影响，两部雷达的归一化目标回波序列分别表示为 S_1 和 S_2，且假定 $S_i=\{0,1\}$，$(i=1,2,)$ 其中符号 $s_1=0$，$s_2=1$，则其信息量分别为

$$\begin{aligned}I(S_1)&=-\sum_{i=1}^{r}N(s_i)\log_2 p(s_i)\\&\approx -N_1\left(\frac{0.101}{2}\right)\log_2\left(\frac{0.101}{2}\right)-N_1\left(\frac{1.899}{2}\right)\log_2\left(\frac{1.899}{2}\right)\\&=2308.5(\text{bit})\\I(S_2)&=-\sum_{i=1}^{r}N(s_i)\log_2 p(s_i)\\&\approx -N_2\left(\frac{1.1}{2}\right)\log_2\left(\frac{1.1}{2}\right)-N_2\left(\frac{0.9}{2}\right)\log_2\left(\frac{0.9}{2}\right)\\&=7.9(\text{bit})\end{aligned} \tag{2-4}$$

其信息熵分别为

$$\begin{cases}H(S_1)=\dfrac{I(S_1)}{N_1}=-\sum\limits_{i=1}^{r}p(s_i)\log_2 p(s_i)\approx 0.2886(\text{bit/symbol})\\H(S_2)=\dfrac{I(S_2)}{N_2}=-\sum\limits_{i=1}^{r}p(s_i)\log_2 p(s_i)\approx 0.9928(\text{bit/symbol})\end{cases} \tag{2-5}$$

由上述公式计算可得

$$\begin{cases} I(S_1) > I(S_2) \\ H(S_1) < H(S_2) \end{cases} \tag{2-6}$$

从上述计算结果可见,在相同的脉冲重复周期下,脉宽越窄(带宽越大),雷达目标回波数据信息量越大,信息熵越小。

进一步可通过仿真分析不同带宽条件下雷达回波的信息量和信息熵。针对某装甲车多散射点模型,采用不同脉冲宽度的二阶高斯脉冲模拟雷达发射信号,信号带宽范围为 100MHz~1GHz,按 100MHz 步进,雷达观测角范围为 0~180°;根据式(2-1)和式(2-2),可计算得到不同带宽、0~180°观测角度条件下雷达目标数据的信息量和信息熵,如图 2-3 和图 2-4 所示。

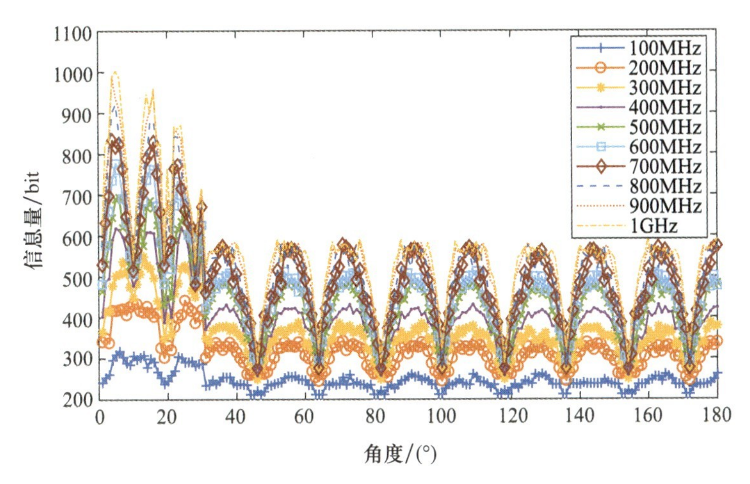

图 2-3 不同带宽条件下 0~180°观测角度雷达目标数据的信息量分析

从仿真中可以观察到如下现象。首先,随着观测角的变化,信息熵与信息量呈现出波动。根据仿真模型不同,这一波动可能是周期性的,也可能是非周期性的。引起信息量波动的本质原因,是目标在不同雷达观测角下呈现出的散射点与结构差异。其次,虽然不同角度下宽、窄带雷达的信息量与信息熵波动范围有重叠,但观察仿真趋势可以发现,带宽越宽,则回波数据信息熵越小,而信息量越大。

将上述不同角度获得的信息量和信息熵做统计平均,可以得到不同带宽条件下的一个周期回波数据的统计信息量和信息熵,如图 2-5 所示。随着雷达带宽增加,目标回波的信息量变大,目标回波的信息熵减少。由此可见,在理想仿真条件下,宽带雷达相比窄带雷达可提供更多的目标信息。

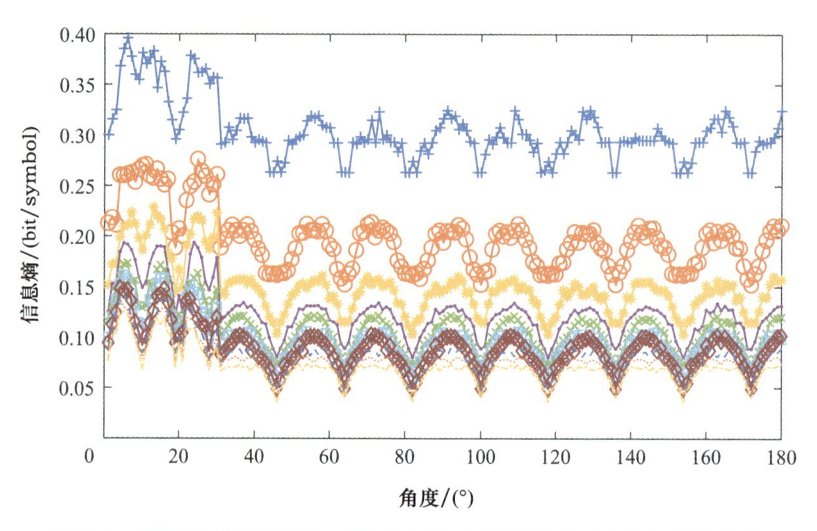

图 2-4 不同带宽条件下 0~180°观测角度雷达目标数据的信息熵分析

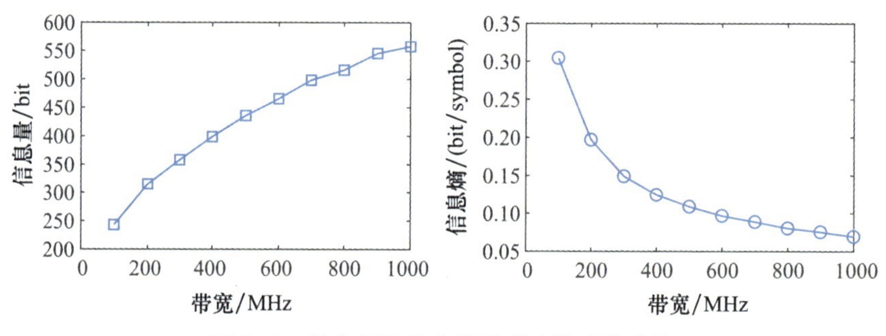

图 2-5 信息量和信息熵随带宽的变化曲线

现实应用中,信息量和空间分辨率或雷达带宽虽然存在着正比关系,但不是线性关系。就微波雷达而言,因为目标电磁散射和辐射特性的多参数敏感性,以及目标信号特性调制的有限性,宽带雷达在复杂环境目标识别方面未必一定能取得显著的性能提升。

考虑到信息量受环境复杂度限制,而 SNR 是定量化环境复杂度的一个常用指标,进一步,固定信号带宽为 100MHz,计算不同 SNR 条件下回波数据的信息量和信息熵,结果如图 2-6 所示。从图中可见,带宽一定时回波数据的信息量和信息熵均随 SNR 增加而降低。值得注意的是,当 SNR 升高时,回波数据信息量降低并不意味回波数据中有用信息量减少,而是回波数据中包含的噪声信息减少了;而信息熵的减少意味着关于目标信息的不确定性减少了。为完整展示信息量和信息熵随 SNR 和带宽

的变化情况,图 2-7 给出了信噪比在-10dB~20dB 以及 100MHz~1GHz 带宽范围在内,回波数据信息量和信息熵的变化情况。从图中可见,当信号带宽越宽、SNR 越高时回波数据的信息熵越低。

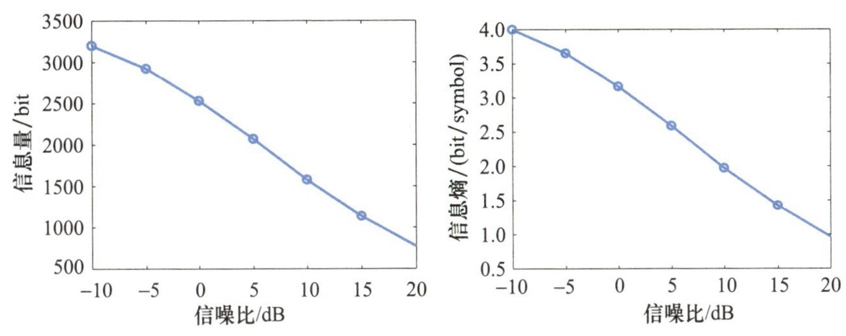

图 2-6 信息量和信息熵随 SNR 的变化曲线(带宽为 100MHz)

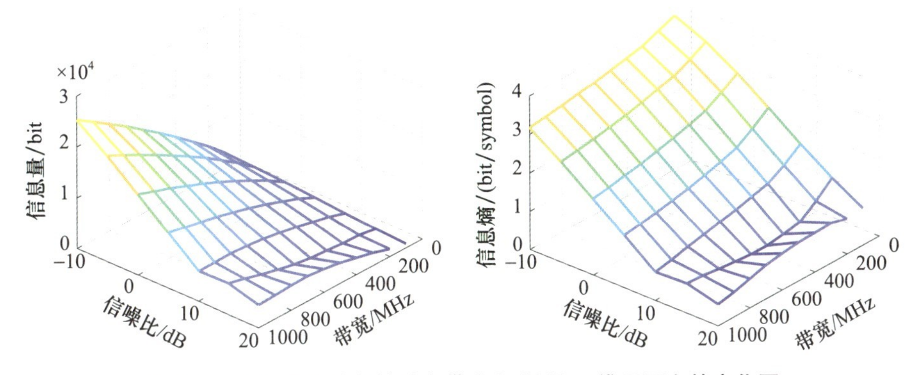

图 2-7 信息量和信息熵随在带宽和 SNR 二维平面上的变化图

上述分析说明,在对雷达目标数据信息量进行度量时,有必要考量目标数据的信噪比。为获得雷达目标数据信息量的可靠度量结果,可事先通过滤波等处理抑制噪声,提高目标数据的信噪比,减少噪声对目标数据信息量度量的影响。

2. 条件熵和联合熵

在目标信息表达空间,目标环境以及先验知识可为目标识别提供信息。在先验知识和已知场景的条件下,目标数据信息和不确定性可采用条件信息量和条件熵进行描述。通常情况下,先验和环境信息可增加目标总的信息量,压缩信息熵,减少目标类别的不确定性。通过多传感器联合观测,可增加信息量,减少不确定性,增强目标识别的准确性。多传感器联合观测的信息量和不确定性可采用联合信息量和联合熵进行描述。

联合熵(Joint Entropy)表征了两事件同时发生的不确定度。假设两个离散随机变量 X 和 Y 的联合概率分布为 $p(x,y)$，则其联合熵 $H(X,Y)$ 可表示为

$$H(X,Y) = -\sum_{y\in Y}\sum_{x\in X} p(x,y)\log p(x,y) \tag{2-7}$$

条件熵(Conditional Entropy)表示在已知随机变量 X 的条件下随机变量 Y 的不确定性，假设已知 x 的条件下 y 的概率分布为 $p(y|x)$，则条件熵 $H(Y|X)$ 可表示为

$$\begin{aligned} H(Y|X) &= \sum_{x\in X} p(x)H(Y|x) \\ &= -\sum_{x\in X} p(x)\sum_{y\in Y} p(y|x)\log p(y|x) \end{aligned} \tag{2-8}$$

式中：$p(x)$ 为 $X=x$ 的概率；$H(Y|x)$ 为 $X=x$ 时 Y 的信息熵。

此外，两个离散随机变量 X 和 Y 的互信息(Mutual Information)定义为

$$\begin{aligned} I(X,Y) &= -\sum_{y\in Y}\sum_{x\in X} p(x,y)\log\left(\frac{p(x,y)}{p(x)p(y)}\right) \\ &= -\sum_{y\in Y}\sum_{x\in X} p(x,y)(I(x)+I(y)-I(x,y)) \end{aligned} \tag{2-9}$$

式(2-9)表明，多传感器联合观测(或单传感器多次独立观测)的互信息为各传感器独立观测(或单传感器单次观测)所获取信息量之和减去同时观测(或多次观测)所获得的重复信息的信息量，这表明了多传感器联合观测时各传感器获得的信息是有重复的，互信息度量了这种重复的信息量大小。当两事件完全独立时，有联合概率 $p(x,y)=p(x)p(y)$，此时互信息为零。

互信息、联合熵、条件熵之间的关系如下：

$$\begin{cases} I(X,Y) = H(X) + H(Y) - H(X,Y) \\ H(Y|X) = H(X,Y) - H(X) \end{cases} \tag{2-10}$$

在分类任务的决策树学习过程中，可以采用信息增益的概念来决定选用哪个特征作为后续的决策依据，这里的信息增益等价于训练数据集中类与特征的互信息。在目标信息度量中，关于目标原始数据本身、动态回波序列和连续观测均可采用信息熵进行度量。目标先验信息和环境信息可采用条件熵进行度量，多次观测数据的信息熵采用联合熵进行度量。

下面我们给出多分类条件下，目标平均最佳识别率受目标回波信息不确定性限制的定理。

定理1 在多目标识别问题中,假定 x 为目标观测信号,y 为 n 类($n \geqslant 2$)目标分类标签,$H_n(Y|X)$ 为条件熵,则基于观测 x 的 n 分类问题的平均最佳识别率满足:

$$P_c \leqslant \frac{1+(n-1)\sqrt{1-H_n^2(Y/X)}}{n} \tag{2-11}$$

证明:首先证明,对于 $n \geqslant 2, x \in \left[\frac{1}{n},1\right)$ 有:

$$-x\ln(x)-(1-x)\ln\frac{1-x}{n-1} \leqslant \frac{\sqrt{n}\ln n}{n-1}\sqrt{-nx^2+2x+n-2}$$

令

$$f(x)=x\ln(x)+(1-x)\ln\frac{1-x}{n-1}+\frac{\sqrt{n}\ln n}{n-1}\sqrt{-nx^2+2x+n-2}$$

则有

$$f''(x)=\frac{1}{(nx+n-2)^{\frac{3}{2}}(-x+1)^{\frac{3}{2}}}\left[\frac{(nx+n-2)^{\frac{3}{2}}(-x+1)^{\frac{1}{2}}}{x}-(n-1)\sqrt{n}(\ln n)\right] \tag{2-12}$$

令

$$g(x)=\ln\frac{(nx+n-2)^{\frac{3}{2}}(-x+1)^{\frac{1}{2}}}{x}-\ln((n-1)\sqrt{n}(\ln n))$$

$$g'(x)=\frac{-2nx^2+(2n-2)x-2n+4}{2(nx+n-2)(1-x)x} \leqslant 0$$

式中:$g(x)$ 在 $\left[\frac{1}{n},1\right)$ 上为减函数,且 $g\left(\frac{1}{n}\right)>0$;$\lim\limits_{x\to 1}g(x)<0$。$f''(x)$ 在 $\left[\frac{1}{n},1\right)$ 上有且仅有一个零点,记为 x_0。因此 $f'(x)$ 在 $\left[\frac{1}{n},x_0\right)$ 上单调递增,$f'(x)$ 在 $(x_0,1)$ 上单调递减。

由

$$f'(x) \geqslant f'\left(\frac{1}{n}\right)=0, \lim_{x\to 1}f'(x)<0$$

有

$f'(x)$ 在 $(x_0,1)$ 上有且仅有一个零点,记为 x_1。因此 $f(x)$ 在 $\left[\frac{1}{n},x_1\right)$ 上单调递增,在 $(x_1,1)$ 上单调递减。

由

$$f\left(\frac{1}{n}\right)=0,f(1)=0$$

有

$$f(x)\geqslant 0,x\in\left[\frac{1}{n},1\right)$$

接下来证明可识别率的上界。

令

$$q_M=\max_y p(y|x)\ ,\ q_M\in\left[\frac{1}{n},1\right)$$

平均最大分类正确率可表示为

$$P_c=\int_x p(x)q_M\mathrm{d}x$$

条件熵可表示为

$$\begin{aligned}H_e(Y|X)&=-\mathbb{E}_x\sum_{y=1}^{n}p(y|x)\ln(p(y|x))\\&\leqslant-\mathbb{E}_x\left[q_M\ln(q_M)+(1-q_M)\ln\left(\frac{1-q_M}{n-1}\right)\right]\\&\leqslant\frac{\sqrt{n}\ln n}{n-1}\mathbb{E}_x\sqrt{-nq_M^2+2q_M^2+n-2}\end{aligned}\qquad(2-13)$$

其中,H_e 表示以 e 为底的信息熵。由于函数 $f(x)=\sqrt{-nx^2+2x+n-2}$ 在 $\left[\frac{1}{n},1\right)$ 上为凹函数,因此有

$$H_n(Y|X)\leqslant\frac{\sqrt{n}}{n-1}\sqrt{-nP_c^2+2P_c^2+n-2}$$

化简,可得:

$$P_c\leqslant\frac{1+(n-1)\sqrt{1-H_n^2(Y/X)}}{n}$$

证毕。

该定理是对一个观测系统信号的可识别能力的评估。若在已知观测信号的条件下,对目标信息的不确定性越小,则能达到的平均最佳识别率越大。当观测系统的不确定性为 0 时,平均最佳识别率为 1,即平均最佳识别率可以达到 100%;当观测系统的不确定性为 1 时,平均最佳识别率

为 $1/n$,即观测信号没有有效信息,只能对目标随机分类。

2.2.1.3 多次观测数据的联合信息熵

多观测数据融合处理是对同一表达层次上信息的合成[3],可用两种概率空间及其上定义的信息熵来描述,由此分析融合过程中信息熵的传递和转换,从理论上说明融合在减少系统不确定性(熵减)方面所获得的收益。

1. 融合的联合熵理论

不失一般性,针对两组同时且独立观测数据融合的情况建立如下模型。

观测数据Ⅰ和观测数据Ⅱ分别构成随机序列 X_1 和 X_2,它们组成了融合系统的多条数据输入。设 X_1 和 X_2 为平稳随机序列,且 X_1 为 n 个符号序列,X_2 为 m 个符号序列,可将它们视为两个随机向量,则随机向量 $\boldsymbol{X}^1$ 和 $\boldsymbol{X}^2$ 的概率模型可分别表示为联合概率:

$$\begin{cases}\boldsymbol{X}^1=\begin{Bmatrix}x_1^1,x_2^1,\cdots,x_n^1\\ p_{1,2,\cdots,n}(x_1,x_2,\cdots,x_n^1)\end{Bmatrix}\\ \boldsymbol{X}^2=\begin{Bmatrix}x_1^2,x_2^2,\cdots,x_n^2\\ p_{1,2,\cdots,m}(x_1^2,x_2^2,\cdots,x_m^2)\end{Bmatrix}\end{cases} \tag{2-14}$$

融合系统输出 $\boldsymbol{Y}$ 为 r 种可能的结果,其概率模型为

$$\boldsymbol{Y}=\begin{Bmatrix}y_1,y_2,\cdots,y_r\\ P(y_1),P(y_2),\cdots,P(y_r)\end{Bmatrix} \tag{2-15}$$

则融合系统输出的条件熵为

$$H(\boldsymbol{Y}\mid\boldsymbol{X}^1\boldsymbol{X}^2)=-\sum_{i_1}\sum_{i_2}\sum_{i_3}P(\boldsymbol{X}^1,\boldsymbol{X}^2)\,P(\boldsymbol{Y}\mid\boldsymbol{X}^1\boldsymbol{X}^2)\log P(\boldsymbol{Y}\mid\boldsymbol{X}^1\boldsymbol{X}^2) \tag{2-16}$$

式中:$P(\boldsymbol{Y}|\boldsymbol{X}^1\boldsymbol{X}^2)$ 为 $\boldsymbol{X}^1$ 和 $\boldsymbol{X}^2$ 同时发生时 $\boldsymbol{Y}$ 的条件概率;i_1、i_2、i_3 分别为 $\boldsymbol{X}^1$、$\boldsymbol{X}^2$、$\boldsymbol{Y}$ 的符号数量。

输出条件熵表示了系统在多数据输入条件下,系统输出的平均不确定性程度,也常称为多个数据或特征的联合熵。根据联合熵的定义,可推导出多次观测数据融合的联合熵定理[4]。

定理2 当 $\boldsymbol{X}^1$ 和 $\boldsymbol{X}^2$ 均是有关 $\boldsymbol{Y}$ 的信息,即 $\boldsymbol{X}^1$ 和 $\boldsymbol{X}^2$ 均不独立于 $\boldsymbol{Y}$ 时,融合系统的输出条件熵为

$$H(\boldsymbol{Y}|\boldsymbol{X}^1\boldsymbol{X}^2)<\min\{H(\boldsymbol{Y}|\boldsymbol{X}^1),H(\boldsymbol{Y}|\boldsymbol{X}^2)\} \tag{2-17}$$

从定理2可见,多观测融合的过程就是融合输出的不确定性比单一数据或部分数据输出的不确定性得到更大程度的压缩(或减少)的过程。这种融合所取得的在压缩系统不确定性方面的好处,即融合的有效性,是由信息的关联来保障的。

定理3[4] 当观察 $\boldsymbol{X}^1$ 与 $\boldsymbol{X}^2$ 的互相关性最小,即 $\boldsymbol{X}^1$ 与 $\boldsymbol{X}^2$ 相互独立时,融合系统对输出不确定性的压缩能力为最大,即

$$H_0(\boldsymbol{Y}|\boldsymbol{X}^1\boldsymbol{X}^2)\leqslant H(\boldsymbol{Y}|\boldsymbol{X}^1\boldsymbol{X}^2) \tag{2-18}$$

式中:$H_0(\boldsymbol{Y}|\boldsymbol{X}^1\boldsymbol{X}^2)$ 为 $\boldsymbol{X}^1$ 和 $\boldsymbol{X}^2$ 相互独立时 $H(\boldsymbol{Y}|\boldsymbol{X}^1\boldsymbol{X}^2)$ 的值。

2. 估计与检测融合的熵分析

参数估计与检测融合的熵分析:设随机状态向量 $\boldsymbol{X}$ 的多次重复观测为 $\boldsymbol{Z}_1$ 和 $\boldsymbol{Z}_2$,由 $\boldsymbol{Z}_1$ 和 $\boldsymbol{Z}_2$ 对 $\boldsymbol{X}$ 的估计为 $\hat{\boldsymbol{X}}(\boldsymbol{Z}_1\boldsymbol{Z}_2)$,估计误差为

$$\widetilde{\boldsymbol{X}}=\boldsymbol{X}-\hat{\boldsymbol{X}}(\boldsymbol{Z}_1\boldsymbol{Z}_2) \tag{2-19}$$

根据定理2,可知

$$H(\widetilde{\boldsymbol{X}})=H(\boldsymbol{X}|\boldsymbol{Z}_1\boldsymbol{Z}_2)<H(\boldsymbol{X}|\boldsymbol{Z}_1) \tag{2-20}$$

或

$$H(\widetilde{\boldsymbol{X}})=H(\boldsymbol{X}|\boldsymbol{Z}_1\boldsymbol{Z}_2)<H(\boldsymbol{X}|\boldsymbol{Z}_2) \tag{2-21}$$

从式(2-20)和式(2-21)可见,基于多次观测数据的状态估计比单次观测数据的状态估计具有更小的估计误差不确定性,即多个观测估计的不确定性误差比单个观测估计的不确定性误差更小,多次观测估计所获得的信息熵更小,估计性能得到提升。上述理论分析主要是为了引申说明,ATR系统通过探测器时间域的多次观测或空间多角度观测,一般可增加信息量,增强目标识别的性能。这也是我们一再强调动态回波序列识别、跟踪凝视识别、动态特征识别等的原因,窄带雷达的动态回波序列中一样蕴含着丰富的目标信息。

2.2.2 目标可识别性分析

2.2.2.1 目标可识别性问题描述及可识别性定义

1. 目标可识别性的问题描述

目标可识别性与目标的特性和特征密切相关,是对目标进行识别的可能性的描述,是对识别难易程度的一种评价。图2-8给出了对目标可

识别性问题的描述示意图。在观测空间中,存在目标、环境/背景、先验信息等。通过传感器观测可获取目标表达空间的各类数据,包括目标数据、环境数据以及先验知识等。针对不同阶段和场景下探测识别的具体任务,基于目标表达空间数据信息量,在任务复杂度与分类算法性能的约束下,可分析和度量目标的可识别性。

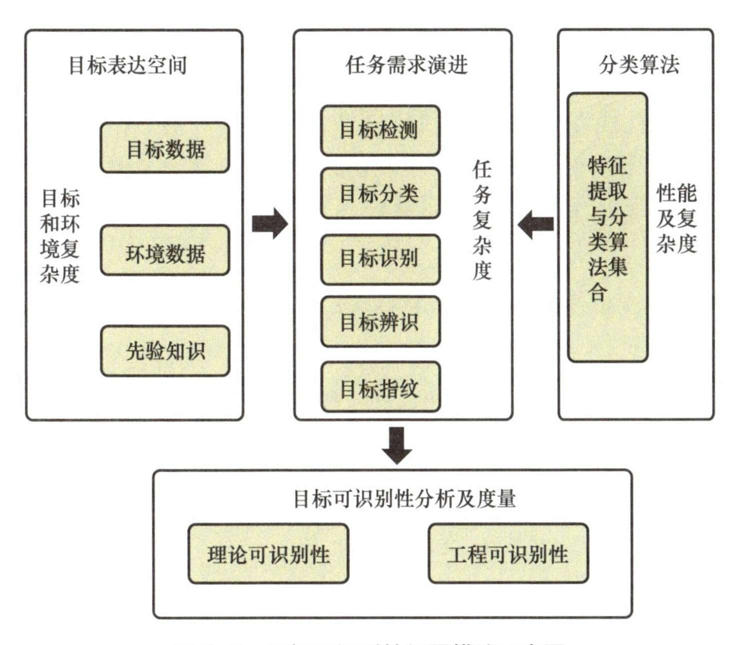

图 2-8 目标可识别性问题描述示意图

目标数据(图像)分辨率是影响数据(图像)质量和目标可识别性的关键因素。美国国家图像解译等级标准(National Imagery Interpretability Rating Scale,NIIRS)[5]基于用户的任务需求对影像质量进行了等级划分,NIIRS 分为 0~9 级,图像的分辨率和解译度逐级递增。2.2.1.2 节基于信息熵给出了不同带宽雷达目标回波的信息量分析,通过信息熵、带宽和 NIIRS 关联分析可知,NIIRS 等级增加意味着目标信息量增加以及信息熵的压缩。在此基础上,下面将进一步分析基于信息度量的目标可识别性。

2. 目标可识别性定义

在给定目标表达空间 T、任务空间 S 和分类器 C 的条件下,目标可识别性可采用目标可识别性指标进行描述。定义目标可识别性指标为

$$R = G(T,S,C) \tag{2-22}$$

式中：$G(\cdot)$ 为关于可识别性的指标函数。

上述公式给出了目标可识别性的概念描述。在上述表达式中，在分类器和分类算法已经逼近极限性能的情况下，目标表达空间 T 和任务空间 S 是影响目标可识别性指标的核心因素。可将目标可识别性分为理论可识别性（理想条件）和工程可识别性。

理论可识别性，是指在理想条件下，在给定场景下考虑数据模型和算法性能极限，可实现的目标识别性能，主要用于对各种特征提取和分类算法进行性能评价；而工程可识别性（样本量、环境、先验）需要考虑各种实际应用场景、算法的硬件可实现性，即具体平台限制和计算与存储限制等条件下目标识别的可实现性。上述两种可识别性具有关系为

$$R_{\mathrm{E}} \leqslant R_{\mathrm{T}} \tag{2-23}$$

式中：R_{E} 和 R_{T} 分别代表工程可识别性和理论可识别性指标。

由于目标特征固有的欠定性、目标特征表象的场景关联性，以及目标特征使用与知识的相关性，目标可识别性指标具有一定上限。因此任何 ATR 系统，其可识别性指标最理想的情况，是通过从理论、模型、算法到工程的还原论方法，使得 R_{E} 无限逼近于 R_{T} 。

2.2.2.2 基于信息度量和任务复杂度的目标可识别性分析

从理论上，目标识别的准确度与掌握的目标信息量正相关。可基于信息熵对目标的可识别性进行分析。目标识别性能是对具体目标识别任务的一类评价指标，通常包括平均正确识别率、平均误识别率等。一般而言，目标可识别性越好，则目标识别性能越好[6]。

对于具体的识别任务（如目标鉴别、属性识别等）而言，只有与特定的目标识别任务对应的本征信息才能为识别任务提供关键特征。“本征”（Eigen）的概念来源于量子力学和线性代数领域，通常理解为本性的、本质的，纯净不被掺杂或污染的。例如，线性变换的本征向量，通常表示经线性变换后“方向”不变的向量。在 ATR 领域，我们将能表征与目标识别任务相关的目标的固有特性或特征，描述为本征特性或本征特征，其蕴含的信息称为本征信息。

相应地，目标本征信息是原始信息的子集，假定目标本征信息量为 I^{κ} 、原始信息量为 I ，则有 $I^{\kappa} \leqslant I$ ，其中 I^{κ} 和 I 分别为本征信息和原始信息

的度量函数。假设可识别性指标 $R=\Omega(I)$，其中 $\Omega(\cdot)$ 为信息量与可识别性指标的超函数，则对于特定识别任务的可识别性指标为 $R^{\kappa}=\Omega(I^{\kappa})$。因此，对于特定的识别任务而言，信息不仅有“量”还有“质”的区别，只有获取与分类识别任务相关的本征信息，才能有效提升目标识别性能。

图2-9给出了目标识别细粒度与本征信息熵演化趋势图。在目标信息集合或目标表达空间，需要针对不同的识别任务构建不同的本征信息集合，其过程是在信息量特别是本征信息量增加的同时，减少信息熵，提高目标识别性能。

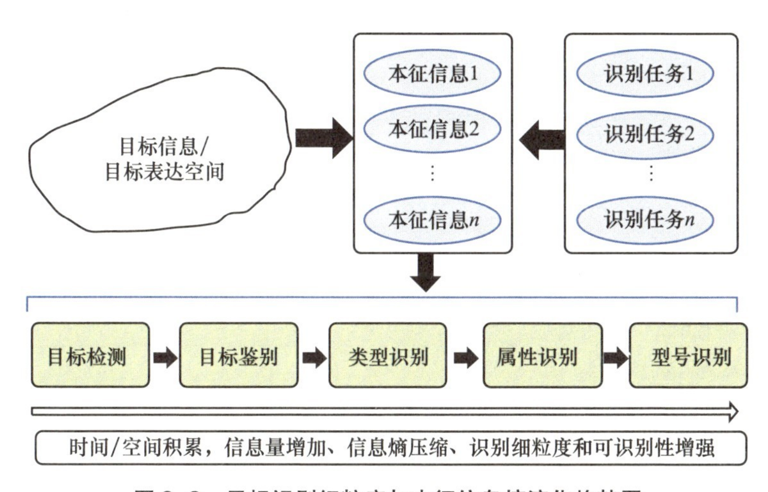

图2-9 目标识别细粒度与本征信息熵演化趋势图

这里以海上舰船目标识别的一个简单任务想定为例，对目标可识别性进行分析。不失一般性，仅考虑基于某型传感器（如SAR、HRRP或光学）对海上舰船目标的尺寸估计来实现目标分类。传感器对五类目标测量的概率密度函数图如图2-10所示。目标类型包括：渔船（包括小、中、大型）、导弹驱逐舰、导弹护卫舰、航空母舰和远洋油轮。考虑的特征为目标长度，采用恒定阈值法，取相邻两个目标概率密度函数曲线交点为阈值，则目标识别率为相应的概率密度函数在阈值区间的定积分。

表2-2给出了五类目标的典型长度以及在相应估计误差条件下的识别率。在上述给定任务复杂度、环境复杂度和分类准则等条件下，可将目标识别率视为目标的可识别性的定量表征。

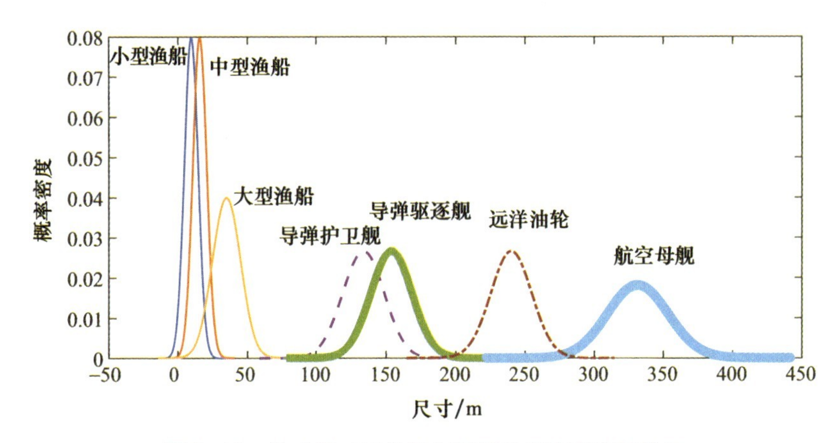

图 2-10 传感器对五类目标测量的概率密度函数图

表 2-2 海上舰船目标可识别性定量分析

目标类型	尺寸(长度)/m	长度估计方差	识别率(可识别性)/%
渔船	10/16/35	5/5/10	99.99
远洋油轮	240	15	99.28
导弹驱逐舰	154	15	74.47
导弹护卫舰	134	15	74.26
航空母舰	332	22	99.21

2.3 目标动态特征表征

如前所述,目标特征作为对目标差异性或唯一性的表征,其具体呈现和识别性能与任务、变化的场景密切相关。现实应用中的 ATR 是一个动态模式识别问题,我们把具有动态性的目标特征称为目标动态特征。

2.3.1 目标动态特征的三态表征

目标动态特征从表象规律的角度可分为三态:

(1) 似稳态特征:动态渐变的相对稳定的目标特征。

(2) 显著态特征:动态突变状态下凸显的显著性目标特征。

(3) 变迁态特征:动态变化过程呈现的规律性形态特征。

设 $\{s_n, n=1,2,\cdots,N\}$ 为由目标的 N 个特征向量构成的动态特征序列集合,实际应用中这 N 个特征向量可对应于不同的时间段、不同的观

测角度、不同的传感器参数等；$\boldsymbol{s}_n \in \mathbb{C}^M$ 为 M 维的复特征向量。

以传统的低分辨率对海监视雷达目标识别系统为例，$\boldsymbol{s}_n$ 为第 n 个时间段获得的目标动态回波。基于 $\{\boldsymbol{s}_n\}$ 可对目标特征的似稳态、显著态和变迁态进行形式化描述。

设 $\bar{\boldsymbol{s}} = \frac{1}{N}\sum_{n=1}^{N}\boldsymbol{s}_n$ 为 N 个序列特征向量的均值，目标特征表现为似稳态意味着每个 $\boldsymbol{s}_n$ 相对于 $\bar{\boldsymbol{s}}$ 均仅有较小的变化，即

$$\frac{1}{N}\sum_{n=1}^{N}\|\boldsymbol{s}_n - \bar{\boldsymbol{s}}\|_2^2 \leqslant \eta_0 \tag{2-24}$$

式中：η_0 表示动态特征序列和其均值的偏差阈值。

显著态意味着特征序列在大多数情况下均维持稳定状态，即和特征均值的偏差在一定区间范围内；而同时在某些短暂的时间区间或频率范围内，特征向量相较于均值具有显著变化。动态特征序列和其均值的偏差阈值可表示为

$$\eta_0 < \frac{1}{N}\sum_{n=1}^{N}\|\boldsymbol{s}_n - \bar{\boldsymbol{s}}\|_2^2 \leqslant \eta_1 \tag{2-25}$$

参数 η_0 的定义和前面一致，而 η_1 主要约束动态特征序列的变化不能过大。对于有限范围内的显著变化，需在特征对应的变换域内进行描述，此处考虑最常用的时频域变换，如短时傅里叶变换（Short-Time Fourier Transform，STFT）则定义：

$$\boldsymbol{S}(t,f) = \frac{1}{N}\sum_{n=1}^{N}\mathrm{STFT}(\boldsymbol{s}_n) \tag{2-26}$$

和

$$\bar{\boldsymbol{S}}(t,f) = \mathrm{STFT}(\bar{\boldsymbol{s}}) \tag{2-27}$$

设 $\bar{\boldsymbol{S}}(t,f)$ 在时频平面上的主要分布区域为

$$\Omega_e = \{(t,f) \mid |\bar{\boldsymbol{S}}(t,f)| \geqslant C_0\} \tag{2-28}$$

那么显著态可形式化表示为在 Ω_e 区域外具有比较聚集的能量分布，可用稀疏度来表示，即

$$\begin{cases} \|\boldsymbol{S}(t,f)\|_0 = K, (t,f) \in \Omega/\Omega_e \\ \eta_0 < \frac{1}{N}\sum_{n=1}^{N}\|\boldsymbol{s}_n - \bar{\boldsymbol{s}}\|_2^2 \leqslant \eta_1 \end{cases} \tag{2-29}$$

对于变迁态，一种最常见的情况是特征序列按照某种规律动态变换，

即第 k 个特征向量 $\boldsymbol{s}_k$ 和其之前的若干个特征向量 $\boldsymbol{s}_{k-1},\boldsymbol{s}_{k-2},\cdots$ 之间具有某种固定的函数关系,可表示为

$$\boldsymbol{s}_k = g(\boldsymbol{s}_{k-1},\boldsymbol{s}_{k-2},\cdots) \tag{2-30}$$

函数 $g(\cdot)$ 的形式取决于具体的物理观测过程。因此,变迁态可形式化描述为

$$\begin{cases} \dfrac{1}{N}\sum\limits_{n=1}^{N}\|\boldsymbol{s}_n - \bar{\boldsymbol{s}}\|_2^2 \geqslant \eta_1 \\ \dfrac{1}{N}\sum\limits_{n=2}^{N}\|\boldsymbol{s}_n - g(\boldsymbol{s}_{n-1},\boldsymbol{s}_{n-2},\cdots,\boldsymbol{s}_1)\|_2^2 \leqslant \varepsilon_0 \end{cases} \tag{2-31}$$

上述基于三态的动态特征划分是三态特征理论的基础。其中,似稳态特征在被干扰和杂波严重污染的信息环境下的准确性与可靠性是高度存疑的。例如,上面所提及的幅度值分布是一种典型的似稳态信息,对强噪声与杂波环境下弱信号目标的检测贡献极为有限,也难以分辨两个相似的雷达目标。相反地,显著态和变迁态特征可以更准确可靠地体现目标的固有特征,例如弱信号目标的振荡规律一般与强杂波保持一定的差异性。

在目标特征的提取中考虑显著态与变迁态等动态特征信息,符合2.2.1节关于目标数据信息量的分析。在连续的时序波形序列之间产生互信息,其联合熵相比单一数据的信息熵有望降低,信息量增加。而目标动态特征,正是目标与环境变化及耦合产生的信息增量的量化表征形式。

2.3.2 三态特征提取

目标三态特征的提取需考虑如下原则。

(1) 相对稳定性,即不会受目标距离、观测角度、地理气象环境等已知外界参数的影响。

(2) 相对独立性,特征之间需要具备一定的独立性。

(3) 具备特征极值,即前面所述的本征特性,显著态和变迁态特征就具有良好的识别效用。

下面以窄带雷达舰船目标动态回波识别为例介绍三态特征的具体表征与提取方法。

2.3.2.1 窄带雷达信号中的似稳态

窄带雷达信号中的似稳态包含描述雷达回波形状的特征,以及描述

回波散射细节的特征(凹口特征)。其中,回波形状是一个整体概念,通常由有效波形的宽度、峰值高度、波峰宽度、上升/下降沿梯度等多个物理量综合表征。这里以波形宽度与波峰宽度为例,可得到的似稳态特征包括[7]:

(1) 展宽(有效波形宽度):$\text{iWidth}^i = P_E^i - P_S^i$;

(2) 肩宽(波峰宽度):$\text{Shoulder}^i = I_R^i - I_L^i$。

其中 P_S^i 和 P_E^i 为第 i 个波形的有效起止边界;I_R^i 和 I_L^i 为波形肩部的左右拐点,如图 2-11(a)所示。

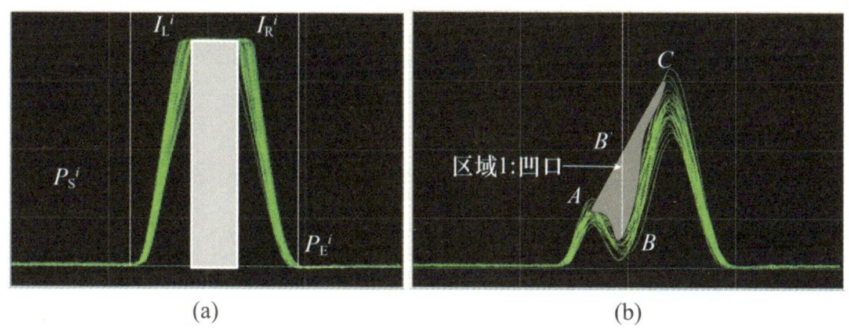

图 2-11 回波形状的似稳态特征

(a) 展宽与肩宽特征;(b) 凹口特征。

当目标具有较强散射特性时,低分辨率雷达回波虽然不足以如高分辨率一维距离像一样描述细节 RCS 与散射中心,但仍能在一定程度上反映散射特性的部分细节,出现多峰现象。此时,多个局部极大峰值间存在凹口,可将凹口特征视为反映雷达回波似稳态的静态特征。这些特征包括(图 2-11(b))[7]以下几种。

(1) 凹口数目:波形中包含的凹口个数;

(2) 凹口位置:区域 1 中极小值 B 点对应的距离维度数值;

(3) 凹口深度:B 点与直线 AC 上垂线交点 B'间的线段长度;

(4) 凹口宽度:AC 在距离维度上的投影长度;

(5) 凹口能量:区域 1 的面积。

需要注意的是,似稳态特征并非总能稳定地直接反映目标特性,其是与场景紧密耦合且密切相关的。图 2-12(a)展示了大、中、小三艘货轮在接近径向运动时获得的目标回波展宽特征曲线。其中横轴为距离,单位为海里(n mile),纵轴为回波展宽。可以看到,三类目标的展宽在总体上有差异趋势,但是展宽随距离变化存在较大的起伏。当目标在强起伏区间时,测得的展宽会降至其他低吨位类别目标的展宽起伏区间,从而对基于展宽特征的目标分类带来困难。

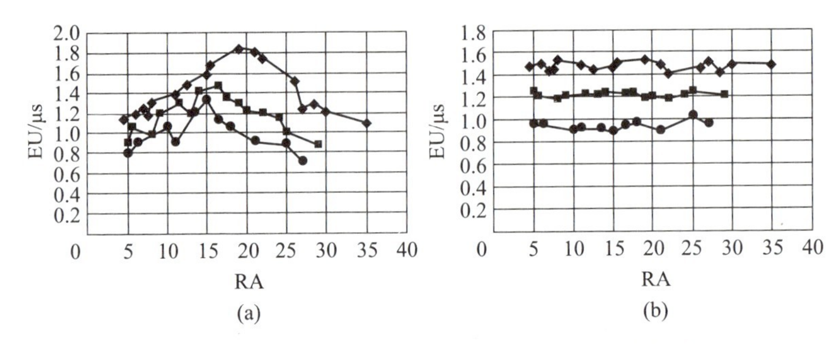

图 2-12　大、中、小三类目标展宽随距离的变化曲线

(a)自适应修正前;(b)自适应修正后。

为了解决这一问题,可以基于场景变化,以及展宽特征与波形特征的内在联系实现自适应的特征修正,消除目标物理运动、场景与回波动态性导致的展宽特征的起伏变化。这种自适应修正可以看成是特征提取算法中基于模型的信息融合和理解过程,具体的方法体现在展宽特征修正中,包括基于目标位置的硬修正,以及基于回波动态过程的软修正[8]。图 2-12(b)给出了经过特征自适应修正后的目标展宽特征随距离变化的曲线,曲线对距离变化的稳健性良好。

2.3.2.2　窄带雷达信号中的显著态

窄带雷达信号的显著态是在窄带雷达波形连续变化过程中的突变状态特征,包含了雷达回波的扭动与跳动特征。

回波扭动表现为波形整体的左右偏移、局部波形突然出现的滚动与移动等形态。通常大型目标的雷达回波信号扭动频繁、强度高,极易出现快速的扭动变换。由于波形的质心代表了波形时域积分面积“质量”的整体分布特性,利用质心横坐标的变化,可以描述和刻画扭动的水平方向变化效果。

回波的跳动表现为整个波形的上下振动、忽起忽落。通常出现在小型船只的雷达目标回波中。与回波扭动中的质心横坐标变化不同,刻画回波跳动通常可以利用波形的质心纵坐标信息。

图 2-13 和图 2-14 分别给出了回波序列扭动与跳动的时间变化示意图。为综合刻画这两个显著态信息,可使用刻画回波整体扭动和跳动

情况的特征量——扭/跳因子和跳/扭因子：

$$\mathrm{Ratio}_{\mathrm{Twist/Jump}}=\frac{\mathrm{Twist}_{\mathrm{Pow}}}{\mathrm{Jump}_{\mathrm{Pow}}}\exp(a\cdot\mathrm{Inc}_{\mathrm{Var}}-b\cdot\Delta) \tag{2-32}$$

$$\mathrm{Ratio}_{\mathrm{Jump/Twist}}=\frac{\mathrm{Jump}_{\mathrm{Pow}}}{\mathrm{Twist}_{\mathrm{Pow}}}\exp(c\cdot\Delta-d\cdot\mathrm{Inc}_{\mathrm{Var}}) \tag{2-33}$$

式中：$\mathrm{Twist}_{\mathrm{Pow}}$ 与 $\mathrm{Jump}_{\mathrm{Pow}}$ 分别为根据能量估算的扭动、跳动程度；$\mathrm{Inc}_{\mathrm{Var}}$ 为回波序列的倾斜程度方差[7]；Δ 为对回波最大幅值序列高频成分与低频成分之比；a、b、c、d 为非负常数。

当式(2-32)取值较大时，回波主要表现为扭动；当式(2-33)取值较大时，回波主要表现为跳动。

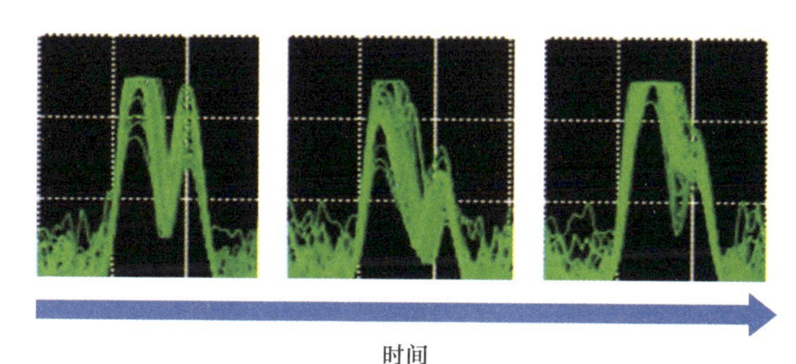

图 2-13　回波序列的扭动变化示意图

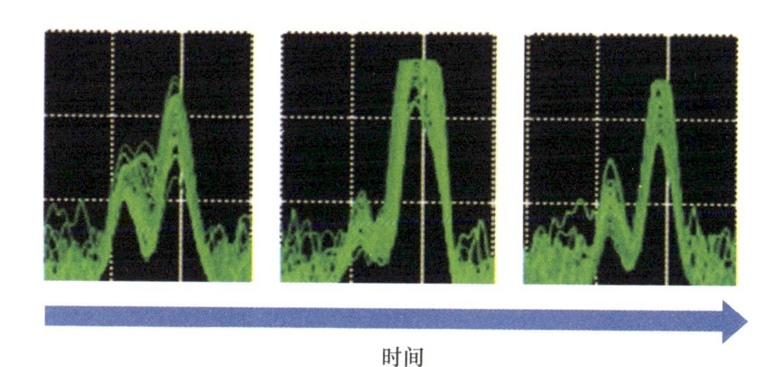

图 2-14　回波序列的跳动变化示意图

2.3.2.3　窄带雷达信号中的变迁态

海面目标通常运动速度较慢，在一次信号采样过程中有效波形的位置通常维持在同一个位置而不会发生偏移。但是，对于快艇、低空飞机等高速运动目标，当运动方向与雷达视线夹角较小时，回波序列的各个波形将表现出沿着目标方向变化的特性[8]，这可以视作窄带雷达信号中随时间变化的变迁态。

图2-15给出了目标平动特征的求取过程。上、下两根水平线为回波序列最外端起止边界，曲线为各个时序波形的左、右边界，接触点为曲线直线交汇处。当目标持续向某一方向平动时，平移量增大，稳定、持续，接触点变少。利用平移因子可以表征回波平动变迁态特征：

$$F_{\text{Move}} = \sum_{i=1}^{c_N} (\Delta d_{\text{L}}^i - \Delta d_{\text{R}}^i) / NP_{\text{Touch}} \tag{2-34}$$

式中：Δd_{L}^i 和 Δd_{R}^i 为波形与波形边界之间的偏移量；NP_{Touch} 为所有接触点个数；c_N 为时序波形个数。

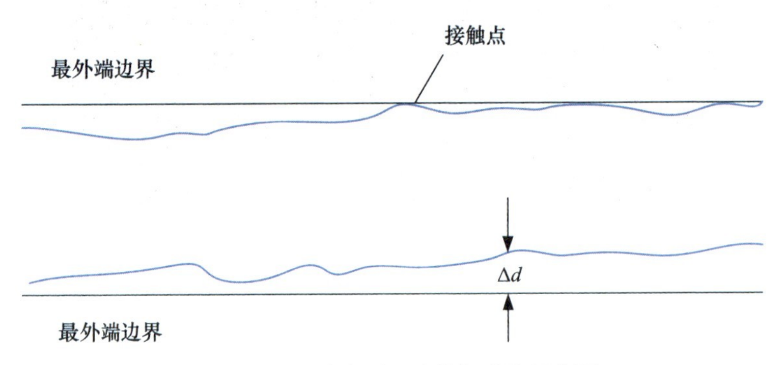

图2-15　回波序列平动特征求取示意图

2.4　典型传感器目标特征

本节列出了雷达、光学、红外和声纳等几类主要探测识别手段常用的目标特征，并从与具体目标特性的关联性、与具体目标识别能力（粒度）的关联性两个维度进行了梳理。有关特征的定义在很多文献中均有细致的描述，这里只做简略描述。

2.4.1　窄带/宽带雷达目标特征

窄带与宽带雷达包含脉冲多普勒雷达及连续波雷达，是根据运动目标的回波来获取目标位置和相对运动速度的雷达，被广泛应用于侦察、预

警与制导等任务。其主要通过目标回波信号的幅值、相位、频率和极化等特征信息对目标进行识别。

窄带/宽带雷达常见的目标特征见表2-3。雷达散射截面积(RCS)是早期使用的主要雷达目标特征,通过分析在目标行进中,RCS随视角变化的数据来获得目标的形体结构等物理特性[9]。例如,弹头与助推火箭和诱饵的雷达识别方法便是通过飞行姿态变化方式不同而导致的不同RCS变化趋势来有效区分目标的。目标运动回波起伏和调制谱特征(图2-16)在目标识别中受到了关注,运动回波起伏特征主要从目标时域一维回波序列中获得的特征来判断目标形状与类型[10];目标的调制谱特征则是依靠直升机旋翼和喷气式引擎的叶片的周期运动,通过雷达回波的周期性调制对目标进行识别[11]。目前,针对旋翼飞机或者无人机的检测识别方法通常依据此类特征或由此总结衍生出的微动特征。一维距离成像获得的目标尺寸与结构特征被广泛应用于各类目标识别中[12-13]。Van Blaricum等使用Prony法提取目标的极点作为特征,之后与目标库中的数据进行比对完成识别[14]。极化特征,作为重要的电磁波描述向量特征,因其与目标形状本质的密切联系,也被用作了雷达目标识别的特征之一[15],但极化特征的使用需要对不同极化方向上的散射特性进行测量,对传感器要求较高,使用也较为复杂,目前尚未大规模应用。

表2-3 窄带/宽带雷达目标特征

特征	关联的特性①②	与识别的关联性③
雷达散射截面积(RCS):目标在雷达接收方向上反射雷达信号能力的度量,用于表征雷达目标对照射电磁波散射能力	☆BC ◎MC ☆SRC ◎VC ◎CC	☆检测 ●分类 ●识别 ◎辨识 ◎规格 ◎指纹
回波起伏特征:回波的幅度与相位的变化过程	☆BC ●MC ☆SRC ◎VC ◎CC	☆检测 ☆分类 ●识别 ◎辨识 ◎规格 ◎指纹
调制谱与微多普勒特征:周期运动或非周期微弱运动对雷达回波的时频调制	●BC ☆MC ☆SRC ☆VC ●CC	●检测 ☆分类 ☆识别 ●辨识 ◎规格 ◎指纹
极点分布:散射物体自然谐振频率的分布情况	●BC ◎MC ☆SRC ●VC ◎CC	●检测 ☆分类 ☆识别 ◎辨识 ◎规格 ◎指纹

续表

特征	关联的特性①②	与识别的关联性③
一维距离成像:雷达信号获取的目标散射点子回波在雷达径向距离上投影的向量和	●BC ●MC ☆SRC ☆VC ●CC	☆检测 ☆分类 ☆识别 ●辨识 ◎规格 ◎指纹
极化特征:雷达电磁波向量具有的空间方向偏振	◎BC ◎MC ☆SRC ☆VC ◎CC	●检测 ☆分类 ☆识别 ●辨识 ◎规格 ◎指纹

① BC(Basic Characteristic),即基本特性。MC(Moving Characteristic),即运动特性。SRC(Scattering and Radiation Characteristic),即散射和辐射特性。VC(Vulnerability Characteristic),即易损特性。CC(Confrontation Characteristic),即对抗特性。

② ☆表示关联紧密,●表示有一定关联,◎表示关联弱。

③ 检测(Detection):将目标从背景中提取出来。分类(Classification):将目标划分成指定类别。识别(Recognition):将特定目标同其他类别/相似目标区分开来,如目标 A 是战斗机。辨识(Identification):对目标型号属性等进行区分,如目标 A 是 MIG29 战斗机。特性(Characteristic):在这里也指目标规格,即对目标型号、属性等的延展,如目标 A 是 MIG29-PL 型战斗机。指纹(Fingerprinting):在特性基础上进行的精细分析,如带有侦察吊舱的 MIG29-PL 型战斗机。

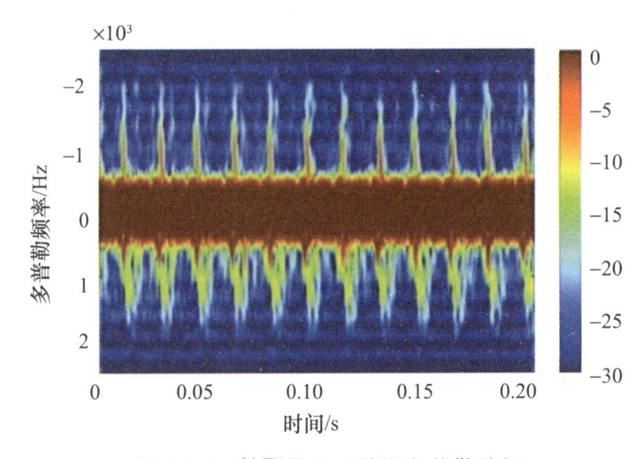

图 2-16　某型无人机的微多普勒特征

2.4.2　SAR 图像目标特征

基于 SAR 图像的目标检测识别直到 20 世纪 90 年代才得以初步应用[16]。区别于传统图像,SAR 图像表现出与视觉图像不同的形态与结构性缺失。目标的运动、相干斑噪声以及地形会导致 SAR 图像

出现模糊、斑纹杂波干扰以及遮掩等问题，对特征提取有很大挑战[17]（图 2-17）。

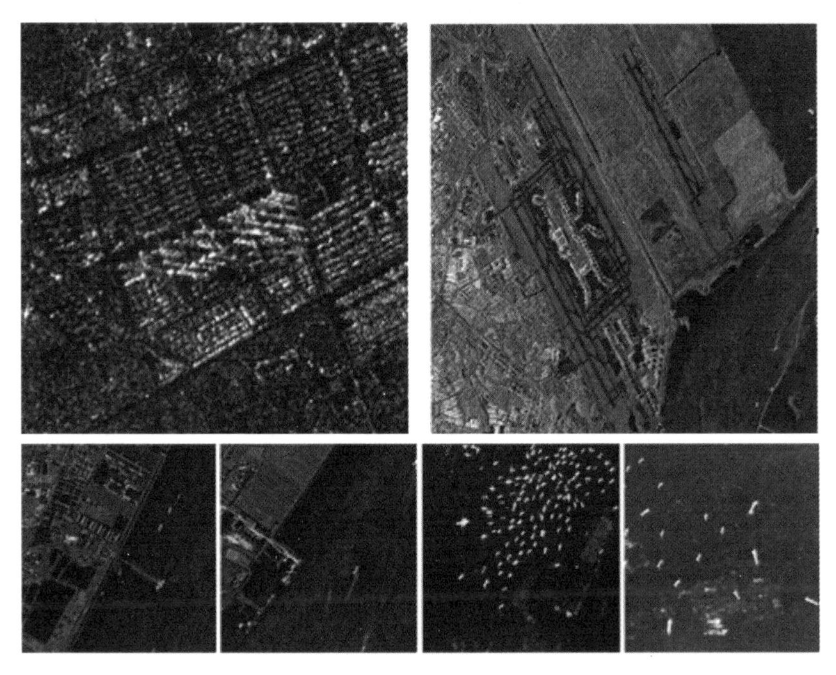

图 2-17 SAR 图像中的地物与目标特征

SAR 图像的特征主要包括几何特征、极化特征、统计特征、纹理特征、电磁特征和变换特征（表 2-4），这些特征主要通过空域处理和数学变换处理两种方式进行提取。几何特征可包括点、线等特征，用于区分目标及场景。道路、河流、航迹等在 SAR 图像中以线的形式呈现，可作为整体图像的特征用以多幅图间的配准[20]，极化特征则与传统雷达类似。统计特征是通过 SAR 图像灰度值的数理统计获得的峰值、均值、方差、分布等，体现 SAR 图像区域目标的特点[21]。纹理特征主要指提取一定均匀分布的自然地貌或人工建筑表面等形成的雷达图像特征[22]。SAR 的电磁特征也称属性散射中心特征，可根据其确定散射中心点的位置和强度从而进一步对目标进行判定，是 SAR 图像目标识别的重要特征之一。G. Jones 等就曾利用此特征对伪装和遮盖的目标进行检测识别[23]，也可根据电磁特征随角度、时间变化的规律实现目标分类与识别[24]。变换特征则是对 SAR 图像进行处理得到的变换域特征，如小波变换、霍夫变换、离散余弦变换和线性判决变换等[25]。

表 2-4　SAR 图像目标特征

特征	关联的特性	与识别的关联性
几何特征:点、线、面等	☆BC ◎MC ◎SRC ●VC ●CC	☆检测 ☆分类 ☆识别 ●辨识 ◎规格 ◎指纹
极化特征:雷达电磁波向量具有的空间方向偏振	◎BC ◎MC ☆SRC ◎VC ☆CC	☆检测 ☆分类 ☆识别 ●辨识 ◎规格 ◎指纹
统计特征:SAR 图像灰度值的数理统计获得的峰值、均值、方差、分布及各阶矩	◎BC ◎MC ☆SRC ◎VC ◎CC	●检测 ☆分类 ☆识别 ●辨识 ◎规格 ◎指纹
纹理特征:用于描述目标区域所对应的表面性质的全局特征	●BC ◎MC ☆SRC ☆VC ●CC	●检测 ☆分类 ☆识别 ●辨识 ◎规格 ◎指纹
电磁特征(散射中心特征):散射中心点的位置和强度	◎BC ◎MC ☆SRC ☆VC ●CC	●检测 ☆分类 ☆识别 ●辨识 ●规格 ●指纹
变换特征:SAR 图像进行数学变换后的特征	◎BC ◎MC ☆SRC ●VC ●CC	●检测 ☆分类 ☆识别 ●辨识 ◎规格 ◎指纹

2.4.3　可见光图像目标特征

可见光图像根据可见光谱段范围进行成像,成像形式分为全色图像、多光谱图像。可见光图像目标特征可分为颜色(或灰度)特征、纹理特征、形状特征、空间关系特征、局部特征,以及维数约简(表 2-5,图 2-18)。需要注意的是,即使是基于深度学习的端到端识别方法,常常也基于图像的隐特征,即通过神经网络模型提取的隐性表述局部特征,属于局部特征的一类,本书不单独列出。

表 2-5　可见光图像目标特征

特征	关联特性	与识别的关联性
颜色(或灰度)特征:用来表示图像或者选定区域所显示事物的表面性质的全局特征,在对抗中,可利用迷彩等形成干扰	☆BC ◎MC ◎SRC ◎VC ◎CC	●检测 ☆分类 ☆识别 ●辨识 ◎规格 ◎指纹
纹理特征:用于描述图像或图像区域所对应景物的表面性质的全局特征,同样可以利用迷彩干扰	☆BC ◎MC ◎SRC ☆VC ●CC	●检测 ☆分类 ☆识别 ●辨识 ●规格 ●指纹
形状特征:用于描述物体的形状全局或者局部的特征	☆BC ◎MC ◎SRC ☆VC ◎CC	☆检测 ☆分类 ☆识别 ●辨识 ◎规格 ◎指纹

续表

特征	关联特性	与识别的关联性
空间关系特征:目标中的多个区域或目标间的相互空间位置或者相对方向关系	☆BC ◎MC ◎SRC ☆VC ●CC	●检测 ●分类 ☆识别 ●辨识 ●规格 ●指纹
局部特征:描述图像局部特点的特征	☆BC ◎MC ◎SRC ☆VC ◎CC	☆检测 ☆分类 ☆识别 ☆辨识 ☆规格 ●指纹
维数约简:用于降低图像数据量和维数的特征	☆BC ◎MC ◎SRC ◎VC ◎CC	☆检测 ☆分类 ☆识别 ☆辨识 ◎规格 ◎指纹
变换特征:图像进行数学变换后的特征	◎BC ◎MC ☆SRC ●VC ●CC	●检测 ☆分类 ☆识别 ●辨识 ◎规格 ◎指纹

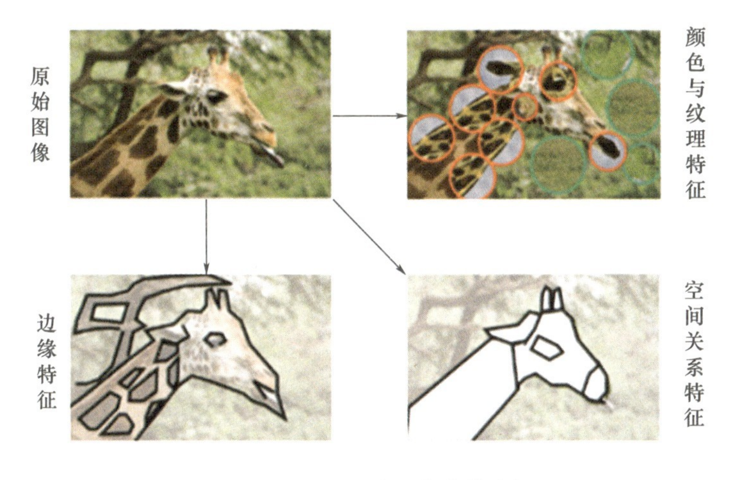

图 2-18 可见光图像中的特征

颜色特征一般情况下是基于像素点的全局特征,颜色特征的表示方法除了使用颜色直方图外,还有颜色集、颜色矩、颜色聚合向量和颜色相关图[26]。纹理特征也是一种区域对应景物表面性质的全局特征,但该特征在图像分辨率变化时会受较大影响。纹理特征主要通过统计方法、几何结构法、模型法和信号处理法进行提取[27]。形状特征则是使用区域或者轮廓信息来对其进行表示,对于形变目标的稳健性较差。形状特征主要分轮廓特征和区域特征两大类[28]。空间关系特征是利用目标区域中分割出来的多个区域或目标间的相互空间位置或者相对方向关系作为特征参数的,通常情况下,空间关系特征仅仅只能反映区域间的关系,而不能对除特定结构外的物体进行识别[29]。图像的局部特征主要针对图像复杂目标的局部或结构性全局特征统计[30-31]。图像局部特征具有在图像中蕴含数量丰富,特征间相关度小,遮挡情况下不会因为部分特征的消失而影响其余特征的检测和匹配,如 DAISY 特征、SIFT 特征[32]等。维数约简是相对于维数灾难或者说是高维数据来提出的,其意义是降低原来的维数,并保证原数据集合的完整性。常见的基于维数约简进行图像特征提取的方法根据图像是否含有标签,来分别无监督的维数约简方法和有监督的维数约简方法。无监督的维数约简方法,如主成分分析(Primary Component Analysis,PCA)[33]、稀疏主成分分析(Sparse Primary Component Analysis,SPCA)[34]、二维主成分分析(2-Dimensional Primary Component Analysis,2DPCA)[35]等。类似 SAR 图像,可见光图像也可通过小波变换、霍夫变换、离散余弦变换和线性判决变换等生成变换特征。

2.4.4 红外图像目标特征

红外目标的特征是基于其辐射特性和目标与背景间的关系来确定的,其特征量如下[36](表 2-6)。

(1) 长宽比(Length/Width):目标最小外接矩形长宽比。这类特征在特定结构目标,如舰船等目标中常见。

(2) 轮廓(Outline):用于描述目标形态的全局特征。

(3) 圆形度(Circular Degree):目标颗粒与圆的接近程度。

(4) 几何矩(Geometric Moment):用于描述目标区域内部和目标边界之间的相互关系。

(5) 复杂度(Complexity):目标边界像素点数与目标总像素点数的比值。

(6) 紧凑度(Compactness):目标像素数与包围目标的矩形内的像素数之比。

(7) 最大亮度((Maximum Brightness):目标最亮像素点所对应的灰度值。

(8) 对比度(Contrast Ratio):目标的最亮像素点与最暗像素点灰度值之比。

(9) 均值对比度(Mean Contrast):目标灰度均值与背景灰度均值之比。

(10) 平均梯度(Mean Gradient):目标区域的平均灰度梯度值。

(11) 均值差(Difference of Means):目标灰度均值与局部背景灰度值之差。

(12) 标准偏差(Standard Deviation):目标像素点灰度值标准偏差值。

(13) 纹理特征(Texture Feature):用于描述目标区域所对应的表面性质的全局特征。

(14) 奇异度(Anomalous Degree):用于描述目标与周围局部背景的显著差异。

(15) 部分最亮像素点数/目标总像素数的比(Ratio Bright Pixels/Total Pixels):比目标最亮点亮度小 10%以内的像素点个数与目标总像素点个数之比。

表 2-6 红外目标特征

特征类别	特征	关联特性	与识别的关联性
形状特征	长宽比:目标最小外接矩形长宽比	☆BC ◎MC ◎SRC ◎VC ◎CC	●检测 ☆分类 ●识别 ◎辨识 ◎规格 ◎指纹
	轮廓:用于描述目标形态的全局特征	☆BC ◎MC ◎SRC ◎VC ◎CC	☆检测 ☆分类 ☆识别 ●辨识 ●规格 ●指纹
	圆形度:目标颗粒与圆的接近程度	☆BC ◎MC ◎SRC ◎VC ◎CC	☆检测 ☆分类 ☆识别 ●辨识 ●规格 ◎指纹
	几何矩:用于描述目标区域内部和目标边界之间的相互关系	☆BC ◎MC ◎SRC ◎VC ◎CC	☆检测 ☆分类 ☆识别 ●辨识 ●规格 ●指纹
	复杂度:目标边界像素点数与目标总像素点数的比值	●BC ◎MC ◎SRC ●VC ◎CC	●检测 ☆分类 ●识别 ◎辨识 ◎规格 ◎指纹
	紧凑度:目标像素数与包围目标的矩形内的像素数之比	☆BC ◎MC ◎SRC ◎VC ◎CC	●检测 ●分类 ●识别 ◎辨识 ◎规格 ◎指纹
亮度/辐射特征	最大亮度/平均亮度/中值亮度:目标最亮像素点/平均/中值所对应的灰度值,是典型的红外辐射特征	☆BC ◎MC ◎SRC ◎VC ◎CC	●检测 ◎分类 ◎识别 ◎辨识 ◎规格 ◎指纹
	对比度:目标的最亮像素点与最暗像素点灰度值之比	☆BC ◎MC ◎SRC ◎VC ◎CC	●检测 ◎分类 ◎识别 ◎辨识 ◎规格 ◎指纹

续表

特征类别	特征	关联特性	与识别的关联性
统计特征	均值对比度：目标灰度均值与背景灰度均值之比	☆BC ◎MC ◎SRC ◎VC ◎CC	☆检测 ●分类 ●识别 ◎辨识 ◎规格 ◎指纹
	平均梯度：目标区域的平均梯度值	☆BC ◎MC ◎SRC ◎VC ◎CC	☆检测 ☆分类 ☆识别 ●辨识 ◎规格 ◎指纹
	均值差：目标灰度均值与局部背景灰度值之差	☆BC ◎MC ◎SRC ◎VC ◎CC	☆检测 ◎分类 ◎识别 ◎辨识 ◎规格 ◎指纹
	标准偏差：目标像素点灰度值的标准偏差值	☆BC ◎MC ◎SRC ◎VC ◎CC	●检测 ◎分类 ◎识别 ◎辨识 ◎规格 ◎指纹
局部特征	纹理特征：用于描述目标区域所对应的表面性质的全局特征	☆BC ◎MC ◎SRC ◎VC ◎CC	☆检测 ☆分类 ☆识别 ●辨识 ●规格 ●指纹
	奇异度：用于描述目标与周围局部背景的显著差异	☆BC ◎MC ◎SRC ◎VC ◎CC	☆检测 ☆分类 ☆识别 ●辨识 ●规格 ◎指纹
	部分最亮像素点数：比目标最亮点亮度小10%以内的像素点个数与目标总像素点个数之比	☆BC ◎MC ◎SRC ◎VC ◎CC	●检测 ●分类 ◎识别 ◎辨识 ◎规格 ◎指纹

由于红外图像与视觉图像的相似性，诸如纹理特征、形状特征以及空间关系特征等也都在红外目标识别中有所应用。单一特征难以实现红外目标识别，通常需要融合多种特征来实现复杂背景下红外目标的识别[37]。需要注意的是，红外（高）光谱成像可提供物体表面更为丰富的信息，如目标表面的材料指纹信息，对精细化识别意义重大。另外，红外目标识别常面临目标弱小、像素较少、背景复杂的问题[39]，而充分利用特征随时间的变化，提取或反演目标的运动特性，常常成为小目标分类识别的依据。同时，在红外对抗中，典型的如伪装、诱饵、干扰弹等，可以通过直接影响辐射特征（亮度特征）、形状特征实施干扰，并间接影响图像的统计特征和局部特征。

图2-19展示了利用红外目标特征来开展图像目标识别的实例。

图 2-19 红外目标特征识别

2.4.5 声纳目标特征

由于水声环境复杂、信噪比低,以及信道畸变等因素,水声 ATR 的发展和应用比较缓慢。声纳目标特征的提取在目标自动识别领域显得尤为重要。

声纳目标特征主要分为两大类[41](表 2-7),其表现形式如图 2-20 所示。第一类为水中目标的辐射噪声特征。辐射噪声主要由舰艇中的包括推进器、各类电动机及其他各类运行机械产生的噪声通过水介质共同作用组成,其可以细分为机械噪声、螺旋桨噪声和水动力噪声等,是目标检测的重要特征之一[42]。辐射噪声来源繁多,衍生的特征也较为繁杂,极易受到水中复杂环境及观测角度和方位的影响。第二类为声纳回波特征。回波特征可以从目标的回波信号中提取,其中包括材料特征、几何特征和运动特征等物理特征[43];对于高频散射回波,往往还可以通过接收阵列信号处理形成高分辨率声学图像,在声学图像中也可以反映目标的特征,并据此进行目标的检测、跟踪与识别[44]。该类特征是水声目标识别的重要依据,但回波获取过程极易混杂目标外的噪声与干扰,声学图像中环境背景也会造成复杂影响,使得对目标与背景的分割和对特征的提取较为困难,识别能力的提升依然是一大挑战性问题。需要进一步加强目标声学特征产生机理与信号耦合传输特性研究,掌握声学目标精细特征变化的定量规律,从基础研究和试验研究的角度提升对水中目标声学特征的认知与表征能力。

表 2-7 声纳目标特征

特征	关联特性	与识别的关联性
辐射噪声特征:各类运行机械产生的噪声特征	☆BC ☆MC ◎SRC ☆VC ●CC	●检测 ●分类 ●识别 ◎辨识 ◎规格 ◎指纹
回波特征:主动探测获取的回波中提取的特征,或结合阵列信号处理技术形成声纳图像并提取特征	☆BC ☆MC ◎SRC ☆VC ●CC	☆检测 ☆分类 ☆识别 ◎辨识 ◎规格 ◎指纹

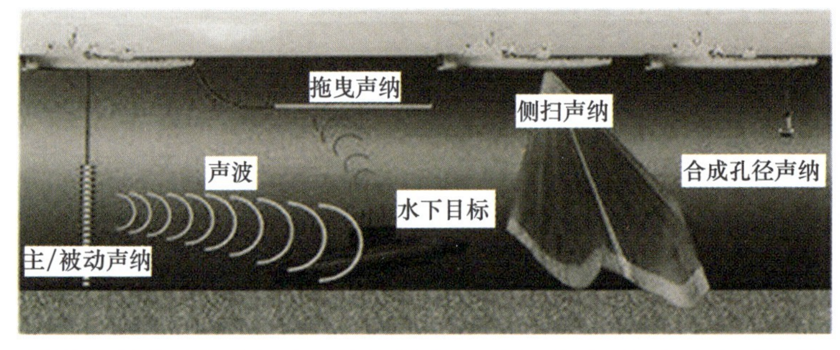

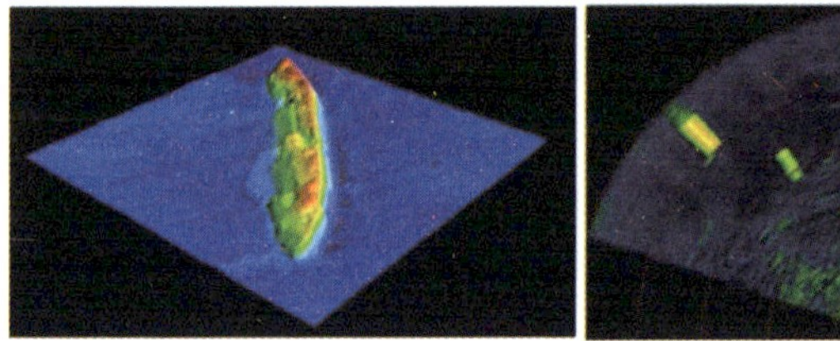

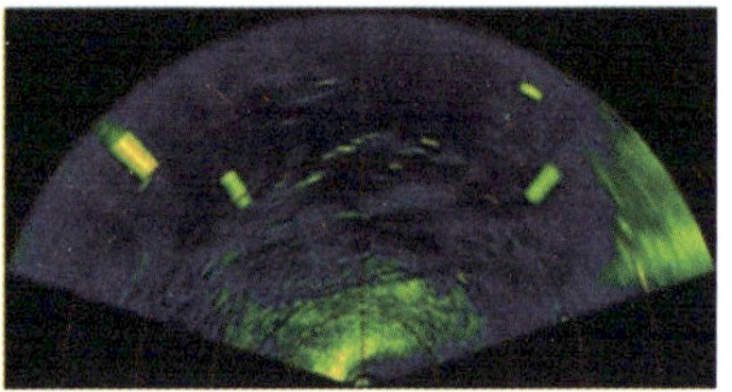

图 2-20 声纳信号的获取与表现形式

(图片来源:Jason Chaytor/USGS

http://news. yunnan. cn/system/2021/04/23/031410756. shtml

http://www. paper. edu. cn/community/details/AN201708-80

https://new. qq. com/rain/a/20201130A02WAX00)

参考文献

[1] 陈健,王永明,赵革,等. 舰船目标特性研究综述[J]. 舰船电子工程,2008,28(5):17-21.

[2] 姜楠,王健. 信息论与编码理论[M]. 2 版. 北京:清华大学出版社,2021.

[3] WALTZ E,LINAS J. Multi-sensor data fusion[M]. Boston:Artech House,1990.

[4] 雍少为,郁文贤,郭桂蓉. 信息融合的熵理论. 系统工程与电子技术[J]. 1995,

17(10):1-6.

[5] IRVINE J M. National Imagery Interpretability Rating Scales(NIIRS):Overview and methodology[J]. Proceedings of Spie the International Society for Optical Engineering, 1997,36(7):1952-1959.

[6] WIDROW B,STEARNS S D. Adaptive signal processing[M]. New Jersey:Pretice-Hall,Englewood Cliffs,1985.

[7] 张静,等. 雷达舰船目标识别系统特征提取方法[R]. 海上雷达目标识别技术研制技术报告,2004.

[8] 郁文贤. 智能化识别方法及其在舰船雷达目标识别系统中的应用[D]. 长沙:国防科技大学,1992.

[9] 王童,童创明,彭鹏,等. 基于轨迹特征的弹道主动段动态 RCS 研究[J]. 弹箭与制导学报,2014,34(3):106-108.

[10] 陈小龙,南钊,张海,等. 飞鸟与旋翼无人机雷达微多普勒测量实验研究[J]. 电波科学学报,2021,36(5):704-714.

[11] BELL M R,GRUBBS R A. JEM modeling and measurement for radar target identification[J]. IEEE Transactions on Aerospace and Electronic Systems,1993,29(1):73-87.

[12] 马林. 雷达目标识别技术综述[J]. 现代雷达,2011,33(6):1-7.

[13] 王晓丹,王积勤. 雷达目标识别技术综述[J]. 现代雷达,2003,05:22-26.

[14] VAN BLARICUM M,MITTRA R. A technique for extracting the poles and residues of a system directly from its transient response[J]. IEEE Transactions on Antennas and Propagation,1975,23(6):777-781.

[15] 凌锡璜. 利用雷达回波中的极化信息识别目标[J]. 大连海事大学学报,1984(02):58-71.

[16] 高贵,周蝶飞,蒋咏梅,等. SAR 图像目标检测研究综述[J]. 信号处理,2008,24(6):971-981.

[17] 朱俊杰. 高分辨率光学和 SAR 遥感数据融合及典型目标提取方法研究[D]. 北京:中国科学院研究生院,2005.

[18] 周旭,保铮. SAR 目标特性分析技术[J]. 计算机工程与科学,2008(07):40-46.

[19] 高贵,计科峰,匡纲要,等. SAR 图像目标相关特性分析[J]. 计算机仿真,2006(09):323-326.

[20] 夏昕. SAR 图像典型目标特征提取与识别方法研究[D]. 成都:四川大学,2006.

[21] 王义敏,秦永元,安锦文. 基于特征向量的 SAR 图像目标识别方法研究[J]. 计算机工程与应用,2008,44(30):3.

[22] 陈志鹏,邓鹏,种劲松,等. 纹理特征在 SAR 图像变化检测中的应用[J]. 遥感技

术与应用,2002,17(3):162-166.

[23] JONES G,BHANU B. Recognition of articulated and occluded objects[J]. IEEE Transactions on Pattern Analysis and Machine Intelligence,1999,21(7):603-613.

[24] 吴晓芳,代大海,王雪松,等. SAR 车辆目标散射特性的变化规律[J]. 雷达科学与技术,2008(04):268-272.

[25] 王寿彪,杨桄,丁文东,等. SAR 图像目标识别特征提取与选择方法研究进展[J]. 科技情报开发与经济,2011,26:160-164.

[26] 贺询. 水果识别中图像特征综述[J]. 河南科技,2017,21:2.

[27] 马忠丽,文杰,梁秀梅,等. 无人艇视觉系统多类水面目标特征提取与识别[J]. 西安交通大学学报,2014,48(8):7.

[28] 史文中,朱长青,王昱. 从遥感影像提取道路特征的方法综述与展望[J]. 测绘学报,2001,30(3):6.

[29] 王志瑞,闫彩良. 图像特征提取方法的综述[J]. 吉首大学学报(自然科学版),2011(5):5.

[30] LOWE D G. Distinctive image features from scale-invariant keypoints[C]//International Joural of Computer Vision,2004,91-110.

[31] LOW D G. Object recognition from local scale-invariant feature[C]//IEEE International Conference on Computer Vision,1999:1150.

[32] CHOI J Y,SUNG K. S,YANG Y K. Multiple vehicles detection and tracking based on scale-invariant feature transform[C]//IEEE Intelligent Transportation Systems Conference,2007:528-533.

[33] SONKA M,HLAVAC V,BOYLE R. 图像处理、分析与机器视觉[M]. 北京:清华大学出版社,2011.

[34] ZOU H,HASTIE T,TIBSHIRANI R. Sparse principal component analysis[J]. Journal of Computational & Graphical Statistics,2006,15(2):265-286.

[35] KONG H,LI X,WANG L,et al. Generalized 2D principal component analysis[C]//IEEE International Joint Conference on Neual Networks,2005:108-113.

[36] 张忠诚,孟庆华,沈振康. 红外目标特征分析[J]. 激光与红外,1999,29(3):4.

[37] 王江安,朱向前,宗思光,等. 红外目标特征分析及融合特征提取[J]. 传感技术学报,2005,18(2):3.

[38] 韩建涛,陈曾平. 红外目标检测与识别技术研究[J]. 红外技术,2001,23(6):4.

[39] 薛谦忠,吴振森,薛妍,等. 目标对背景红外辐射的散射特性[J]. 西安电子科技大学学报,2000(04):467-470.

[40] 刘毅. 红外图像复杂度评估方法综述[J]. 航空兵器,2014,3:4.

[41] 方世良,杜栓平,罗昕炜,等. 水声目标特征分析与识别技术[J]. 中国科学院院

刊,2019,3：9.

[42] LIU Q Y,FANG S L,CHENG Q,et al. Intrinsic mode characteristic analysis and extraction in underwater cylindrical shell acoustic radiation[J]. Science China Physics, Mechanics and Astronomy,2013,56(7):1339-1345.

[43] JIA H,LI X,MENG X. Rigid and elastic acoustic scattering signal separation for underwater target[J]. The Journal of the Acoustical Society of America,2017,142(2):653-665.

[44] BARNGROVER C,KASTNER R,BELONGIE S. Semisynthetic versus real-world sonar training data for the classification of mine-like objects[J]. IEEE Journal of Oceanic Engineering,2015,40(1):48-56.

ATR 体系结构与系统实现方法

本章从 ATR 工程化应用角度出发,从 ATR 的任务体系和技术体系两个维度对 ATR 系统的任务流、体系构成与系统实现进行探究与阐述。分类论述了典型 ATR 任务的特点及其任务流程,阐述了集中式与云边端分布式 ATR 系统体系的构成与部署模式。最后,结合工程化实践,介绍 ATR 系统的工程开发模式。

3.1 基于 OODA 环的 ATR 任务描述

3.1.1 基于 OODA 环的 ATR 任务流描述

从 ATR 工程视角看任务流(Task Flow)描述是在理解并分解任务的基础上,形成一个逻辑上紧密相关的任务列表,即

$$\boldsymbol{T} \stackrel{\text{det}}{=} \{T_{[1]}, T_{[2]}, \cdots, T_{[n]}\}$$

式中:$\boldsymbol{T}$ 表示 ATR 任务;$T_{[i]} \in \boldsymbol{T}$ 表示第 i 个子任务,$i \in \{1,2,\cdots,n\}$,子任务具有先后约束关系。

将 ATR 融入 OODA 环是本书的基本视角,如图 3-1 所示,OODA 环是一类通用、高效、任务驱动的行动框架[1],具有多尺度特征,面向不同的场景任务、系统和体系,都存在着不同内涵和不同表现形式的 OODA 环。在 OODA 环的每一个循环中,都会体现 ATR 子任务,任务流将会驱动 OODA 环的持续运转。

基于 ATR 的 OODA 环形式化描述如下。

观察(O):根据任务 $T_{[i]}$ 进行观察,从目标与环境中观测和收集有关

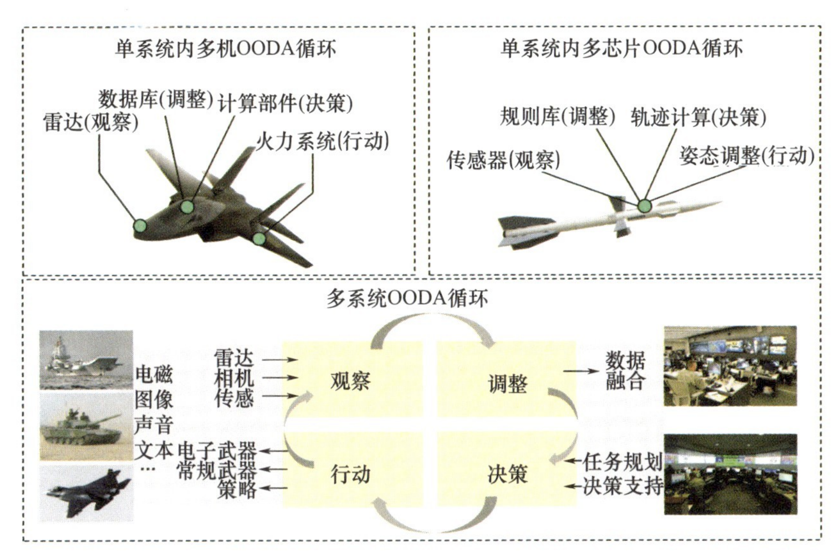

图 3-1 不同任务场景下的 OODA 环示例

的数据。根据传感器划分有雷达、视觉图像、红外、声学等。可描述为

$$\boldsymbol{D}_t \overset{\text{def}}{=\!=} [\boldsymbol{d}_{1t},\boldsymbol{d}_{2t},\cdots,\boldsymbol{d}_{kt},\cdots,\boldsymbol{d}_{Kt}] \tag{3-1}$$

式中：$\boldsymbol{d}_{kt}$ 表示在时段 t 内，第 k 种传感器观测数据构成的张量，$k \in \{1,2,\cdots,K\}$。

$\boldsymbol{D}_t$ 表示表示在时段 t 内观测的所有观测数据构成的张量。

调整(O)：通过持续不断的观测，存真去伪，聚焦任务的关键信息。在实际任务执行过程中，环境多变，真伪难辨，充满了不确定性，这就要求 ATR 系统能够通过优化调度，聚焦有用观察，获取更多有用信息。可描述为

$$\boldsymbol{I}_t = \boldsymbol{f}(\boldsymbol{D}_t;T_{[i]}) \tag{3-2}$$

$$\dim(\boldsymbol{I}_t) \leqslant \dim(\boldsymbol{D}_t) \tag{3-3}$$

式中：$\boldsymbol{I}_t$ 表示从观测数据中获得并与任务关联的真实信息；$\dim(\cdot)$ 表示张量的维度，调整操作从数学上可以理解为一种数据空间的信息提取。

决策(D)：基于当前获得的信息和现状，确定效能函数在最优情况下的决策。决策方法可综合运用神经网络、博弈理论、大数据等智能处理技术，也可结合人机交互，快速准确地做出决定。可描述为求解一个优化问题：

$$s^* = \text{argoptimize}_{s_t \in \boldsymbol{A}(\boldsymbol{I}_t)} u(s_t;T_{[i]}) \tag{3-4}$$

式中：$\boldsymbol{A}(\boldsymbol{I}_t)$ 表示在时段 t 内由真实信息 $\boldsymbol{I}_t$ 确定的决策空间；$u(s_t;T_{[i]})$ 表示效能函数，是决策和任务的函数；s^* 表示当前最优的决策。

行动（A）：执行决策，通常可通过人机协作迅速地检验结果，并根据结果评估并进入下一阶段的 OODA 环，确定新的子任务 $T_{[i+1]}$。

图 3-2 给出了基于 OODA 环的通用 ATR 任务流描述。ATR 任务流牵引 OODA 环运转。需要注意到，对于不同的任务，OODA 环路可能不是唯一的，在面向大场景的复杂任务中，可能存在多级、多个 OODA 环，每一 OODA 环都对应着某一阶段目标。在经历单 OODA 环的多次迭代后，如果系统已实现当前阶段的目标，则可能进行任务目标调整，演进到新的 OODA 环，以此往复，直到实现最终任务。

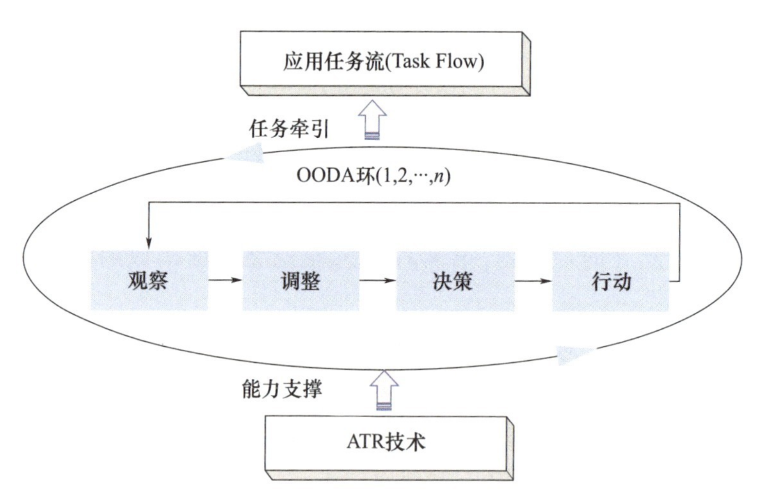

图 3-2　基于 OODA 环的 ATR 通用任务流描述

需要认识到，OODA 环本质上反映了物理域、信息域和认知域的迭代变化规律（图 3-3）。物理域在“观察”与感知的基础上，实现目标实体、任务环境和任务流程由物理空间到数字空间的精准映射和实时反馈；信息域通过构建目标信息模型将隐性或显性目标数据转化为可理解的信息，为“调整”提供依据；认知域体现了对目标、场景的思维认识，依托物理域的态势感知与知识积累，以及信息域的 ATR 数字空间与信息模型，最终转化为“决策”与“执行”。三域相互映射、交汇融合与动态优化，基于 OODA 循环，推动 ATR 任务从碎片化到一体化、从局部到全局、从静态到动态过程的快速迭代。

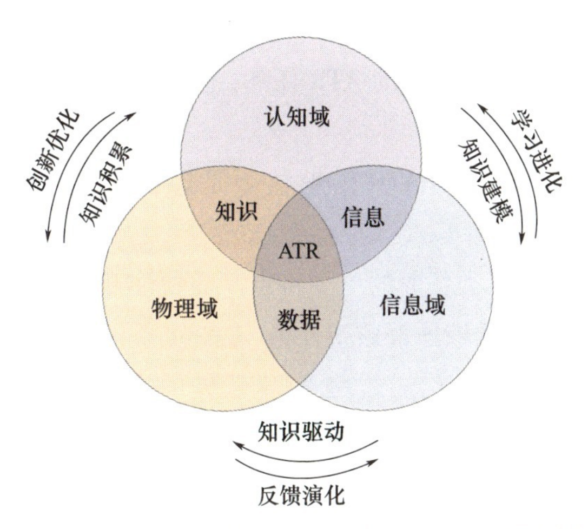

图 3-3 ATR 与物理域、信息域和认知域的内在逻辑关系

3.1.2 ATR 典型任务模式

OODA 环是 ATR 应用中的通用流程。由于任务意图与类型差异、传感器载体不同、目标类别不同,ATR 任务流的构成形式存在显著差异。根据任务、目标、场景与传感器的主要特点,常见的 ATR 任务模式可划分为三大类(图 3-4)。

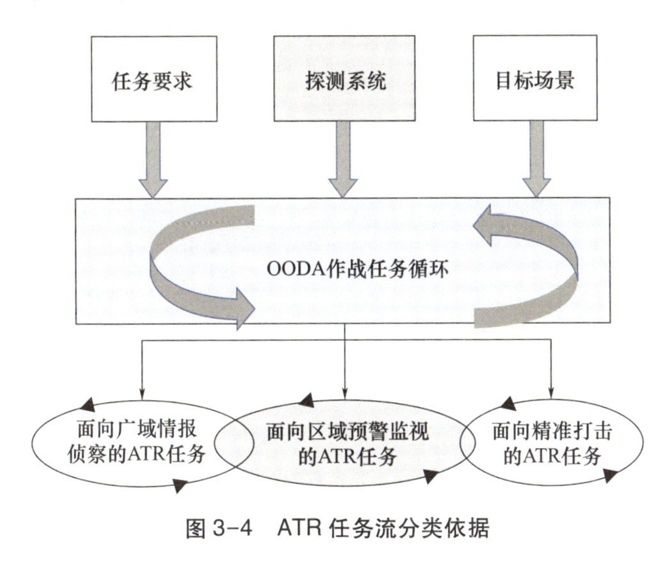

图 3-4 ATR 任务流分类依据

(1) 面向广域情报侦察的 ATR 任务,主要是大区域侦察与情报收

集、态势判断等。

(2) 面向区域预警监视的 ATR 任务,主要是一定区域范围目标实时警戒与监视识别等。

(3) 面向精准打击的 ATR 任务,主要是自主在线目标探测识别与定位跟踪等。

表 3-1 给出了三类任务的主要特点。需要注意的是,这三类任务并非是严格区分的,如区域预警监视任务,在一定条件下,也可以用于引导精准打击。本节将逐一论述这些 ATR 任务的主要特点以及典型任务流程。

表 3-1 ATR 典型任务类型与特点

任务类型	任务要求	目标场景	探测系统
面向广域情报侦察的 ATR 任务	动态调度陆海空天探测、通信与数据资源,实现大范围目标侦察与情报数据收集,为重点区域目标侦察监视提供引导	目标混杂,种类与数量多,跨域分布;场景丰富,受多元环境影响	传感器与数据资源多,分布式部署,时效性受限;传感器/数据的信息颗粒度与实时性差别大
面向区域预警监视的 ATR 任务	实时调配有一定耦合度的相关探测资源,实现区域范围内目标实时探测与识别跟踪等任务	目标场景的基本形式是确定的,但具体形态不确定,具有欺骗性与易变性	探测范围较为确定,传感器可以分布式或集中式部署,需多传感器协同,传感器/数据的信息颗粒度与实时性较一致
面向精准打击的 ATR 任务	在有限时空窗口内由端侧完成探测识别任务,要求轻量化、实时性、自主性	目标种类有限,存在伪装、欺骗和干扰等情况	单平台多传感器紧密铰链,能依据任务需求和传感器能力进行自主规划和优化

3.1.2.1 面向广域情报侦察的 ATR 任务模式

广域情报侦察 ATR,覆盖范围广,数据来源多,传感器类型丰富,分析处理手段多样,是横跨海、陆、空、天的全域性、战略性 ATR 任务。全球海上目标联合探测识别就是一类典型的广域情报 ATR 任务,可有效支撑海上大范围目标侦察、海上资源保护、海上搜救等行动,其概念框架如图 3-5 所示。

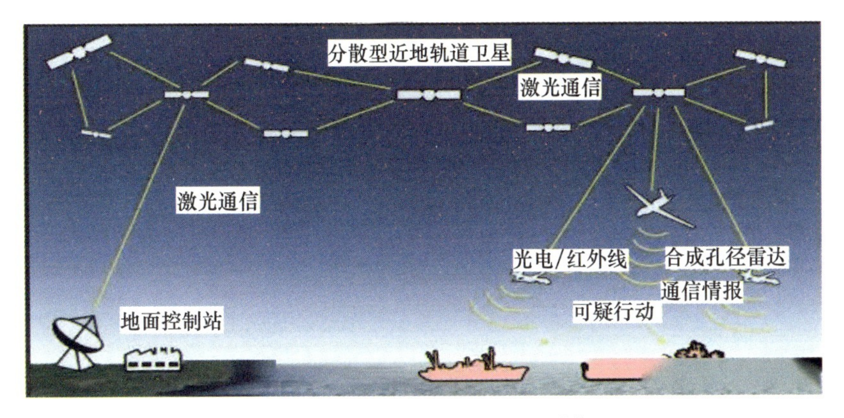

图3-5 广域目标探测示意图[4]

该类任务的主要特点有以下几种。

(1) 搜索范围广,从数十万平方千米、上百万平方千米至全球不等。目标场景丰富,种类与数量多,跨域分布,并受多元环境影响。通常需要多层级的搜索-发现-监视-识别任务环路来实现战略、战役与战术不同尺度探测的有机结合,使探测识别范围逐步聚焦。

(2) 传感器与数据资源多,但传感器/数据的信息颗粒度与实时性差别大。在广域海上目标探测识别任务中,远程监视雷达的分辨率较低,卫星遥感影的时效性受限,同时不同传感器的探测受气象、海况与电磁环境影响,需要在任务环路中根据任务进度与探测识别要求选用合适的传感器与数据源。

广域情报侦察ATR是一个多源、多层级的综合识别任务流,由广域联合监视、重点目标监视、重点目标意图与行为研判三个OODA环构成,如图3-6所示。针对任务需求,每一OODA环应实现传感器探测资源实时调度与数据引接,处理多源目标数据,并根据数据处理结果进行侦察监视任务规划与决策。

3.1.2.2 面向区域预警监视的ATR任务模式

该类任务一般是在指定区域范围,由一个或多个固定、移动平台,单传感器或多传感器协同,完成某一类或多类特定目标的搜索、跟踪、识别、警戒等。例如,基于单个或多个雷达站的对空/对海警戒与识别,基于单个或多个无人机平台的对地/对海目标搜索识别与跟踪等。图3-7给出了该类型ATR任务的若干应用。

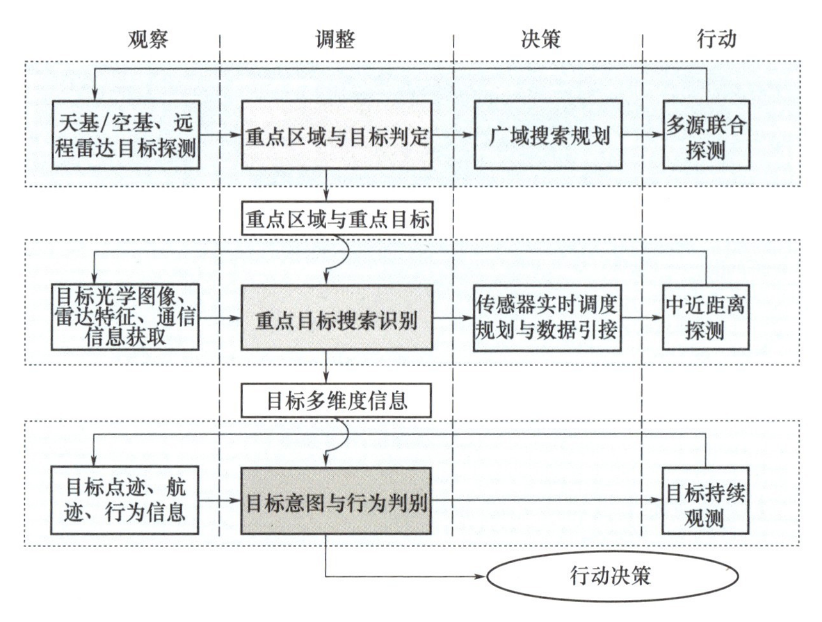

图 3-6 基于 OODA 环的海上目标联合探测识别任务流

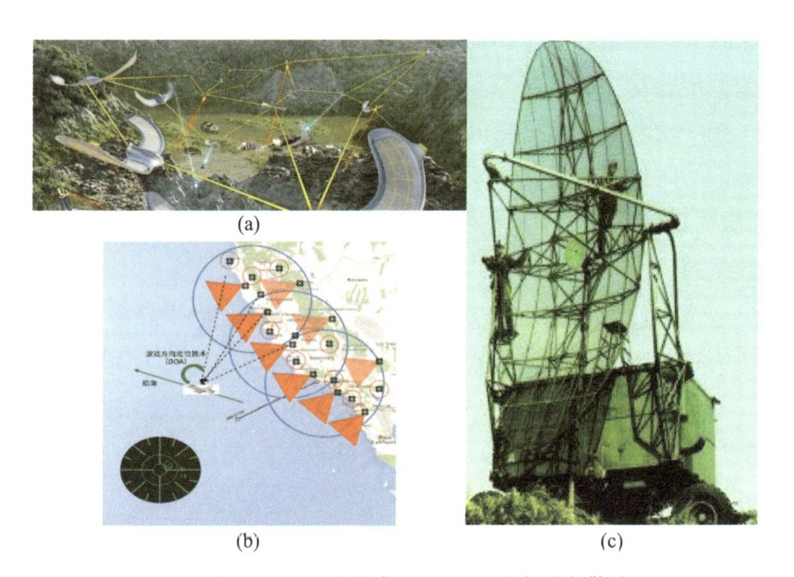

图 3-7 无人机组网对地搜索(a)、多站对海联合警戒(b)和测高雷达,可用于对空监视与识别(c)[5]

该类任务的主要特点有以下几种。

(1)目标种类与搜索范围较为确定,但目标场景的具体形态不确定,具有欺骗性与易变性,识别困难。对弱小目标的检测与识别是常见的任务需

求,如对空与对海警戒中的低、小、慢目标,对地搜索/搜救中的人体目标等。

(2) 需要多传感器高效协同。在对海监视及对空警戒中,常见多波段雷达的协同观测,以及多站分布式协同观测;在无人机对地搜索中,机上红外/视觉/雷达协同观测,或多机分布式组网搜索。因此,在有限的时间空间窗口内,充分利用不同频段的传感器、不同的观测模态、不同的观测视角,来有效增加目标的识别信息,是该型识别任务的关键。

(3) 任务执行有一定的实时性要求。根据任务目标重要程度、实时性要求等变化,在不同的任务模式间进行切换。例如,在无人机对地搜索任务中,目标搜索检测模式与重点目标抵近识别跟踪模式之间的切换;在对空警戒中,常态化周扫搜索监视与重点目标凝视识别模式之间的切换。

下面以常见的多雷达对空监视识别为例来阐述相应的 ATR 任务流结构设计。一般对空监视距离达几百千米,主要是针对空域飞行目标开展常态化搜索监视,并针对单个或编队目标进行类型识别,以及编队、架次识别,并判别各类空情。

一般采用窄带、宽带雷达相配合的方式来构成对空目标监视识别系统。其中,低频段窄带雷达具有较好的抗杂波干扰能力,但识别能力较弱;而宽带雷达具有大带宽、高分辨率的优势,但存在着凝视时间短、波束狭窄的局限。可以建立窄带、宽带紧耦合的协同识别任务模式,图 3-8 给出了宽、窄带协同识别模式基本流程。窄带雷达在任务流程中,逐级向宽带雷达提供相关测量信息,而宽带雷达向窄带雷达提供目标识别初判、精判结果,以及编队架次、类型结果,最终形成识别任务铰链,实现目标综合识别与判情。

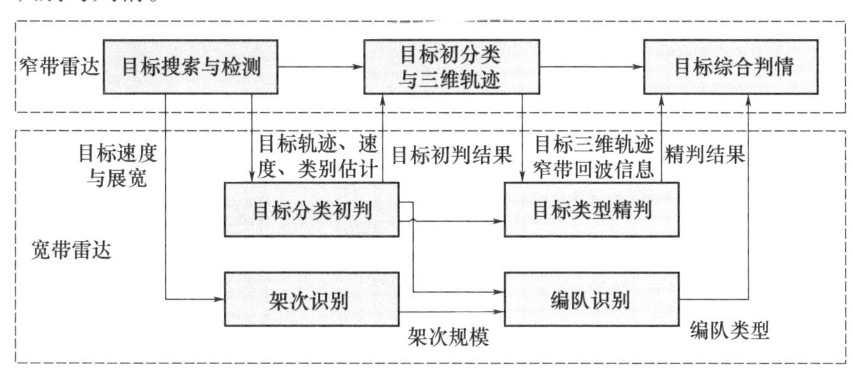

图 3-8 宽、窄带协同识别模式

图 3-9 给出了宽、窄带雷达结合的对空监视识别任务流程，包括资源调度、目标数据获取与跟踪、类型初判、精判与威胁度判别等环节。针对 ATR 面临的数据缺乏、目标特性与特征未知等识别难题，将人工干预、在线训练、数据仿真等作为任务中的重要环节。

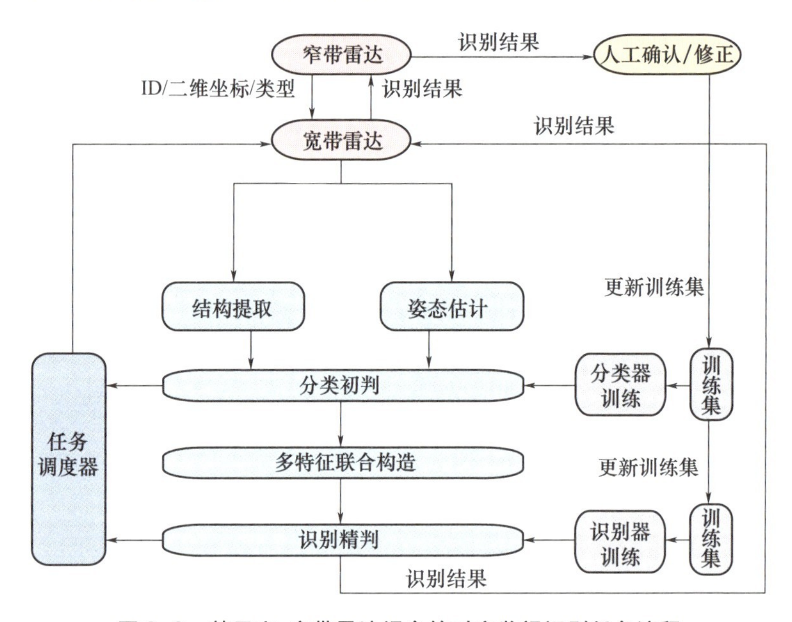

图 3-9 基于宽、窄带雷达耦合的对空监视识别任务流程

3.1.2.3 面向精准打击的 ATR 任务模式

面向精准打击的 ATR 任务主要是针对特定目标进行搜索发现、识别、定位、跟踪直至最终的打击。例如，美国 MQ“捕食者”系列察打一体无人机，发现和识别目标后，可直接发射导弹进行打击，图 3-10 给出了该型任务的示意图。

图 3-10 察打一体无人机精准打击目标示意图[5]

图 3-11 是基于 OODA 环的精准打击 ATR 任务流描述，任务流主要由目标搜索发现与粗识别、目标精细识别与跟踪、目标持续定位与制导打击等 OODA 环子环

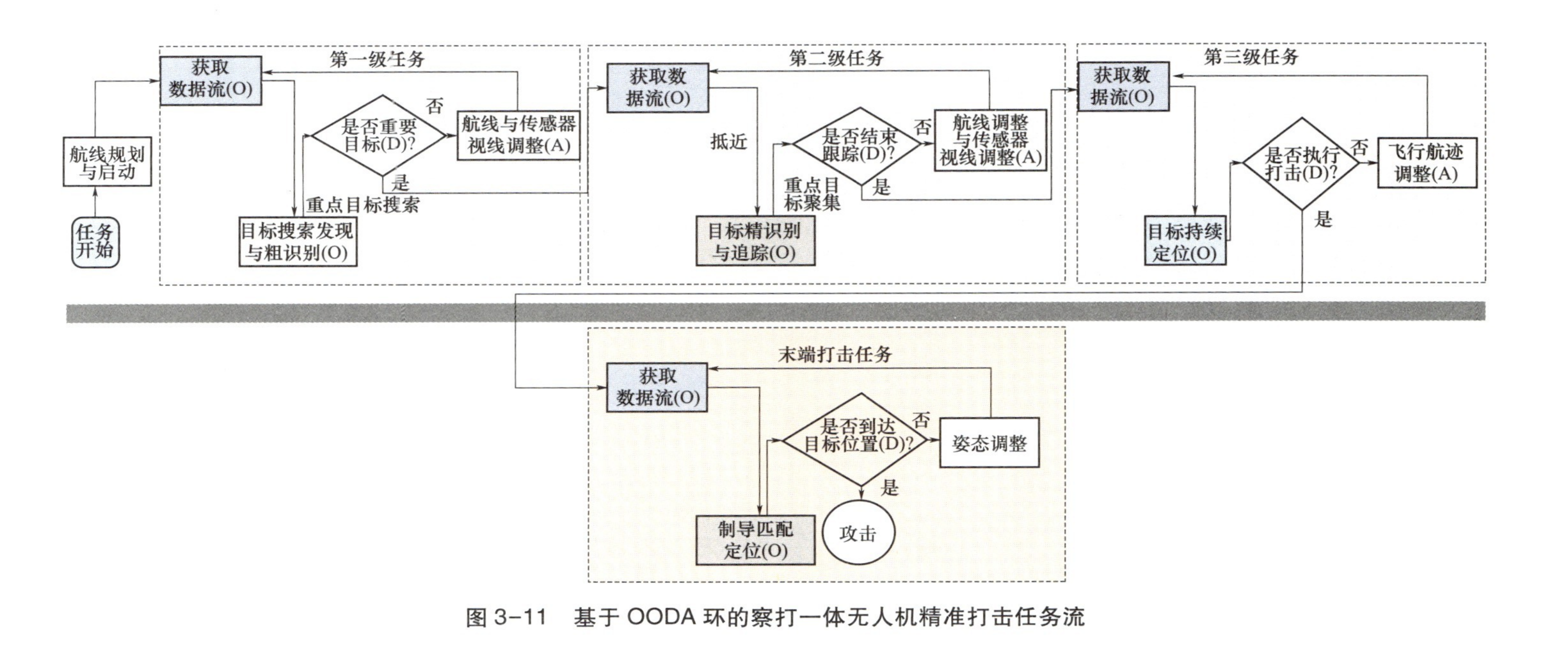

图 3-11　基于 OODA 环的察打一体无人机精准打击任务流

组成，形成目标检测、跟踪、识别、打击等一体化的精确打击 OODA 环任务流。

精准打击系统以 ATR 为核心，该类任务的主要特点如下。

(1) 多传感器紧密铰链。任务目标指向明确，但目标存在伪装、欺骗和干扰等各种复杂情况，需要多传感器实时、耦合、协同并可靠地完成从目标搜索发现到识别、定位、跟踪以及精确认知等多个任务。

(2) 强实时性。任务过程中，ATR 始终处于在线实时计算状态，OODA 环计算在端侧实时完成，而且面临算力受限问题。

(3) 高自主性。任务平台与载荷能够依据任务需求进行自主规划和资源调度，不断调整决策和行动，直至最终目标达成。

3.2 ATR 技术体系结构

为方便新技术的快速集成与应用，开放架构（Open Architecture，OA）[17]必然是 ATR 系统技术体系结构设计的基础方法。如图 3-12 所示，从基础平台货架化的发展历程上看，基础平台的各软硬件构件更趋于标准化、货架化；应用功能软件逐渐趋于专业化、构件化；系统研制更趋于网络化、智能化，从而大大降低 ATR 系统的研制周期，更好地适应了技术的快速发展。

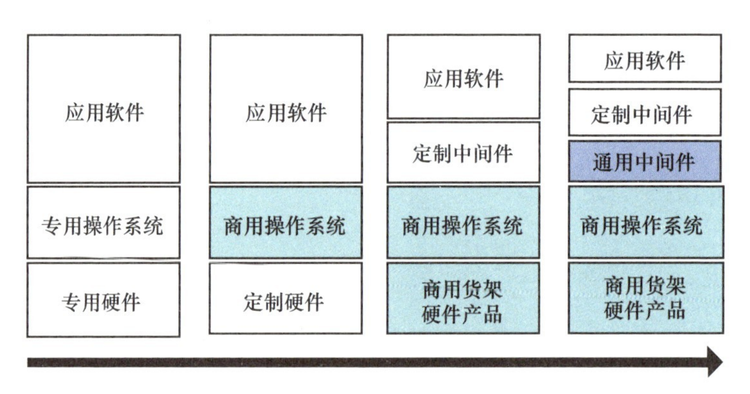

图 3-12　基础平台货架化

ATR 系统技术体系结构的设计，在满足开放系统架构的基础上，需进一步结合软件定义系统的设计思路[22-23]，满足以下设计原则：

1. 功能模块化/组件化设计

(1) 分解粒度:功能模块间相对独立。

(2) 耦合度:功能模块只需通过可识别的关键接口进行互联。

(3) 互换性:支持第三方硬件模块和功能组件(应用组件、平台服务)集成。

(4) 重组能力:在构建时和运行过程中可动态配置。

(5) 服务封装:通用的功能模块被定义为独立的服务构件。

2. 层次化体系架构设计

(1) 代码独立性:中间件、网络、操作系统、硬件配置或平台服务的更改不影响 ATR 应用程序源代码运行。

(2) 可移植性:应用程序具有良好的可移植性,可支持多种操作系统。

3. 系统数据易访问

(1) 接口属性:系统对外开放数据通路,数据通路可配置、符合行业标准和公共标准并可扩展升级。

(2) 一致性:数据通路的访问对所有构件都是相同的。

(3) 开放性:采用行业现有的公开定义的标准化接口或数据描述语言。

4. 网络化支持

(1) 数据可访问性:系统对外提供的数据可见、可访问、可理解,可信任并可互操作。

(2) 标签:对外提供的数据产品经元数据规范(DDMS)标识;接入的外部信息采用标准化的数据交换格式(如 XML)。

(3) 开放性:采用行业现有的数据/信息标准和语义。

(4) 注册表:采用元数据注册及其数据发现和数据描述标准。

5. 系统可扩展性要求

(1) 横向扩展:支持硬件资源和应用组件的增加或减少。

(2) 纵向扩展:支持单功能模块的升级。

ATR 系统典型技术体系结构如图 3-13 所示。基于资源标准化、功能构件化、应用智能化的设计思路:首先通过底层异构资源的标准化抽象和软件定义的互联支撑,实现资源标准化;其次,通过典型 ATR 服务组件封装和智能资源调度,实现 ATR 的平台功能服务化;最后，在此基础上，实现 ATR 系统应用的功能软件定义和能力自主演进。

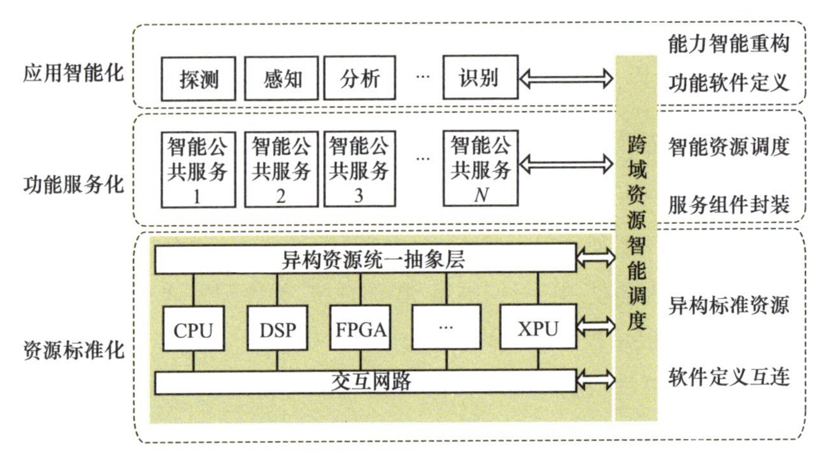

图 3-13 典型 ATR 系统技术体系结构

从部署平台维度看，不同的 ATR 应用任务，需配置相匹配的高效的技术系统架构与软/硬件资源。根据 ATR 系统任务类型与部署方式[26]的不同，这里将 ATR 系统的技术体系结构分为两类。

（1）集中式 ATR 系统架构。这类 ATR 系统主要载体是导引头、无人机或者移动机器人为主的自主无人系统，特点是传感器类型有限，载体计算资源相对较弱，需要 ATR 系统深度嵌入到传感器平台中。这类 ATR 系统往往具备高集成、轻量化和强实时等特点。精准打击任务及部分基于单平台的区域预警监视任务，通常依托集中式 ATR 系统架构开展。

（2）云-边-端一体化 ATR 系统架构。这类 ATR 系统主要载体是中/大型有人传感器平台、领域/区域智能感知体系化装备等，特点是传感器类型多，数据和计算资源丰富，需要 ATR 系统与传感器平台实现深度融合，以达到多层次体系化智能协同效果。因此，这类 ATR 系统往往具备云-边-端一体化部署的特征。这类系统架构适用于广域情报侦察 ATR 任务，以及基于分布式多平台的区域预警监视 ATR 任务。

表 3-2 总结了集中式 ATR 系统和云-边-端一体化 ATR 系统的特征，后节将重点针对两类结构进行详细说明。

表 3-2 集中式与云-边-端一体化 ATR 系统特征对比

类别	集中式 ATR	云-边-端一体化 ATR
载体平台	导引头、无人机或者移动机器人为主的自主无人系统	中/大型有人传感器平台、领域/区域智能感知体系化装备
平台资源	计算、存储资源相对较弱	计算存储资源相对丰富
传感器类别	传感器类型有限	传感器类型较多
数据资源	感知数据资源有限	感知数据资源丰富
ATR 系统特点	高集成、轻量化和强实时	云-边-端一体化部署
适用场景	精准打击任务，部分基于单平台的区域预警监视任务	广域情报侦察 ATR 任务，基于分布式多平台的区域预警监视 ATR 任务

3.2.1 集中式 ATR 系统体系结构

针对导引头、无人机等自主无人系统的高集成、轻量化和强实时特点，架构设计上需重点考虑低 SWaP(Size, Weight, Power)载荷环境适应、异构资源统一管理、任务智能实时调度、平台功能软件定义等需求，基于开放式、层次化设计思想，以“深度嵌入”的方式，实现 ATR 系统与传感器平台的多层次一体化设计与集成。

集中式 ATR 系统体系结构主要包含 ATR 运行平台、ATR 管理平台和 ATR 应用平台三部分，如图 3-14 所示。

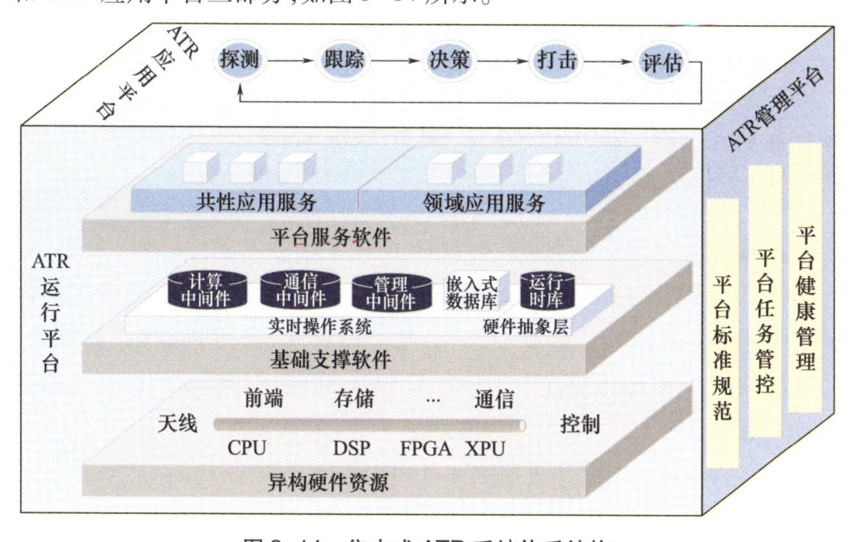

图 3-14 集中式 ATR 系统体系结构

1. ATR 运行平台

ATR 运行平台为 ATR 系统提供基础运行支撑环境。基于导引头、无人机等自主无人系统的异构硬件资源，提供对计算（CPU、DSP、FPGA、XPU 等）、天线、前端、存储、通信、控制等硬件资源的标准化抽象与池化管控能力；基础支撑软件包括实时操作系统、嵌入式数据库，以及计算中间件、通信中间件和管理中间件，针对强实时环境无法运行实时操作系统的场景，可以通过“硬件抽象层+运行时库”的方式提供基础运行支撑；平台服务软件为 ATR 系统应用提供共性应用服务和领域应用服务支持。共性应用服务一般包括目标数据快速引接服务、目标数据实时计算服务、目标类型智能判别服务等；领域应用服务一般包括典型目标特性与特征数据服务、典型环境特征数据服务等。

2. ATR 管理平台

ATR 管理平台为 ATR 系统提供基础管理支撑环境，实现 ATR 系统与传感器平台的多层次一体化管控。平台标准规范用于约束 ATR 系统与传感器平台的设计与集成要求；平台任务管控定义 ATR 应用和传感器平台其他应用（如导航、通信等）的管控逻辑；平台健康管理用于实现 ATR 系统和传感器平台运行时的一体化健康检测与安全管理。

3. ATR 应用平台

ATR 应用平台是 ATR 系统的核心业务功能。围绕“探测-跟踪-决策-打击-评估”的任务链，结合实际应用场景，实现目标对象的快速、精准、实时识别，加速 OODA 环任务链循环速度。

3.2.2 云-边-端一体化 ATR 系统架构

大/中型有人传感器平台、领域/区域智能感知体系化装备通常具备云-边-端一体化部署特征，架构设计上需重点考虑多传感器（光学、雷达、红外等）信号与数据融合处理、多任务一体化运行、云-边-端多层级智能协同等需求，基于“资源标准化、功能软件化、应用智能化”的原则，以“深度融合”+“体系协同”的方式，实现 ATR 系统与装备的多层次体系化智能协同。

典型的分布式应用场景如图 3-15 所示。

云端作为 ATR 智慧云脑，依托全局目标数据/模型数据库，提供全局资源调控、目标模型离线训练/分析，以及 ATR 信息服务门户；边端作为

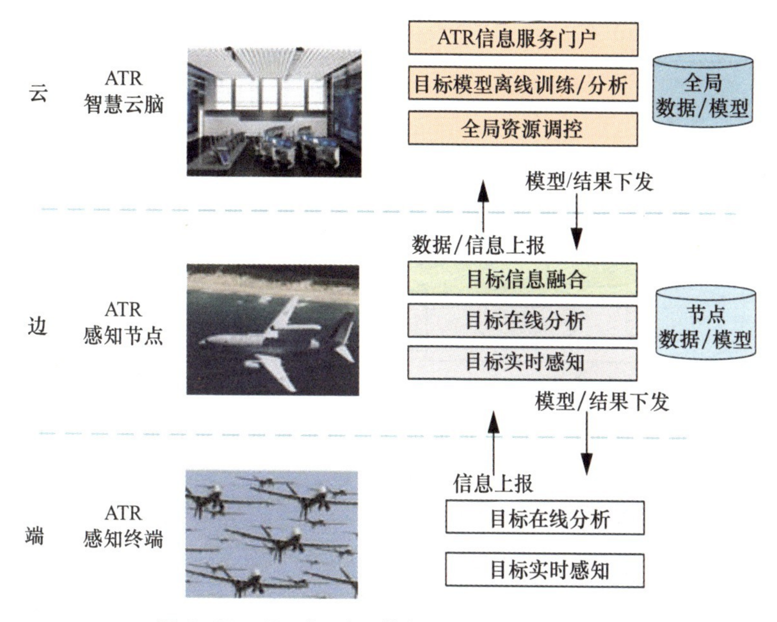

图 3-15 云-边-端一体化 ATR 装备应用场景

ATR 感知节点,依托节点目标数据/模型数据库,提供目标实时感知、节点资源调度、目标信息融合和目标在线分析功能;终端作为 ATR 感知终端,提供目标实时感知和目标在线分析功能。各层之间通过基于任务场景的一体化协同,完成 ATR 系统任务。

从数据角度看,云-边-端一体化 ATR 系统数据架构主要包含数据获取、数据集成、数据处理以及数据应用四层架构,如图 3-16 所示。

1. 数据获取层

数据获取层主要包括实时目标采集数据、离线目标数据和任务场景数据。

2. 数据集成层

数据集成层的目标是将获取的源数据以统一的格式集成存储在可视化计算技术系统数据库中。源数据传输至系统中转库之后,通过 ETL (Extract Transform Load)工具将原本分散、不同信息流、标准不统一的数据载入系统的数据库表中,进行数据的实时更新。

3. 数据处理层

数据处理层面向主题的、集成的、非易失的和时变的数据集合,以 ATR 系统用户查询分析的具体需求为指导存储管理数据,并提供多种灵

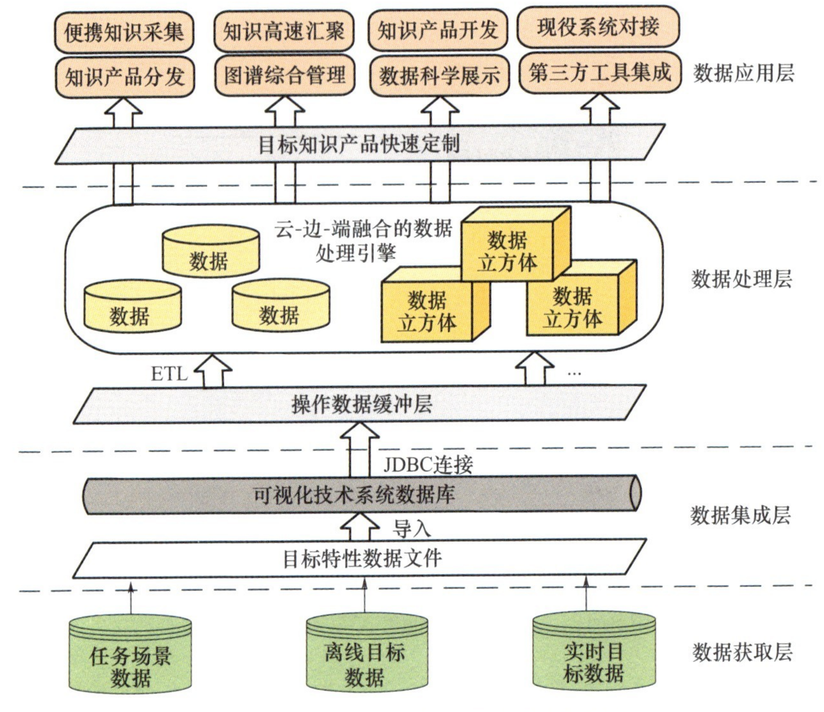

图 3-16　云-边-端一体化 ATR 系统数据架构

活分析模式以供灵活调用。通过建立基于指标应用的数据集市、基于管理主题域的多维数据立方体,以及直接服务于数据应用的操作数据缓冲层,来实现数字战场目标数据的高效处理与展示。

数据处理层通过云-边-端融合的数据处理引擎,结合典型数据视图模板与素材库、自定义数据视图开发与编辑工具,以及第三方应用访问接口,为各类目标数据应用提供数据视图开发、编辑以及输出接口。其中,典型数据视图模板与素材库针对典型数据类型提供了通用数据视图模板;自定义数据视图开发与编辑工具可供用户针对特定数据应用自定义开发数据视图,并可对典型数据视图模板进行修改编辑与集成;第三方应用访问接口可供各级指挥控制系统等第三方应用软件获取数据可视化服务。

4. 数据应用层

数据应用层直接面向云边端各级用户,将数据的分析结果与数字战场相融合,向各类用户提供目标知识产品快速定制,包括便携知识采集、知识高速汇聚、知识产品开发、现役系统对接、知识产品分发、图谱综合管

理、数据科学展示和第三方工具集成功能,从而减轻各类用户的操作负担,提高目标知识图谱产品有机融入实际业务的水平,为目标数据知识产品全生命周期、全业务综合集成提高基础平台支撑。

3.3 ATR系统实现模式与方法

ATR系统的实现模式是指在ATR工程化开发过程中的具有一般性、简单性、重复性、结构性、稳定性、可操作性的特征归纳和总结[19]。ATR的任务特点与技术体系结构决定了ATR系统的实现模式,技术驱动了架构和模式的不断演进[16]。

如图3-17所示,ATR系统在未来实际工程应用中,面临着从封闭环境到开放环境的挑战。在系统实现上,ATR需要重点解决面对小样本的泛化性能差、面对开放环境的稳健性差、面对目标数据/类别变化的自适应能力差和平台/环境带来的设计约束复杂等问题,并通过新技术的不断发展与集成应用,具备开放环境的稳健自适应感知与识别能力。

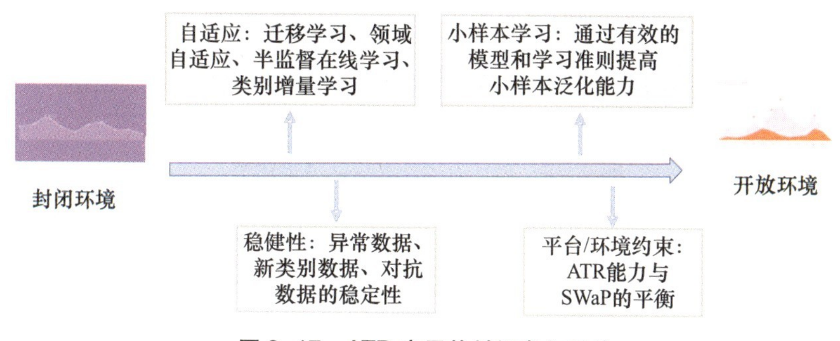

图3-17 ATR应用从封闭走向开放

根据ATR系统的研究实践和现状[2],ATR工程应用系统的开发重点遵循如下两种模式。

(1) 迭代演进模式。这类开发模式是一种迭代和增量开发过程。这种开发模式以一个功能为起点,在此基础上扩展新的功能,新功能展示的特性是对已有功能的强化,如此往复使得系统功能和性能迭代上升。

(2) 开放生态模式。这类开发模式是一种基于开放平台与环境的ATR实现模式。这种开发模式从目标数据出发构建开放的数据汇聚、学习和训练平台,面向相关技术人员提供各类场景化的软、硬件接口。在平台上开发各类 ATR 应用,通过数据的积累和不断学习,提升系统的功能和性能,并且大大加快 ATR 系统的测试与部署。

这两种模式实际上是相互关联的,只是从不同的维度来对 ATR 系统的工程实现进行阐述与讨论。由于任务与应用环境的特殊性,ATR 系统实现的迭代方式和开放生态范围都有其自身的特点。

3.3.1 迭代演进实现模式

ATR 系统实现和其他信息处理系统工程化实现一样,都需要需求捕获、系统分析、系统设计、系统实现和系统测试五个过程(图 3-18)。由于 ATR 系统在各阶段均具有特殊性,所以把握这些特性,并融入具体的开发阶段中,才是实现高效的 ATR 系统的关键[3]。

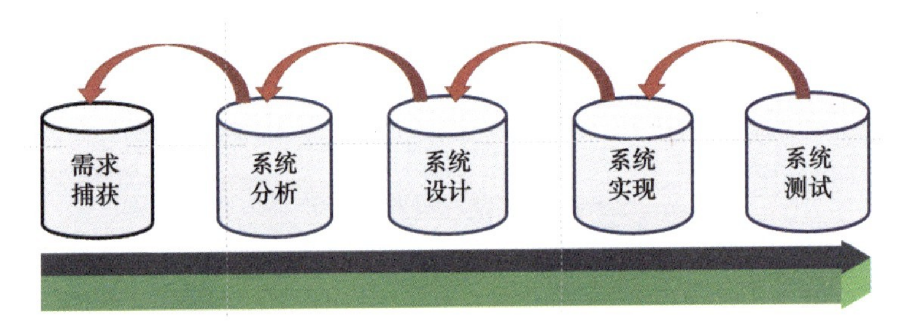

图 3-18 迭代演进开发模式演进流程

1. 需求捕获

在需求捕获阶段,ATR 识别将面临众多的不确定性,有客观存在的不确定性,如对待识别目标的特性了解得不完整等,也有主观存在的不确定性,如目标类型是人为确定的,使用者操作习惯不尽相同,评价指标带有主观性。这些不确定性通常使需求捕获过程变得非常困难,甚至无从下手,从而影响系统的结构设计与软硬件实现。因此,与其试图完全弄清楚,不如采用循序渐进的方式,明确目标系统应该达到的基本状态、使用对象及其操作水平和习惯等要求,特别是在不断完善系统的过程中逐步明确需求。

在需求捕获中,主要考虑:ATR 系统的定位和应用背景;现有装备如雷达的体制和性能;目标的种类和特性;识别的要求,其可靠性和适应性;各类环境因素;人机交互等。

2. 系统分析

捕获需求之后，需要对ATR系统进行分析，将ATR系统按功能分解成模块或者子系统。ATR系统模块通常包括：数据采集模块、数据预处理模块、自动分类识别模块、识别模板学习模块、识别系统评价模块、深度学习模块[6]、数据存储与管理模块、相关应用服务模块等。

3. 系统设计

根据系统分析后的模块或者子系统的功能，设计ATR系统的硬件、软件组成及其结构，设计软件框架，确定各模块所用的算法和人机交互等。

在系统设计过程中，首先面临的是如雷达和传感器的对接问题，雷达和传感器可能来自不同的单位，系统接口有不同的物理和电气特性，在系统设计和实现时必须考虑ATR系统与多种雷达或者传感器的适配能力。其次用于目标识别的信息来源丰富，包括位置、运动姿态，回波序列信息等，各种信息的识别区分能力各不相同，这决定了ATR系统设计和流程实现将是分层次、多角度的处理方式，各种处理模块尽量相互独立以便改进、替换和升级。最后ATR信息的多样性决定了处理模块多样性，如不同处理模块对处理的数据率、时效性有不同的要求，这就要求数据处理模块在设计时具有多数据、多速率的能力。

在ATR系统设计中特别值得关注的是人机协同的设计。各类侦察与监视ATR系统本质上是一个机器辅助操作人员进行目标类型判别的系统。人在识别环路中起着不可替代的作用。一方面由于专门出动目标配合识别试验的情况非常少见，很多目标数据的积累都要依靠操作员以“守株待兔”的方式来获得；另一方面，由于提供进行识别的信息存在一定的不确定性，通过操作员的甄别和比较，可以在很大程度上提高目标识别的性能。因此目标识别系统必须具备良好的人机交互功能，便于操作人员的使用，才能充分发挥系统的效能，最终达到人与机器协同解决目标识别的目的。

4. 系统实现

可通过开发各类硬件和软件并集成实现系统设计的各个功能。迭代演进实现模式主要依托快速原型系统或者通用平台，在现场试验中逐步实现和完善各项功能。

研究团队针对一类雷达目标识别系统的实际需求和特点，建立了一种基于“层”的开放系统设计方法[12,14]，实现了层式软件架构。该架构的特点是：具有不依赖于具体数据处理算法的通用性和扩展性，可为算法的调整、测试、替换和重用、系统识别性能与综合能力的扩展提供支持和拓展空间，使系统能够适用于不同的使用环境和状态。

层在设计和构造时具备如下特性：层之间的独立性、层间接口的明确表述、层结构的完整性以及层功能的内聚性。将层次化雷达目标识别系统中具有相同性质和任务的数据处理单元集合抽象“层”，建立起如图 3-19 所示的包括数据获取层、整理层、表述层、匹配层、综合层、存储层、控制层和评价层等 8 个功能模块的层式架构。在各个层间采用通用接口来定义各处理部分，形成软件“插件”，而识别系统则由一个个的“插件”连接而成[12]。

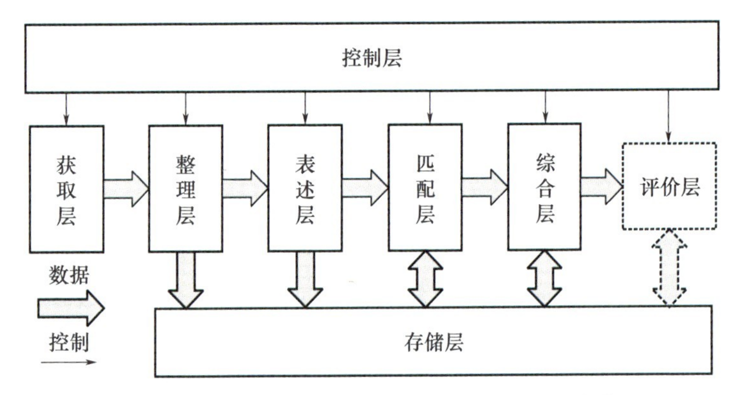

图 3-19　雷达目标识别系统实现的层次架构[25]

如图 3-20 所示，雷达目标识别系统预先定义各数据处理层之间的数据传输接口，从而使得系统的整体结构及表现方式（人机交互界面）的设计实现与各层中数据处理模块的开发相互独立。通过不同层对数据的逐步处理，实现了由具体的原始数据到抽象的目标属性判定的转化过程，为创建一个通用识别系统的开发、测试和应用平台提供了基本的体系框架、构成组件和实现途径。

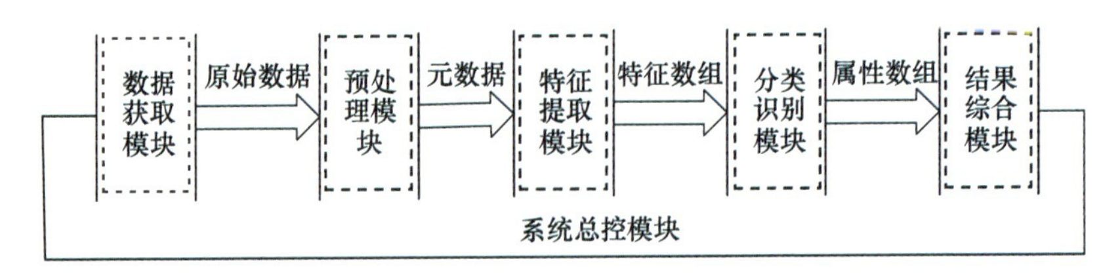

图 3-20　雷达目标识别的实现过程[25]

5. 系统测试

因为目标及所处环境的不断变化，且这种变化存在众多的未知因素，难以通过理论方法产生和重现，这些因素决定了目标识别技术必然是一种试验设计技术。而且，由于目标与特性环境的变化样式难以预计，因此，少量的试验数据不能够满足检验算法和系统性能的需要。所以，ATR系统的试验验证评估阶段需要进行大量的实测试验，通过大量的现场试验、测试和检验，才能发现问题和缺陷，最终获得系统较为客观的准确评价，确定改进提高的有效途径。只有对 ATR 系统的功能、稳定性、准确性、可靠性以及系统扩展能力进行全面测试，才能不断完善并固化所开发的算法和系统功能。

综上所述，ATR 系统的迭代增长式实现模式是充分考虑到 ATR 任务与系统的特点，旨在解决开发过程中的需求多样性、不确定性等难点，将试验设计技术应用到目标识别系统，依托快速原型系统或者通用平台，在现场试验中逐步明确需求、突破关键技术、促进使用和发现问题，这一过程循环往复，不断完善、更新并逐步固化所开发的算法和系统功能。促使系统在每一次循环迭代中，功能和性能增量迭代上升，使之不断接近用户真正的使用要求[11]。图 3-21 总结了实验室团队开发的一类雷达目标识别系统具体的工程开发流程和所使用的方法。由此可见，模式既是复杂系统本身，也是该系统的实现流程[19]。

3.3.2 开放生态实现模式

如何面对不同的应用需求、动态变化的目标场景和软硬件环境，高效地构建或更新 ATR 系统，是 ATR 系统能否迅速落地部署、及时响应任务需求的关键环节之一。而现有 ATR 系统高度封闭的实现模式存在以下问题。

(1) 对特定任务需求高度定制化，系统缺乏泛化能力；

(2) 与现有软硬件环境紧耦合，系统移植性差、升级困难；

(3) 接口与边界定义无统一规范，重复开发现象普遍；

(4) 算法、数据、模型较封闭，导致重复建设、资源浪费。

解决以上问题是突破 ATR 大规模应用的关键，而构建开放生态环境是解决以上问题的重要途径。开放生态环境的前提是数据开放、资源共享。在这个方面，目前 ATR 领域的多个学术机构与研究机构做出了大量

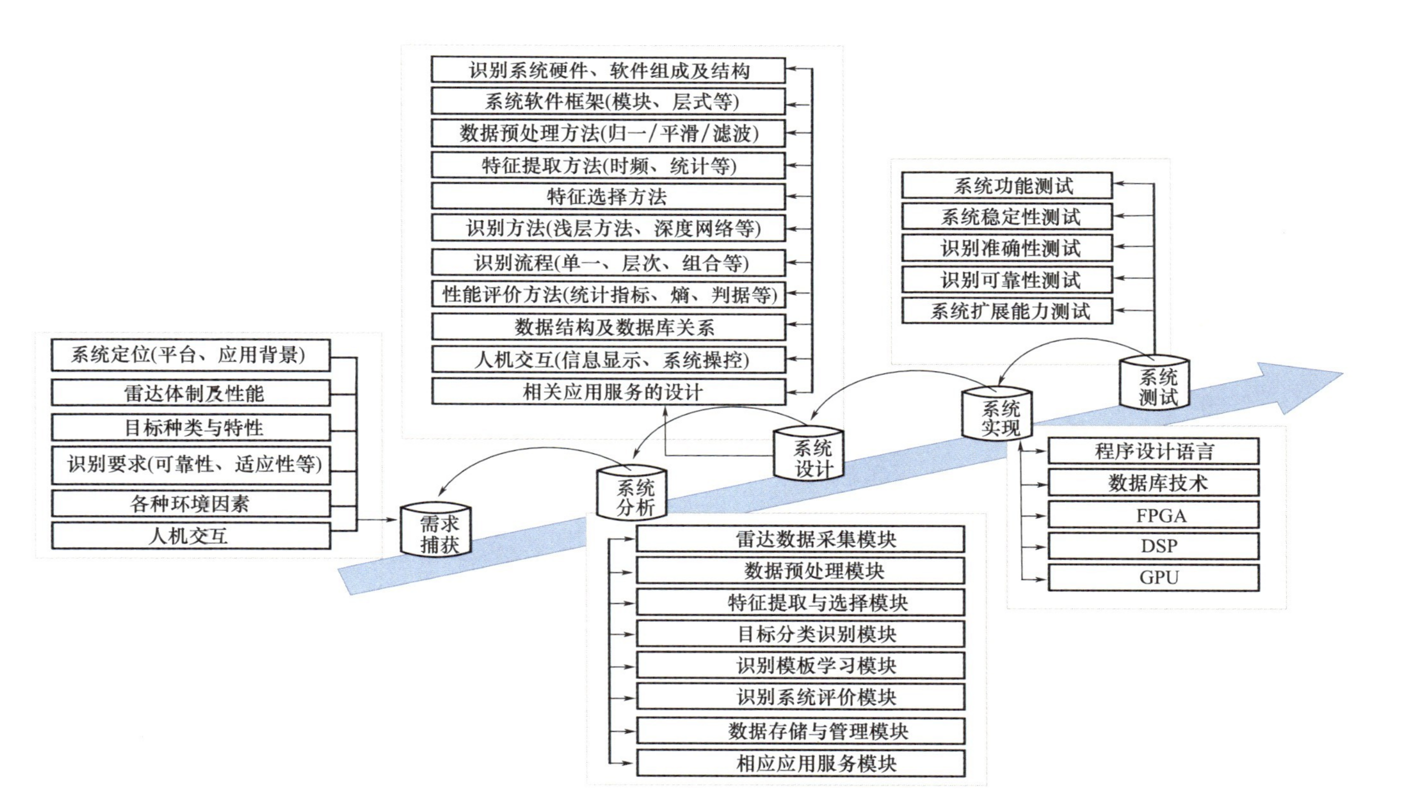

图 3-21　一类雷达目标识别系统的迭代式增长式工程开发模式[21]

工作。美国DARPA的MSTAR计划最早做了这一尝试,提供了在各类扩展操作条件下的各种军事车辆实测数据,可用以验证各类ATR系统在面对多目标、全方向、多视角等观测条件下,针对多种配置和清晰度的目标在伪装、欺骗、模糊及分层状态下的识别性能。目前MSTAR数据集已经被广泛应用于目标识别领域[21],并成为目标识别的基准测试数据集。在国内,上海交通大学构建了国内首个SAR图像解译数据开放共享平台,提供了4万个以上精确标注的SAR图像海上舰船目标切片[8]。中国科学院空天信息创新研究院基于高分三号卫星数据构建了面向宽幅场景的SAR舰船目标公开样本数据集[9];海军航空大学提出了“雷达对海探测数据共享计划”,并分批次公开发布共享规范化数据集[10]。这些公开数据集为构建目标识别的开放生态环境做出了重要的贡献。

虽然以上工作推动了ATR领域的进步,但仅凭数据与模型的开放,不足以突破现有ATR的封闭式开发模式,需构建更加全面与开放的生态环境。在这一点上,在机器人与自动驾驶领域,都有成功案例值得借鉴。例如机器人领域的ROS(Robot Operating System)[24]与自动驾驶领域的百度阿波罗(Apollo)等开放生态环境。ROS提供了通信框架、应用功能、开发工具、社区系统“四位一体”的生态环境,其核心是为机器人软件系统提供了统一框架,将复杂的机器人软件系统功能模块划分成独立运行的程序。每个程序被称为节点(node),用于实现某个特定的功能,节点之间遵循一种发布/订阅的数据交互的接口模式。在底层,ROS提供了通信机制保障各个节点之间的数据交互。

百度阿波罗(Apollo)开放平台如图3-22所示。与ROS类似,阿波罗基于通信框架,将每个功能节点无缝连接在一起。在软件层面,阿波罗划分成不同基本功能并提供了相应的参考实现方案;在硬件层面,阿波罗支持车载计算单元以及各类等传感器。此外,阿波罗开放平台还通过云端数据服务进行仿真数据生成、测试,旨在提升研发人员快速搭建自动驾驶系统的效率。

ROS与阿波罗开放生态环境的成功案例表明一个设计合理的开放生态环境对于复杂系统拥有高效构建能力,对后期维护更新有着极大的促进作用。ROS与阿波罗等开放生态环境的成功对ATR系统研发有极高参考价值。结合ATR应用特点,借鉴ROS、阿波罗开放生态环境,面向ATR的开放生态环境应包含以下方面。

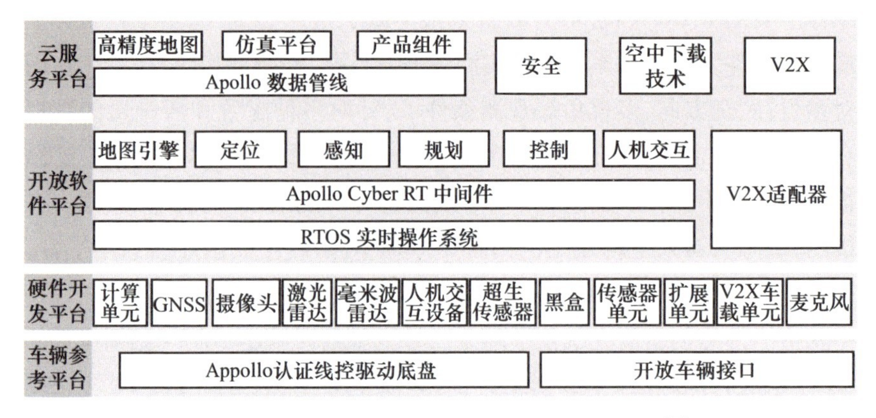

图 3-22 百度 Apollo 6.0 开放生态环境示意图[7]

1. 统一的接口规范与通信机制

与机器人、自动驾驶系统类似,ATR 系统也覆盖各种类型的传感器、不同计算平台,以及不同类型算法、模型,所以 ATR 的开放生态环境也应建立统一接口,规范传感器驱动、算法、任务调度等功能模块间的数据交互,建立各功能模块管理与相互通信的机制,满足模块化、规范化、可扩展性强的框架设计需求。

2. 功能模块的独立组件化

ATR 的核心功能模块涉及目标检测、定位、识别、跟踪。每个功能模块需遵循标准的数据交换接口,并能够独立编译、运行、调试、升级更新,单独替换不影响整体系统的运行。各功能模块能根据任务需求进行快速连接组合,满足动态变化的任务需求。

3. 开发工具

包括数据标注与生成、仿真平台等提升研发效率的工具。数据标注与生成工具应尽量降低人工参与程度,实现半自动或全自动的数据标注,并通过虚实结合的方式实现数据增广与生成。仿真平台应提供丰富的预设应用场景与传感器模型,具备自动或半自动的场景构建与编辑、高逼真度数据渲染等功能,支撑 ATR 算法的模型训练以及后期的测试评估。

4. 共享仓库

共享仓库是打破传统 ATR 系统研发模式的封闭性,避免重复“造轮子”,充分利用已有资源快速、高效地组建 ATR 应用系统的关键,是 ATR

开放生态环境关键组成部分。针对ATR应用背景,共享仓库应围绕“数据、功能、目标、应用场景”四个方面进行建设。

(1) 数据集仓库。ATR涉及大量神经网络模型,需要大量的数据进行训练,数据量制约了算法模型的最终性能。数据集仓库建设目的是通过用户数据上传共享,积累大量数据,以提升算法模型整体性能水平,建设的关键在于激发用户数据分享动机,形成滚雪球效应。

(2) 功能模块仓库。功能模块仓库关键在于提供软件包管理工具,包括功能模块软件的快速打包上传、下载安装,第三方依赖库的自动管理,版本更新、选择与兼容性管理等功能。对于核心功能模块,如目标检测、定位、识别、跟踪,可提供参考实现方案,方便用户快速组合任务系统。

(3) 目标信息仓库。目标是ATR的关注核心,目标信息包含目标特性、时空表象或行为等关键物理信息,这些信息是实现高逼真度目标模型仿真的必要前提,也是ATR算法的关键先验知识。构建目标信息仓库有助于快速获取目标先验知识、对目标信息进行动态调整或更新。

(4) 应用场景信息仓库。应用场景很大程度定义了ATR系统的具体实现,包括传感器选型、计算平台确定、算法的选择,以及软硬件参数的配置等各个方面。这些信息对于ATR系统在实际应用场景中能否达到预期性能至关重要,往往需要精心设计、调试以及大量试验才能确定。建设应用场景信息仓库旨在将此类信息作为重要经验保存,关键在于对应用场景的抽象分类,以及各类信息的参数化表达。

综上所述,ATR开放生态的核心在于向相关开发人员开放场景、开放数据、开放平台。通过开放式软、硬件结构,将柔性ATR的理论与技术有机集成[24],并使其渗透到ATR总体框架以及目标识别数据采集、预处理、特征提取、识别模型训练、分类识别、系统性能评价、人机交互、识别信息管理等各个组成环节中,既保证ATR系统内部具有良好的调度、控制与协调机制,又能够提供规范的软硬件外部接口,实现算法、软件、硬件的在线更新。

20世纪90年代开始,国防科技大学ATR实验室针对多个观测站舰船目标识别场景和实际使用中的窄带雷达,基于自主开发的柔性雷达ATR原型平台,建立了跨海域、二十余类目标、20万批次的雷达目标信号数据仓,为ATR研究人员提供了开放的海上ATR识别场景和快速开发平台,将ATR系统的开发与部署时间从早期需要八九个月逐步降到一周,直至几个小时[13]。

未来 ATR 系统在技术实现方法上,将是迭代演进和开放生态两种模式的融合,以提升 ATR 系统的场景适应性为最终目标。如图 3-23 所示:一方面,基于抽象的典型目标模型和先验信息,通过一步步迭代优化,构建基于抽象模型的目标识别方法;另一方面,要基于开放生态下训练数据,通过开放共享实现新技术的快速演进,构建基于数据学习的目标识别方法。

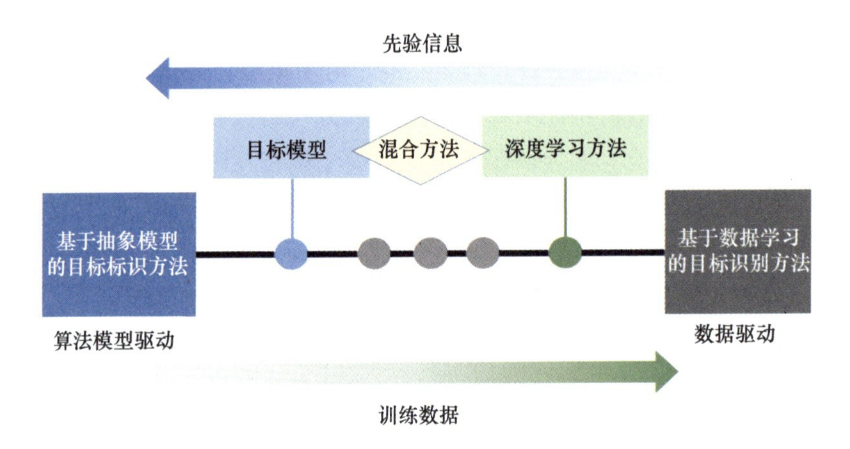

图 3-23 未来 ATR 系统技术实现方法

参考文献

[1] 智能化战争中的 OODA 环[EB/OL].(2022-07-31).https://wenku.baidu.com/view/9fa5b811497302768e9951e79b89680203d86b3f.html.

[2] 郁文贤,郭桂蓉.ATR 的研究现状和发展趋势[J].系统工程与电子技术,1994(6):25-29.

[3] 郁文贤.智能化识别方法及其在舰船雷达目标识别系统中的应用[D].长沙:国防科技大学,1992.

[4] 当今世界具备全体系作战能力的国家有几个?[EB/OL].(2022-07-31).www.163.com/dy/article/HDJT70V305420R9K.html.

[5] 无人机智能化发展概况[EB/OL].(2022-03-06).https://mp.weixin.qq.com/s/LKYMRxIM_41xfoi57bL6X.

[6] 李士国,张瑞国,孙晶明,等.基于深度学习的雷达自动目标识别架构研究[J].现

代雷达,2019,41(11):1-6.

[7] 自动驾驶系统——百度 Apollo 6.0[EB/OL].(2022-07-31). https://zhuanlan.zhihu.com/p/252778047.

[8] HUANG L Q,LIU B,LI B Y,et al. OpenSARShip:A dataset dedicated to Sentinel-1 ship interpretation[J]. IEEE Journal of Selected Topics in Applied Earth Observations and Remote Sensing,2017,11(1):195-208.

[9] 孙显,王智睿,孙元睿,等. AIR-SARShip-1.0:高分辨率 SAR 舰船检测数据集[J]. 雷达学报,2019,8(6):852-862.

[10] 刘宁波,董云龙,王国庆,等. X 波段雷达对海探测试验与数据获取[J]. 雷达学报,2019,8(5):656-667.

[11] 郁文贤,郭桂蓉. 通用型对海监视雷达目标识别与综合显控系统[R]. 长沙:国防科技大学. 2004.

[12] 胡卫东,宋锐. 雷达目标识别开放系统结构与应用[J]. 现代雷达,2008,(3):58-61.

[13] 张静,等. 岸对海雷达智能数据分析与目标判性系统研制报告[R]. 长沙:国防科技大学 ATR 重点实验室,2003.

[14] 张静,宋锐,夏胜平,等. 雷达目标识别系统的层式软件结构[J]. 系统工程与电子技术,2005,27(3):436-438.

[15] 宋锐. 雷达舰船目标识别系统实现技术研究[D]. 长沙:国防科技大学,2003.

[16] 尼尔·福特,丽贝卡·帕森斯,帕特里克·柯. 演进式架构[M]. 周训杰译. 北京:人民邮电出版社,2017.

[17] EDWARD C,BRUCE C,DANIEL S. 系统架构[M]. 爱飞翔译. 北京:机械工业出版社,2015.

[18] 崔皓. 分布式框架原理与实践.[M]. 北京:人民邮电出版社,2021.

[19] BUSCHMANN F,MEUNIER R,ROHNERT H,et al. 面向模式的软件体系结构[M]. 北京:人民邮电出版社,2013.

[20] 郁文贤,计科峰,柳彬. 星载 SAR 与 AIS 综合的海洋目标信息处理技术[M]. 北京:北京科学出版社,2017.

[21] RAVICHANDRAN B,GANDHE A,SMITH R,et al. Robust automatic target recognition using learning classifier systems[J]. Information Fusion,2007,8:252-265.

[22] 开放体系结构框架[EB/OL].(2022-07-31)https://baike.baidu.com/item.

[23] 梅宏,黄罡,曹东刚,等. 从软件研究者的视角认识"软件定义"[J]. 中国计算机学会通讯,2015,11(1):68-71.

[24] QUIGLEY M,GERKEY B P,CONLEY K,et al. ROS:An open-source robot operating system[C]//ICRA Workshop on Open Source Software,2009.

［25］张静. 柔性雷达目标识别技术研究与实现［D］. 长沙:国防科技大学,2004.
［26］国外自动目标识别技术（ATR）发展与应用调研报告［R］. 北京:北京太阳谷咨询有限公司,2020.
［27］郭桂蓉,庄钊文. ATR柔性技术研究报告［R］. 长沙:国防科技大学,1995.

第4章　动态任务规划

本章从提升 ATR 系统目标识别能力的角度,论述相关的任务规划和资源调度技术,是对第 3 章基于 OODA 环的 ATR 任务描述内容的深化。本章任务规划调度的目标是协调系统的功率、时间、频率、极化、波形、存储、计算、传输等资源要素,以保障某个特定任务的可靠实现。下面,首先对 ATR 系统的任务模型进行抽象描述,随后分别介绍雷达 ATR 系统和光电 ATR 系统的任务规划调度方法及案例,最后阐述多传感器协同 ATR 系统的任务规划调度方法。

4.1　任务、资源的定义和模型化

ATR 系统的任务规划调度可参照相控阵雷达的 QoS(Quality of Service)模型[1]进行。QoS 模型利用四个表示空间来描述系统任务,即预设的任务空间 Q_i、操作空间 Φ_i、环境空间 E_i 和共享的资源空间 R,其中前三个空间和任务索引 i 有关,如图 4-1 所示。

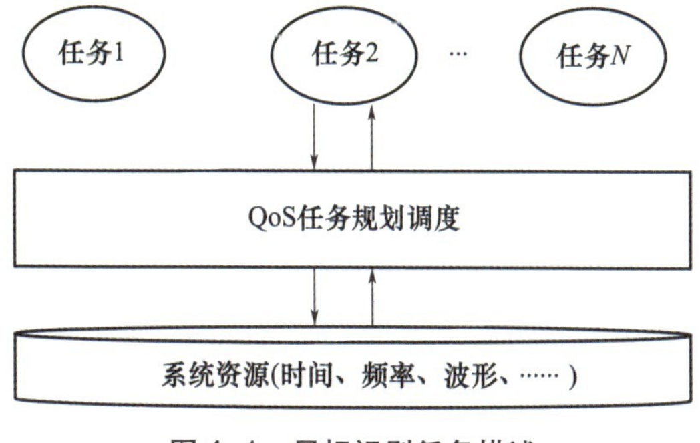

图 4-1　目标识别任务描述

(1) 任务空间 Q_i。对应于第 i 个任务,通常为实现探测区域内某目标的识别,任务的性能指标可定义为

$$u_i = f(Q_i, \Phi_i, E_i \mid R) \tag{4-1}$$

具体可实例化为目标识别率、目标识别时间、识别结果的可信度,以及上述各项的加权组合等,更详细的描述可参见 7.2 节《ATR 系统测试评估指标体系》。按照该方式定义的 Q_i 和 u_i,向上可用于表示各种指挥任务,如常态化监视识别、重点目标鉴别、应急保障识别等;向下可用于约束优化系统资源,如雷达的发射脉宽、波形形式、识别算法等。以实现某区域常态化监视下的目标识别为例,假设该区域表示为 $D = \{(r,\theta) \mid r_1 \leqslant r \leqslant r_2, \theta_1 \leqslant \theta \leqslant \theta_2\}$,监视时间区间为 $T = [T_1, T_2]$,则该任务平均性能指标可表示为

$$\bar{u} = \sum_{i:p(Q_i) \in D, t(Q_i) \in T} f(Q_i, \Phi_i, E_i \mid R) / \#\{i\} \tag{4-2}$$

式中:$p(Q_i)$ 表示第 i 个待识别目标的位置;$t(Q_i)$ 表示该目标出现的时间;$\#\{i\}$ 为目标索引集合中的元素个数,即待识别目标总数。

(2) 操作空间 Φ_i。主要对应系统的各种资源参数,以常见的单脉冲目标跟踪识别雷达为例,需要考虑发射冷却时间 t_c、发射信号脉冲宽度 t_x、接收机等待时间 t_w 和接收时间 t_r 等,如图 4-2 所示。

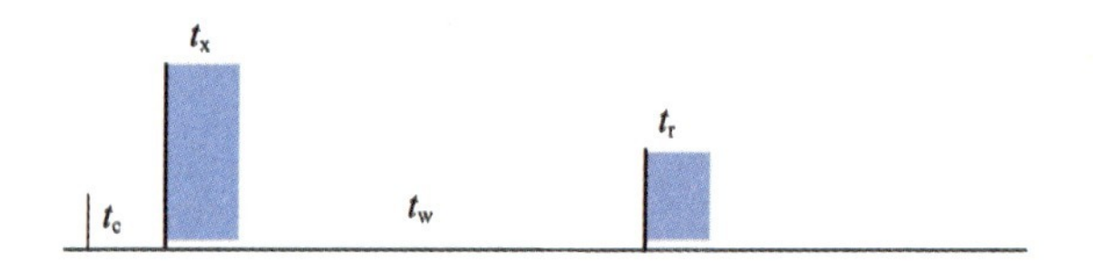

图 4-2 单脉冲识别雷达时间参数

需要指出的是,操作空间中的各系统参数通常是相互制约的,如 t_x 和 t_r 不能重叠,因为雷达通常不能同时工作于发射和接收状态(采用收发分置等方式除外);再如,一个任务的 t_c 可以与另一个任务的 t_r 或 t_w 有重叠,这是因为雷达在接收等待或接收过程中,发射机可同时进行冷却。

(3) 环境空间 E_i。主要指系统无法控制但会对任务性能指标 u_i 产生影响的目标参数或背景环境参数。例如,目标相对于探测系统的距离、方位和速度、目标类型等;再如,海况、海面风速、降雨强度、温湿压等。需要特别指出的是,随着电子对抗技术的快速发展和广泛使用,各种干扰因素对 ATR 系统性能指标的影响越来越严重,在环境空间 $\boldsymbol{E}_i$ 中占据越来

越重要的地位。

(4) 资源空间 R。与具体的任务无关,所有任务共享同一个资源空间。以常用的雷达和光电传感器为例,系统资源包括时间资源、能量资源、雷达波束资源、系统计算资源等。对于雷达传感器,时间资源包括采样间隔、脉冲宽度、脉冲重复周期等;能量资源包括发射功率、占空比等。

目标识别任务模型是进行后续任务规划的基础,需要指出的是目标识别任务规划可分为静态规划和动态规划两大类。静态规划主要针对固定时间段、固定任务,能够实现较优的规划结果;动态规划主要考虑随着时间的变化,存在新任务的增加、旧任务的撤销、常规任务的调整等情况,通常很难获得最优的规划结果。在此基础之上,可进一步考虑多传感器协同实现目标识别任务时的规划问题。

4.2 雷达目标搜索跟踪与识别任务规划

4.2.1 基于任务综合优先级的时间占用规划调度

本节首先以最常见的单脉冲雷达为例,阐述目标搜索跟踪与识别任务的规划方法,以便对该问题有初步理解[2]。单脉冲雷达两个识别任务的交错执行方式如图 4-2 所示,对于不同的雷达任务,所对应的参数 (t_c, t_x, t_w, t_r) 以及任务的周期 T_i 是不同的。如果不考虑各任务之间的优先级差异,任务规划的目标是在有限时间区间内执行尽可能多的任务数,其中一个基本的处理原则是在某任务的等待时间 t_w 内插入其他任务的执行时间,具体实现有两种方式,如图 4-3 所示。

对于图 4-3(a)所示的交错执行方式,任务 2 完全在任务 1 的等待时间区间内执行,如任务 1 为远距离目标而任务 2 为近距离目标,此时需要满足

$$t_{w,1} \geqslant t_{c,2}+t_{x,2}+t_{w,2}+t_{r,2} \tag{4-3}$$

而对于图 4-3(b)所示的交错方式,在任务 1 的等待时间区间内执行任务 2 的冷却和发射,在任务 1 结束后再执行任务 2 的接收,如任务 1 和任务 2 对应于距离相近的两个目标,此时需要满足

$$\begin{cases} t_{w,1} \geqslant t_{c,2}+t_{x,2} \\ t_{c,2}+t_{x,2}+t_{w,2} \geqslant t_{w,1}+t_{r,1} \end{cases} \tag{4-4}$$

假设当前需要规划的任务个数为 N,对应的任务编号为 $i=1,2,\cdots,N$,

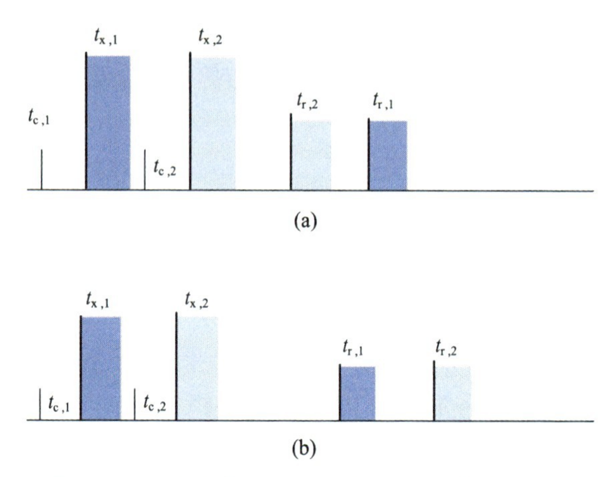

图 4-3 单脉冲雷达两个识别任务的交错执行方式

(a) 任务 1;(b) 任务 2。

待规划的任务时间区间为$[t_s, t_e]$,那么一个简单的任务规划方法可通过下述步骤完成。设 t_p 为时间指针,首先调度任务 1,同时更新时间指针 $t_p=t_p+t_{c,1}+t_{x,1}$;随后判断任务 2 可否与任务 1 交错执行,若任务 2 参数满足条件式(4-3),则调度任务 2,同时更新时间指针 $t_p=t_p+t_{c,2}+t_{x,2}+t_{w,2}+t_{r,2}$,以及更新任务 1 的等待时间 $t_{w,1}=t_{w,1}-(t_{c,2}+t_{x,2}+t_{w,2}+t_{r,2})$,并进行下一个任务的调度;若条件式(4-3)不满足,则判断条件式(4-4)是否满足?若满足条件式(4-4),则调度任务 2,同时更新时间指针 $t_p=t_p+t_{w,1}+t_{r,1}$ 以及更新任务 2 的等待时间 $t_{w,2}=t_{w,2}+t_{c,2}+t_{x,2}-(t_{w,1}+t_{r,1})$,更新任务编号 2→1,进行下一个任务的调度;若条件式(4-3)和式(4-4)均不满足,说明任务 2 不能和任务 1 交错执行,只能等待任务 1 结束后再执行,此时更新时间指针为 $t_p=t_p+t_{w,1}+t_{r,1}+t_{c,2}+t_{x,2}$,以及更新任务编号 2→1,进行下一个任务的调度。依照上述过程,可按任务编号次序逐个完成 N 个识别任务的调度。

需要指出的是,上述 N 个任务在时间区间$[t_s, t_e]$内可被完全调度的一个必要条件为

$$\sum_{i=1}^{N}(t_{c,i}+t_{x,i}+t_{r,i}) \leqslant t_e - t_s \tag{4-5}$$

4.2.1.1 任务优先级、目标威胁等级和任务截止时间的考虑

前面所述的任务规划和调度没有考虑各任务的优先级、待识别目标的威胁等级以及各任务的截止时间。在实际应用中,优先级高、威胁等级高、截止时间短的任务应当先被调度,具体实现时可将上述指标加权后的

数值作为任务列表排序的依据[3](此处假设优先级指标中不包含目标威胁等级、任务截止时间等因素)。例如,设第 i 个任务的优先级为 P_i、威胁等级为 R_i(越小表示威胁越大)、截止时间为 D_i,则通过计算

$$L_i = w_1 \cdot P_i + w_2 \cdot R_i + w_3 \cdot D_i \tag{4-6}$$

并对所有 $\{L_1, L_2, \cdots, L_N\}$ 从小到大排序后确定任务 i 的执行编号。

此外,在实际任务规划中,还需预先判断是否有足够的时间用于执行该任务,即如果 $D_i < t_{c,i} + t_{x,i} + t_{w,i} + t_{r,i}$ 则应直接放弃该任务或将其挪入下一个任务时间区间内延迟执行。

4.2.1.2 周期性执行任务的处理

在某些情况下,目标识别任务需要周期性执行,如对于重点监视目标保持一定频率的重复观测能够提高目标鉴别结果的可信度。此时,任务规划对应的参数可表示为(t_c, t_x, t_w, t_r, T_i),其中 T_i 为该任务的执行周期。当各任务的重复周期不同时,任务规划需增加不同周期下任务时间的冲突判断,即条件式(4-3)和式(4-4)中需增加变量 T_1 和 T_2。

对于周期性执行任务是否可被有效规划,可通过下述方式进行判断[1]。设 N_i 是执行周期为 T_i 的任务总数,$C_{i,j}$ 是 N_i 个任务中第 j 个任务的总运行时间,N_T 为任务周期总数,并设 $T_i > T_j, \forall i<j$。那么,对于给定的周期 T_i,对应的任务响应时间可表示为

$$t_{R_i} = \sum_{j \geqslant 1}^{j=i-1} \lceil T_i / T_j \rceil \sum_{k=1}^{N_j} C_{jk} + \sum_{k=1}^{N_i} C_{ik} + B_i \tag{4-7}$$

式中:B_i 为所有较低优先级任务的运行时间最大值,即

$$B_i = \max(C_{m,n}), \forall i < m \leqslant N_T, 1 \leqslant n \leqslant N_m \tag{4-8}$$

最终一组任务可被调度的条件为

$$t_{R_i} \leqslant T_i, \forall i \in \{1, 2, \cdots, N_T\} \tag{4-9}$$

4.2.1.3 空间目标监视雷达任务规划[4]

下面以空间目标监视雷达为例,给出基于综合优先级的任务规划调度结果。空间目标监视雷达通过波束扫描对某固定空间区域执行目标搜索捕获任务,在此基础之上,对捕获到的多个空间目标执行多圈次的跟踪识别任务,获得每个空间目标的定轨和识别结果。此处,将多圈次跟踪识别任务描述为周期性任务规划问题,而将目标搜索任务简化为占用固定比例系统资源的约束条件,以突出跟踪识别任务的规划过程。

仿真分析中，利用美国国家航空航天局（National Aeronautics and Space Administration，NASA）公布的空间目标真实数据库进行某24h时间段的任务规划调度，选取了2886个低轨空间目标，上述目标在该24h时段内的过境弧段为6527个。假设空间监视雷达对每个目标的波束驻留时间为50ms，搜索任务占用雷达的总时间资源比例为40%，具体仿真分析了跟踪识别采样间隔时间为0.5s、1s、1.5s和2s时的任务规划结果。此处采用任务调度成功率和任务时间利用率两个指标衡量任务规划调度的性能，具体定义见4.2.2节。

对于上述任务场景，利用综合优先级任务规划调度算法，获得的规划调度性能结果如表4-1所列。

表4-1 空间监视雷达任务规划调度性能

采样间隔	0.5s	1s	1.5s	2s
调度成功率	0.4366	0.8225	0.9824	0.9982
时间利用率	0.9987	0.9438	0.8181	0.7177

由表可以看出，随着跟踪识别任务采样间隔时间的逐渐加大，任务调度成功率不断提高，然而同时雷达系统的时间利用率不断减小。据此，可根据实际应用需求对跟踪识别频次和识别正确率等指标要求，选择最优的规划调度方案和参数配置。

为进一步直观展示空间目标监视雷达的任务调度结果，图4-4～图4-6给出了不同跟踪识别采样率参数下的任务规划调度具体性能曲线。

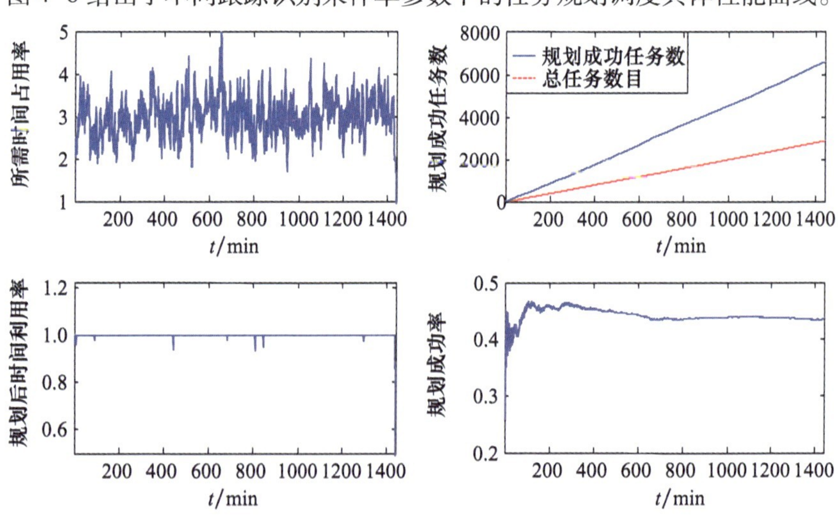

图4-4 空间监视雷达任务规划结果（跟踪识别采样间隔为0.5s）

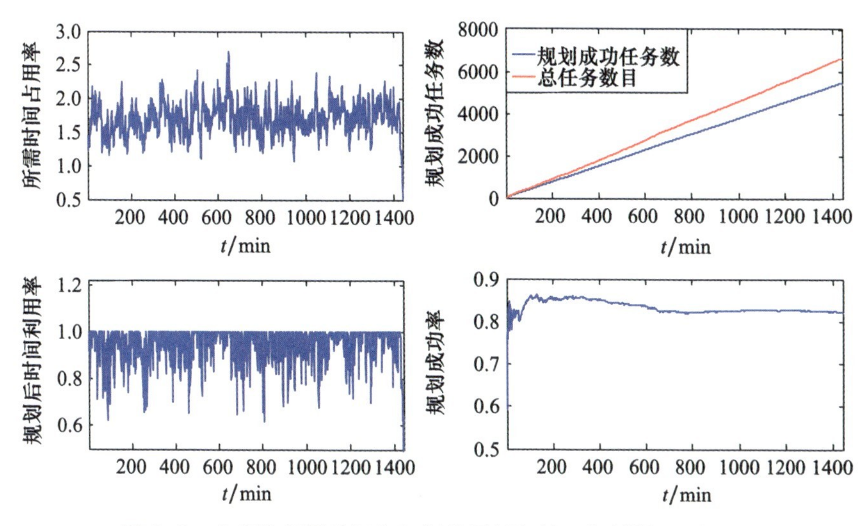

图 4-5 空间监视雷达任务规划结果(跟踪识别采样间隔为 1s)

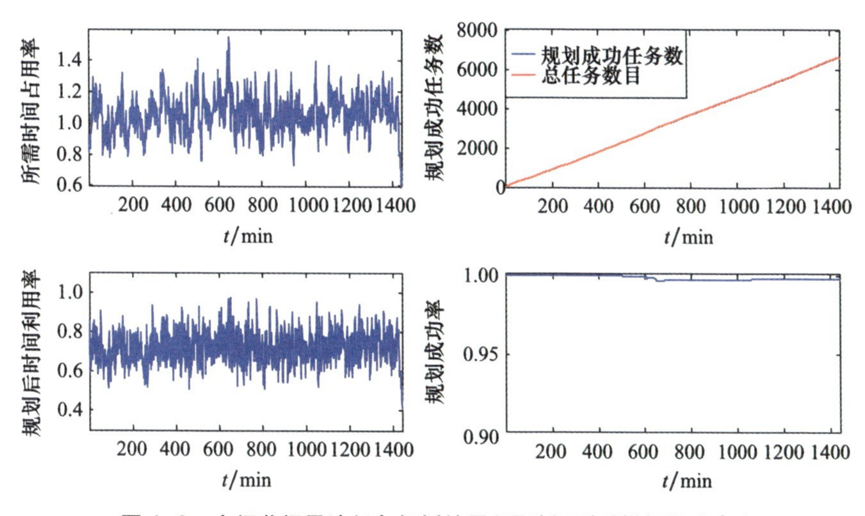

图 4-6 空间监视雷达任务规划结果(跟踪识别采样间隔为 2s)

4.2.2 基于多目标约束进化优化的规划调度

4.2.1 节中按照任务综合优先级次序进行规划的方法效率高,但任务规划结果往往不是最优的。将任务规划问题表示成数学优化的形式,采用先进的进化优化等算法能提高任务规划的性能。衡量一组任务规划的性能指标可采用调度成功率、时间利用率、威胁等级占比等,具体定义如下。

（1）任务调度成功率（Successful Scheduling Ratio，SSR）。表示为一组待规划调度的任务中，成功调度的任务数与总任务数的比值为

$$\mathrm{SSR} = N_{\mathrm{suc}} / N_{\mathrm{all}} \tag{4-10}$$

式中：N_{all} 表示该组任务总个数；N_{suc} 为成功调度的任务个数。对于以响应用户请求为主要目标的任务调度，SSR 是一个比较合理的衡量指标。

（2）任务时间利用率（Time Utilization Ratio，TUR）。表示为待规划任务时间段中，实际用于执行各任务的时间总和与该时间段的比值为

$$\mathrm{TUR} = \sum_{i=1}^{N_{\mathrm{suc}}} (t_{\mathrm{c},i} + t_{\mathrm{x},i} + t_{\mathrm{r},i}) / (t_{\mathrm{e}} - t_{\mathrm{s}}) \tag{4-11}$$

式中：$[t_{\mathrm{s}}, t_{\mathrm{e}}]$ 表示任务规划时间区间；$t_{\mathrm{c},i}, t_{\mathrm{x},i}, t_{\mathrm{r},i}$ 分别表示第 i 个任务的冷却时间、发射时间和接收时间。对于以充分利用设备资源为主要目标的任务调度，TUR 是一个比较合理的衡量指标。

（3）目标威胁等级响应比（Threat Ratio of Execution，TRE）。主要考虑到监视识别任务特点，用户更加关注威胁等级高的目标是否被有效响应，因此在调度成功率的基础之上进一步考虑目标的威胁等级，构建出调度威胁等级响应比的指标，即

$$\mathrm{TRE} = \sum_{i=1}^{N_{\mathrm{suc}}} (1 - R_{\mathrm{s},i}) / \sum_{i=1}^{N_{\mathrm{all}}} (1 - R_i) \tag{4-12}$$

式中：$R_i \in [0,1]$ 表示第 i 个任务的威胁等级，数值越低表明威胁程度越大；$R_{\mathrm{s},i} \in [0,1]$ 表示第 i 个成功调度任务的目标威胁等级。

在构建任务规划的数学优化模型时，可选用上述指标中的一个作为优化目标，也可以将上述指标按照一定的方式加权后作为优化目标。从而，可建立如下的优化模型：

$$\begin{cases} \max\limits_{\{t_{\mathrm{e},1}, t_{\mathrm{e},2}, \cdots, t_{\mathrm{e},N_{\mathrm{suc}}}\}, \{i_1, i_2, \cdots, i_{N_{\mathrm{suc}}}\}} \{\lambda_1 \cdot \mathrm{SSR} + \lambda_2 \cdot \mathrm{TUR} + \lambda_3 \cdot \mathrm{TRE}\} \\ \mathrm{s.t.} \bigcap\limits_{i=1}^{N_{\mathrm{suc}}} \left\{ \begin{aligned} &(t_{\mathrm{e},i}, t_{\mathrm{e},i} + t_{\mathrm{c},i} + t_{\mathrm{x},i}) \cup \\ &(t_{\mathrm{e},i} + t_{\mathrm{c},i} + t_{\mathrm{x},i} + t_{\mathrm{w},i}, t_{\mathrm{e},i} + t_{\mathrm{c},i} + t_{\mathrm{x},i} + t_{\mathrm{r},i}) \end{aligned} \right\} = \varnothing \\ \sum\limits_{i=1}^{N_{\mathrm{suc}}} (t_{\mathrm{c},i} + t_{\mathrm{x},i} + t_{\mathrm{r},i}) \leqslant t_{\mathrm{e}} - t_{\mathrm{s}}, t_{\mathrm{s}} \leqslant t_{\mathrm{e},1}, t_{\mathrm{e},2}, \cdots, \\ t_{\mathrm{e},N_{\mathrm{suc}}} \leqslant t_{\mathrm{e}}, i_1, i_2, \cdots, i_{N_{\mathrm{suc}}} \in \{1, 2, \cdots, N\}, 0 \leqslant N_{\mathrm{suc}} \leqslant N \end{cases} \tag{4-13}$$

式中：$i_1, i_2, \cdots, i_{N_{\mathrm{suc}}}$ 对应于 N_{suc} 个被成功调度的任务编号，$t_{\mathrm{e},1}, t_{\mathrm{e},2}, \cdots, t_{\mathrm{e},N_{\mathrm{suc}}}$ 为这些任务对应的开始执行时刻，$[t_{\mathrm{s}}, t_{\mathrm{e}}]$ 为任务规划调度时间

区间。

优化模型式(4-13)中不仅涉及遍历 N 个任务中的 N_{suc} 个被成功调度任务，同时还需优化连续变量 $t_{e,1},t_{e,2},\cdots,t_{e,N_{\text{suc}}}$，是一个典型的 NP 难题，很难设计具有线性复杂度的优化算法。模型式(4-13)可通过一些典型的进化优化算法求解，如遗传算法、粒子群优化(Particle Swarm Optimization，PSO)算法等[6]。

PSO 算法通过模拟生物种群觅食过程中的群体智能行为模式，主要借鉴种群中个体之间的信息共享与行为协作等寻求优化问题的最优解。PSO 优化算法中，每次迭代通过动态跟踪个体极值和全局极值，更新粒子当前的位置和速度。设第 i 个粒子在所有搜索过程中产生的个体极值为 $\boldsymbol{p}_i$，所有粒子在历史搜索中产生的全局极值为 $\boldsymbol{g}$，则可通过下式更新粒子的速度和位置

$$\begin{cases}\boldsymbol{v}_q^{(k)}=w\cdot\boldsymbol{v}_q^{(k-1)}+c_1\cdot r_1\cdot[\boldsymbol{p}_q-\boldsymbol{x}_q^{(k)}]+c_2\cdot r_2\cdot[\boldsymbol{g}-\boldsymbol{x}_q^{(k)}]\\ \boldsymbol{x}_q^{(k+1)}=\boldsymbol{x}_q^{(k)}+\boldsymbol{v}_q^{(k)},q=1,2,\cdots,Q\end{cases}\tag{4-14}$$

式中：$\boldsymbol{x}_q^{(k)}$ 和 $\boldsymbol{v}_q^{(k)}$ 分别表示第 q 个粒子在第 k 步迭代中的位置和速度向量；w 为权系数；c_1 和 c_2 为加速度参数；r_1 和 r_2 为在(0,1]区间上均匀分布的随机数；Q 为种群大小。

在上述更新公式中，$c_1\cdot r_1\cdot[\boldsymbol{p}_q-\boldsymbol{x}_q^{(k)}]$ 被称为“认知项”，代表了第 q 个粒子自身的认知结果，$c_2\cdot r_2\cdot[\boldsymbol{g}-\boldsymbol{x}_q^{(k)}]$ 称为“社会项”，反映了所有粒子间的信息共享与行为合作。

PSO 算法中 w 为惯性系数，选择相对大的 w 将使得 $\boldsymbol{x}_q^{(k)}$ 更倾向于沿原来的方向做惯性运动，其结果是对整个解空间的搜索更加全面。c_1 和 c_2 为吸引系数，它们分别反映了 $\boldsymbol{p}_q$ 和 $\boldsymbol{g}$ 对 $\boldsymbol{x}_q^{(k)}$ 运动方向的吸引，选择相对大的 c_1 和 c_2 将使得算法更快地收敛到 $\boldsymbol{g}$，但有可能使算法过早陷入局部极值点。因此对参数 w 和 c_1,c_2 的选取应当折中考虑算法的收敛速度和搜索效率。在实际应用中，考虑到算法运行的初始阶段主要是完成对解空间的搜索一般选择较大的 w 和较小的 c_1,c_2，而在算法运行到后期，为加快粒子收敛到全局最优，一般选择较小的 w 和较大的 c_1,c_2。

4.2.3 基于双向拍卖机制的动态任务规划调度

前面介绍的雷达任务规划方法属于 Q-RAM(QoS Resource Allocation

Method)算法范畴,当雷达工作环境或目标场景发生变化时,Q-RAM 类算法必须重新进行任务规划,因此在动态环境下的运算效率较低。

为适应动态环境,对雷达任务规划问题进行重新描述。设 $T=\{T_1,T_2,\cdots,T_K\}$ 为 K 个待规划的任务,任务规划时间变量 $t\in T_s$,其中 T_s 为任务规划时间区间。对于任务 $T_k(k=1,2,\cdots,K)$,在 t 时刻的任务参数表示为 $\boldsymbol{v}_{t,k}=[v_{t,k}^1,v_{t,k}^2,\cdots,v_{t,k}^L]^{\mathrm{T}}$,此时的环境参数表示为 $\boldsymbol{e}_{t,k}$,那么任务对应的系统资源需求可表示为

$$r_{t,k}=g_k(\boldsymbol{v}_{t,k},\boldsymbol{e}_{t,k}) \tag{4-15}$$

设 t 时刻系统总可用资源为 $\hat{r}_t$,则可定义系统资源约束函数为

$$g(\boldsymbol{v}_t)=\sum_{k=1}^{K}g_k(\boldsymbol{v}_{t,k},\boldsymbol{e}_{t,k})-\hat{r}_t \tag{4-16}$$

式中:$\boldsymbol{v}_t=[\boldsymbol{v}_{t,1}^{\mathrm{T}},\boldsymbol{v}_{t,2}^{\mathrm{T}},\cdots,\boldsymbol{v}_{t,K}^{\mathrm{T}}]^{\mathrm{T}}$。显然,任务调度方案必须满足 $g(\boldsymbol{v}_t)\leqslant 0$。

此外,对于给定的任务参数 $\boldsymbol{v}_{t,k}$ 和环境参数 $\boldsymbol{e}_{t,k}$,可定义任务的质量参数 $q_{t,k}$ 和负载参数 $u_{t,k}$,分别为

$$\begin{cases}q_{t,k}=q_k(\boldsymbol{v}_{t,k},\boldsymbol{e}_{t,k})\\ u_{t,k}=u_k(q_k(\boldsymbol{v}_{t,k},\boldsymbol{e}_{t,k}))\end{cases} \tag{4-17}$$

从而可将目标识别雷达的任务规划问题描述为如下的限制优化问题:

$$\max_{\boldsymbol{v}_t} u(\boldsymbol{v}_t)=\sum_{k=1}^{K}u_k(q_k(\boldsymbol{v}_{t,k},\boldsymbol{e}_{t,k})),\ \mathrm{s.\,t.}\quad g(\boldsymbol{v}_t)\leqslant 0 \tag{4-18}$$

需要指出的是,上述优化模型中任务参数 $\boldsymbol{v}_{t,k}$ 和环境参数 $\boldsymbol{e}_{t,k}$ 都是随着时间 t 变化的,即式(4-18)是一个动态优化问题,需要在每个规划时刻 $t\in T_s$ 求解该问题。同时,$\boldsymbol{e}_{t,k}$ 通常情况下都是未知的,需要在线估计得到。

优化问题式(4-18)的最优解需要满足一定的条件,例如 Karush-Kuhn-Tucker(KKT)条件。设目标函数 $u(\boldsymbol{v}_t)$ 是凹的且可微的,而资源函数 $g(\boldsymbol{v}_t)$ 是可微凸函数,$\boldsymbol{v}_t^*$ 是优化问题式(4-18)的全局最优解,那么 KKT 充分条件可表示为

$$\begin{cases}-\nabla u(\boldsymbol{v}_t^*)+\mu\nabla g(\boldsymbol{v}_t^*)=0\\ g(\boldsymbol{v}_t^*)\leqslant 0\\ \mu\geqslant 0\\ \mu g(\boldsymbol{v}_t^*)=0\end{cases} \tag{4-19}$$

动态优化问题式(4-18)的求解可借用金融市场中的双向拍卖机制,

每个任务可以向其他任务购买或出售雷达系统资源,根据利润最大化原则,去中心化市场最终可达到一种平衡,即实现雷达负载的最大化。相关算法思路描述如下[7]。

设 $\kappa=\{\kappa_1,\kappa_2,\cdots,\kappa_K\}$ 为 K 个雷达任务对应的代理人,其中代理人 κ_k 在任意时刻 t 能够交易的雷达系统资源为 r_{tk},对于所有可交易的雷达系统资源需要满足

$$\sum_{k=1}^{K} r_{t,k} \leqslant \hat{r}_t \tag{4-20}$$

在交易过程中,每个代理人均可以按照一定价格 p,交易数量为 s 的资源,分别用 $b_n(s,p,k)$ 和 $a_m(s,p,k)$ 表示代理人 κ_k 购买和出售的资源。那么所有代理人当前可供交易的资源集为 $A=\{a_1,a_2,\cdots,a_M\}$ 和 $B=\{b_1,b_2,\cdots,b_N\}$,对于包含 I 个资源的出售请求 $P\subseteq A$ 和包含 J 个资源的购买请求 $Q\subseteq B$,他们对应的资源数量和价格分别为

$$\begin{cases} V_P=\sum\limits_{i=1}^{I} p_i s_i, S_P=\sum\limits_{i=1}^{I} s_i \\ V_Q=\sum_{j=1}^{J} p_j s_j, S_Q=\sum_{j=1}^{J} s_j \end{cases} \tag{4-21}$$

如果条件 $V_P<V_Q, S_P\geqslant S_Q$ 满足,则一次双向交易的条件即可以满足。具体交易的价格可采用公平性原则,选取为购买请求集中的最大价格 $p_{\max}$ 和出售请求集中的最低价格 $q_{\min}$ 的平均,即

$$\hat{p}=0.5(p_{\max}+q_{\min}) \tag{4-22}$$

按照上述双向拍卖机制,对于目标识别雷达动态任务规划问题式(4-18),具体的交易价格将按照下述方式选取。设当前的雷达参数为 $v_{t,k}$,购买资源后的雷达参数为 $\hat{v}_{t,k}$,出售资源后的雷达参数为 $\tilde{v}_{t,k}$,则对应的购买和出售价格为

$$\begin{cases} p_b^k=\dfrac{\Delta u_b}{\Delta r_b}=\dfrac{u_k(q_k(\hat{v}_{t,k},e_{t,k}))-u_k(q_k(v_{t,k},e_{t,k}))}{g_k(\hat{v}_{t,k},e_{t,k})-g_k(v_{t,k},e_{t,k})} \\ p_a^k=\dfrac{\Delta u_a}{\Delta r_a}=\dfrac{u_k(q_k(v_{t,k},e_{t,k}))-u_k(q_k(\tilde{v}_{t,k},e_{t,k}))}{g_k(v_{t,k},e_{t,k})-g_k(\tilde{v}_{t,k},e_{t,k})} \end{cases} \tag{4-23}$$

最后,需要指出的是本节介绍的三种任务规划调度方法均属于传统算法,效率高,但性能和适应性弱。近年来,随着人工智能技术的快速发展,基于深度学习的任务规划调度方法不断被提出并表现出优异性能。加拿大国防研究和发展中心的学者指出多任务雷达资源最优调度问题是

一个 NP 难题[8]，求解算法通常具有指数级的计算复杂度，将机器学习或深度学习技术引入后能显著提升求解效率，如利用强化学习技术迭代求解奖惩模型，所得结果相对于经典的最早起始时间算法(Earliest Start Time，EST)性能损失减至 1/5.6~1/2.1[9-10]。美国海军实验室的研究人员提出深度 Q-网络模型用于解决多功能雷达任务调度问题，试验表明该方法相对于 EST 算法在处理有重叠的任务时，性能提升显著[11]。未来，设计更优秀的深度学习网络结构，采用更高效的参数训练学习算法以进一步提升任务规划调度性能，是重要的发展方向。

4.3 光电目标搜索跟踪与识别任务规划

4.3.1 渐进式搜索跟踪与识别任务模型

光电传感器(可见光、红外等)广泛应用于各种目标识别任务中，如人脸识别、交通车辆识别等，其与最新的人工智能信息处理技术相结合，大幅度提升了目标识别的应用水平。相对于雷达传感器而言，相机系统参数比较固定，任务规划调度通常结合平台的探测过程，在系统层面进行。

本节以多架轻小型无人机平台搭载可见光和红外传感器，对地面目标进行搜索、跟踪和识别的任务为例，阐述相关的规划调度方法。需要指出的是，这里任务规划调度的变量主要包括飞行轨迹、拍摄角度、观测时间、相机焦距等。探测任务执行过程可分为三个阶段，即广域普查搜索、重点区域目标检测、重点目标跟踪识别。广域普查搜索阶段，多架无人机以较高的飞行高度和飞行速度，高效率获取普查区域的大场景可见光和红外影像，进行目标广域发现与粗粒度识别(如军民分类，车辆大类等)，判断是否有重点关注目标和区域；重点区域目标检测阶段，无人机降低高度和调整拍摄角度，获得重点区域的高分辨率图像，检测出关注的地面目标；最后，通过进一步调整观测几何或相机参数等，获得目标多种条件下的图像切片，实现目标的准确识别。

上述渐进式搜索跟踪与识别任务的规划调度，首先需要解决的是建立多架无人机协同搜索和跟踪识别的优化模型，需要从平台和传感器建模、环境信息建模、任务规划效能函数构造等几个方面进行解决[12-13]。

4.3.1.1 无人机运动与传感器建模

考虑使用 N_v 架无人机 $\{V_i | i=1,2,\cdots,N_v\}$ 对搜索区域 A 内的 N_t 个目标进行跟踪识别，$N_v>N_t$，无人机的飞行高度为 h。在惯性坐标系中，具有恒定速度 V 的无人机三维运动方程可表示为

$$\begin{cases}\dot{x}=V\cos\theta\cos\varphi\\ \dot{y}=V\cos\theta\sin\varphi\\ \dot{h}=V\sin\theta\\ \dot{\theta}=\dfrac{a_z}{V}\\ \dot{\varphi}=\dfrac{a_m}{V\cos\theta}\end{cases} \tag{4-24}$$

式中：θ 和 φ 分别表示俯仰角和偏航角；a_m 和 a_z 分别表示垂直于速度向量的加速度。

因此，k 时刻第 i 架无人机的状态向量 $\boldsymbol{s}_i(k)$ 可表示为 $\boldsymbol{s}_i(k)=\{x_i(k),y_i(k),h_i(k),\theta_i(k),\varphi_i(k)\}$。所有无人机在 k 时刻的决策向量 $\boldsymbol{u}(k)$ 可表示为 $\boldsymbol{u}(k)=[a_{m,1}(k),\cdots,a_{m,N_v}(k),a_{z,1}(k),\cdots,a_{z,N_v}(k)]^{\mathrm{T}}$。

每架无人机探测区域的大小由其所搭载光电传感器的视场范围决定，如图 4-7 所示。

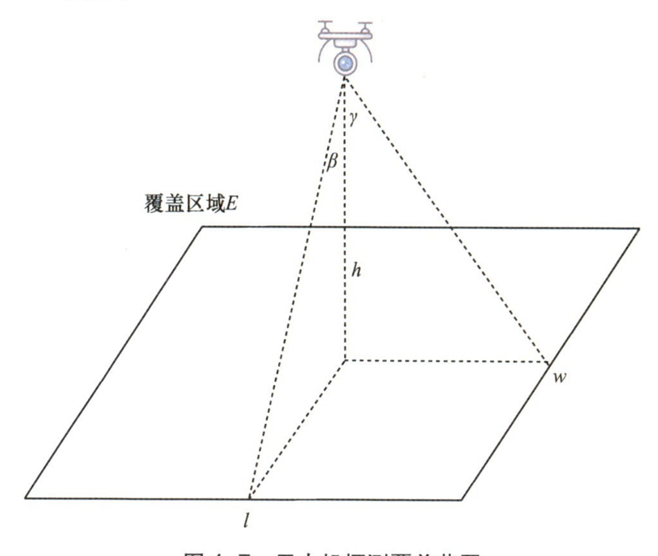

图 4-7 无人机探测覆盖范围

设β,γ为无人机载光电传感器的两个视场角,则当无人机飞行高度为h时,探测覆盖区域E可表示为

$$\begin{cases} E=lw \\ l=2h\tan\gamma \\ w=2h\tan\beta \end{cases} \tag{4-25}$$

式中:l与w分别为光电传感器实际覆盖地面区域的长与宽。

光电传感器的目标检测概率和虚警概率受多种因素影响,包括飞行高度、传感器参数、环境干扰,以及目标检测算法等。为方便建模处理,考虑无人机探测环境和传感器参数相对固定,此时目标检测的虚警概率主要由无人机飞行高度决定,即可建立如下的虚警概率模型:

$$p_f(h)=\begin{cases} p_{f_{\min}},h<h_{\min} \\ \dfrac{h-h_{\min}}{h_{\max}-h_{\min}}(p_{f_{\max}}-p_{f_{\min}}),h_{\min}\leqslant h\leqslant h_{\max} \\ p_{f_{\max}},h>h_{\max} \end{cases} \tag{4-26}$$

即光电传感器的虚警概率随着无人机飞行高度h的变化在区间$[p_{f_{\min}},p_{f_{\max}}]$内线性变化,其中$p_{f_{\min}},p_{f_{\max}}$分别为无人机在最低高度$h_{\min}$和最高高度$h_{\max}$时的虚警概率。

目标检测概率的建模更加复杂,通常对于性能优良的深度学习图像检测算法,检测率$p_d(h)$和虚警率$p_f(h)$之间的关系可通过(Receiver Operating Characteristic,ROC)曲线拟合得到。为简化问题,假设他们之间满足指数分布关系,即

$$p_d(h)=\exp\{\alpha[p_f(h)-p_{f_{\max}}]\} \tag{4-27}$$

式中:α为参数。

4.3.1.2 目标场景建模

在渐进式系统任务规划中,需要针对当前探测的目标场景进行建模,主要考虑各栅格区域的确信度以及目标在该栅格区域的分布概率。

将探测区域A划分成$M\times N$个栅格,表示为$A=\{(m,n)\}^{M\times N}$,则每个栅格在第k次观测的区域确信度表示为$\chi_{m,n}(k)\in[0,1]$。区域确信度反映了无人机对栅格坐标为(m,n)的区域的了解程度,需要随着传感器的观测而更新。若有新的观测,则根据本次观测情况和历史确信度进行更新;若没有新的观测,则按比例调低确信度,具体可建模为[14-15]

$$\chi_{m,n}(k+1)=\begin{cases}\tau_\chi \chi_{m,n}(k), & \text{无观测}\\ \omega+(1-\omega)\tau_\chi \chi_{m,n}(k), & \text{有观测}\end{cases} \tag{4-28}$$

式中:$\omega\in[0,1]$ 为传感器性能系统,当 $\omega=1$ 时,传感器性能最佳,区域确信度最高;当 $\omega=0$ 时传感器性能最差,本次观测对区域确信度无改善;参数 τ_χ 代表了区域确信度的衰减因子。

区域确信度可根据实际任务情况人为设定,如可利用观测场景的地理信息系统(Geographic Information System,GIS)数据和目标知识设定重点关注区域,具体地,坦克等地面车辆目标在道路、裸地和城区等区域中出现的概率要远大于在水域、高山、森林等区域出现的概率。此外,区域确信度的更新方式也可采用更加科学的方法,如根据历史数据拟合得到式(4-28)的经验模型等。

目标分布概率 $p_{m,n}(h;k)\in[0,1]$ 为在 k 时刻,传感器高度为 h 时,地面栅格坐标为 (m,n) 的区域中存在目标的概率。随着无人机对栅格 (m,n) 进行观测更新目标分布概率,例如:

$$p_{m,n}(h;k+1)=\begin{cases}\tau_p p_{m,n}(h;k), & \text{无观测}\\ \dfrac{p_\mathrm{d}(h)}{\dfrac{p_\mathrm{f}(h)}{p_{m,n}(h;k)}+(p_\mathrm{d}(h)-p_\mathrm{f}(h))}, & \text{检测到目标}\\ \dfrac{(1-p_\mathrm{d}(h))}{\dfrac{1-p_\mathrm{f}(h)}{p_{m,n}(h;k)}+(p_\mathrm{d}(h)-p_\mathrm{f}(h))}, & \text{无检测目标}\end{cases} \tag{4-29}$$

式中:$\tau_p\in[0,1]$ 为目标分布概率的时间衰减因子。

例如,当检测到目标,且检测概率 $p_\mathrm{d}(h)$ 较高,虚警概率 $p_\mathrm{f}(h)$ 较低时,说明当前区域存在目标的可能性很高,因此 $p_{m,n}(h;k)$ 应较大。

在"广域普查搜索、重点区域目标检测、重点目标跟踪识别"的逐级任务流中,随着任务要求不断细化,无人机的工作高度将不断降低,保证更好的跟踪识别效果。当无人机的工作高度发生改变时,无人机的观测范围会随之改变,划分的栅格数量、尺寸也会产生变化。

4.3.1.3 任务规划的效能函数

本节建立多架无人机对多个地面目标进行联合搜索跟踪和识别的效

能函数,为任务规划和资源调度奠定基础。无人机搜索跟踪识别的效能函数主要受当前时刻无人机的状态变量、当前时刻无人机的决策变量,以及与检测跟踪识别相关的系统参数等影响,可表示为 $J(\boldsymbol{s}(k),u(k),\boldsymbol{\theta})$。根据实际任务情况,效能函数的具体表达可进一步分解为:目标搜索发现的效能函数 J_{D}、区域搜寻的效能函数 J_{S}、目标跟踪识别的效能函数 J_{C} 等。

对于第 i 架无人机,目标发现的效能函数可表示为

$$J_{\mathrm{D}}^{i}(k)=\sum_{(m,n)\in R_{i,k}}((p_{\mathrm{d}}(h)-p_{\mathrm{f}}(h))p_{m,n}(k)+p_{\mathrm{f}}(h)) \quad (4-30)$$

式中:$R_{i,k}\subseteq A$ 为一个决策时间内第 i 架无人机覆盖的栅格集合。

目标区域搜寻的效能函数可表示为

$$J_{\mathrm{S}}^{i}(k)=(1-\chi_{m,n}(k))p_{m,n}(k) \quad (4-31)$$

目标跟踪识别的效能函数主要取决于观测几何、图像分辨率、识别处理算法等,形式化描述为 $J_{\mathrm{C}}^{i}(k;\boldsymbol{\theta})$,可通过历史数据拟合得到经验公式。

综上所述,可建立 N_{v} 架无人机光电传感器对目标搜索跟踪识别的任务规划总效能函数,即

$$J(k)=\sum_{i=1}^{N_{\mathrm{v}}}J_{i}(\boldsymbol{s}_{i}(k),u_{i}(k),\boldsymbol{\theta})=\sum_{i=1}^{N_{\mathrm{v}}}(\lambda_{1}J_{\mathrm{D}}^{i}(k)+\lambda_{2}J_{\mathrm{S}}^{i}(k)+\lambda_{3}J_{\mathrm{C}}^{i}(k)) \quad (4-32)$$

式中:$\lambda_{1},\lambda_{2},\lambda_{3}\in[0,1]$ 且 $\lambda_{1}+\lambda_{2}+\lambda_{3}=1$ 为不同效能函数的权重。

上述优化模型的求解可使用经典的进化优化算法,也可采用近年来流行的深度神经网络方法。

4.3.2 光电目标搜索跟踪识别的规划调度案例分析

根据任务场景要求,本节将以工作高度为 50m~3km 的轻小型无人机对地观测平台为例,对机载光电传感器参数、目标检测识别结果等进行案例分析。

为实现较高准确率的目标类型识别,光电传感器系统一般需要保证目标在图像中的像素宽度在 20 个像素以上,并根据飞行高度、传感器焦距和像元尺寸来确定具体选型。表 4-2 列出了本案例中使用的典型可见光传感器参数。

表 4-2 传感器参数以及地面分辨率参考

参考型号	DJI Mavic 4/3 CMOS 哈苏	DJI Mavic 长焦	可见光传感器 1	可见光传感器 2
CMOS 尺寸/mm	17	6.4	6.82	2.87
X 分辨率/Pixel	5280	4000	1024	1024
焦距/mm	24	162	73.6	50
高度/m	1000	1000	1000	3000
像元大小/m	3.22×10^{-6}	1.6×10^{-6}	6.66×10^{-6}	2.803×10^{-6}
地面分辨率/m	0.134	0.001	0.090	0.168
地面幅宽/m	708.33	39.51	92.66	172.20
视场角/(°)	39.00	2.26	5.31	3.29

获取的场景光电图像如图 4-8 所示。

图 4-8 无人机平台获取的典型光电影像

实际案例场景位于上海交通大学闵行校区凯旋门附近，无人机平台通过“广域普查搜索、重点区域目标检测、重点目标跟踪识别”的渐进式任务规划调度过程，快速高效地搜索并识别场景中的民用车辆目标。任务过程和部分处理结果如图 4-9 所示。

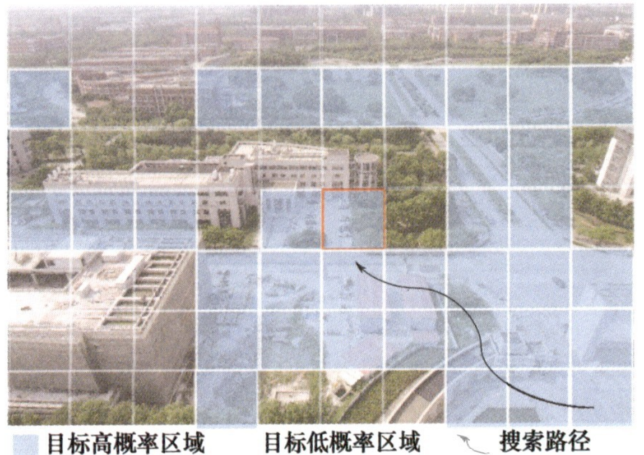

(a)

(b)

(c)

图 4-9　无人机光电目标搜索跟踪识别任务规划案例

(a)广域普查搜索过程(矩形框为搜索结果);
(b)重点区域目标检测结果;(c)重点目标跟踪识别结果。

4.4 多传感器协同目标跟踪与识别任务规划

前两节主要针对单传感器进行描述,以简化优化问题模型;本节进一步考虑多站协同因素和多个传感器的配合,重点描述由于多站和多传感器带来的新问题以及提出的新方法。为使得模型和方法描述更具针对性和工程实用价值,本节以空-海-岸一体化海上应急救援目标探测识别应用为例,阐述相应的多传感器融合任务规划和资源调度过程。

4.4.1 空-海-岸一体化海上应急救援任务模型

空-海-岸一体化海上应急救援目标探测识别任务涉及不同波段雷达、多种光电传感器,需要对失事目标快速搜索、检测跟踪、识别确认,其中多传感器协同任务规划是需要解决的核心关键问题。需要指出的是,这里的协同任务规划设计面向最终的目标识别确认,重在提升目标发现的效率和识别准确率。

随着我国海上交通、海上运输、油气开采等海上作业的逐渐频繁,海上应急救援需求变得紧迫。海上救援需要在"黄金72小时"内高效快速地完成失事地点的确定与人员救助。现有的海上救援方案主要基于失事地点与该地点的洋流漂移方向进行人工地毯式搜索,效率较低。综合使用空基、海基与岸基传感器,通过协同方式灵活配置探测任务,能有效提升现有应用方案的水平。

根据空-海-岸一体化海上应急救援目标探测识别任务的实际要求,将该任务建模为四个顺序执行的子任务,即:广域雷达光电搜索、海上船只辅助搜寻、无人机抵近观察识别确认,以及救援船救助遇险人员。

(1) 广域雷达光电搜索。在接到海上应急搜救任务之后,需针对失事海域启动广域雷达与光电融合搜索,提取重点区域,缩小后续搜救范围,并获取失事区域的大致海况信息与区域底图,方便后续搜救识别任务规划。

(2) 海上船只辅助搜寻。考虑到搜救力量的限制,通常难以对失事区域进行海上地毯式搜索。因此,可以通过调度失事海域周边船只的传感器对该区域进行辅助搜寻,提供当前海域的雷达与光电图像。此外,海上辅助搜索船只还可提供海况与洋流信息,对遇险人员漂流方向进行估

计,为后续任务调度提供参考。

(3) 无人机抵近观察。在确定遇险人员的可能位置后,使用无人机对该区域沿洋流方向进行地毯式搜索,对发现的目标进行精确定位与识别。

(4) 救援船救助遇险人员。在获得失事船只与遇险人员的精确定位后,派出距离最近的救援船,在无人机的引导下,对遇险人员进行救援。

根据上述多传感器协同搜索跟踪识别的任务描述,相应的任务流程如图 4-10 所示。

在对海上应急救援目标探测识别任务分解和流程化建模的基础之上,进一步考虑任务执行相关约束条件,建立任务规划的数学模型。其中,搜救任务约束包括:重点搜救区域约束、搜救场景约束(搜救区域的海况、天气、洋流等)、搜救目标约束(遇险船只、遇险人员)以及搜救平台航程约束等。进一步,建立目标漂流运动模型、搜救平台运动模型、多传感器融合跟踪识别效能模型等,将空-海-岸协同任务规划问题转化为数学优化问题进行求解[16-17]。再将最优解转化为完成任务的资源组合与相应参数配置,其中资源组合包括空空协同组合、海空协同组合,以及岸海协同组合等。

(1) 空空协同组合。基于前序无人机的搜索与粗识别,大致判断目标位置与种类,可引导后续搭载特定载荷的无人机平台进行航线调整与传感器视线修正,以实现目标的精确定位与识别。

(2) 海空协同组合。重点区域附近的船只搭载的雷达与光电传感器可以获取精确的天气、海况、洋流等搜救场景信息,辅助无人机对重点区域以及目标可能的漂流方向进行搜索与抵近观察。而无人机的目标搜索结果,也可以作为协助救援船只的引导,对船只航线进行修正。

(3) 岸海协同组合。岸基对海监视雷达在远距离、大范围内搜索跟踪重点目标,引导海上救援船或无人艇进一步靠近和识别确认目标。

4.4.2 多传感器协同任务规划

空-海-岸一体化海上应急救援目标探测识别任务规划的技术核心是多传感器协同的任务规划与资源调度。下面首先给出异构传感器的观测能力模型,并在此基础之上提出协同任务规划方法。

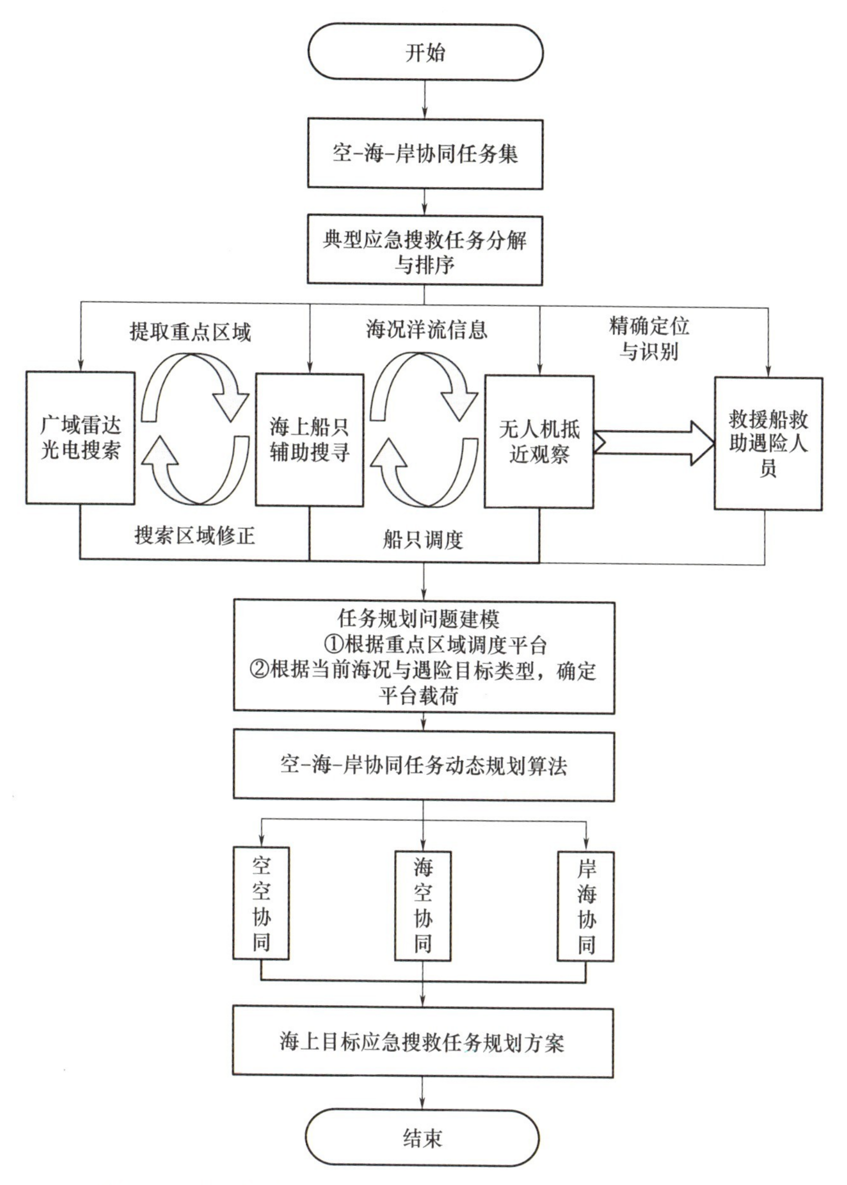

图4-10 空-海-岸一体化海上应急搜救目标识别任务规划流程图

4.4.2.1 异构传感器观测能力模型

多种场景下跟踪识别的任务要求多，恶劣环境下目标跟踪识别的精度要求高，单一传感器提供的信息不足以支撑上述需求。传感资源的应用逐渐从单一类型的应用发展为多种类型的应用，以保证在不同场景下的高精度融合跟踪识别。不同类型传感器的工作原理，信号形式不甚相同，需要针对各类观测资源的相应任务与使用约束进行统一的建模，为后续多传感器跟踪与识别任务的调度与规划奠定基础。

目前，常用的传感器系统可以根据系统搭载位置不同大致分为空基探测系统、岸基探测系统以及海基探测系统。其中，空基系统的传感器受限于机载平台的航程范围与最大载重，主要包含小型雷达传感器、红外传感器，以及电子侦察传感器等，系统中的主要约束为空中平台的航迹规划与传感器载荷的空间分辨率；岸基系统的传感器主要包括多种频段的大型岸基对海雷达，系统的主要约束为岸基对海雷达的探测范围、探测角度、探测分辨率以及所在的位置；海基系统的传感器主要包括海面监视雷达、红外传感器，以及声呐传感器等，系统的主要约束有观测船到达目标海域所需要的时间、传感器探测范围、传感器的分辨率等。可以使用下式不确定性参数的线性模型形式来描述传感器资源的观测能力，如目标探测距离、目标识别概率等，即

$$y = g_0u_0 + g_1u_1 + \cdots + g_{m-1}u_{m-1} + e \tag{4-33}$$

式中：y 为对该时刻传感器系统观测能力的估计；$u_0, u_1, \cdots, u_{m-1}$ 为 m 个表征传感器分辨率、重复观测周期、观测窗口等主要参数的函数。

为建模场景影响以及观测系统的不确定性影响，式(4-33)中使用乘性干扰项 $g_0, g_1, \cdots, g_{m-1}$ 来描述不同传感器的干扰特性，而加性干扰项 e 表示外界干扰或热噪声。

4.4.2.2 多传感器协同任务规划方法

根据 4.4.1 节的任务模型可知，多传感器协同任务规划包含两个层次：一是协同搜索；二是传感器组合。前者可借鉴 4.3 节中的方法完成规划调度，本节主要介绍后者的解决方法。

考虑使用 n 个传感器对 n_t 个目标进行融合跟踪识别，n 个传感器的组合有 $n_s = 2^n - 1$ 个，从而可定义传感器组合对目标跟踪识别的误差矩阵 $\boldsymbol{U} = \{u_{ij}\}^{n_s \times n_t}$，以及对目标参数估计的误差向量 $\overline{\boldsymbol{U}} = \{\overline{u}_j\}^{1 \times n_t}$。具体优化过程中，通过上一时刻传感器组合对目标的状态估计误差协方差 C_e、传感器或传感器组合量测误差的协方差 C_m，以及系统期望误差的协方差 C_d 计算 $\boldsymbol{U}$ 和 $\overline{\boldsymbol{U}}$，具体表达式如下：

$$\begin{cases} u_{ij} = \mathrm{tr}(C_{\mathrm{m}}(i,j)) - \mathrm{tr}(C_{\mathrm{e}}(j)), \overline{u_j} = \mathrm{tr}(C_{\mathrm{e}}(j)) - \mathrm{tr}(C_{\mathrm{d}}(j)) \\ i = 1,2,\cdots,n_s; j = 1,2,\cdots,n_t \end{cases} \tag{4-34}$$

计算过程中,为保证 C_{m} 和 C_{e} 量纲一致,需将 C_{m} 由传感器测量坐标系转换到目标跟踪坐标系。

从而可构造多个目标与多个传感器的匹配系数 $\boldsymbol{M} = \{m_{ij}\}^{n_s \times n_t}$,表达式为

$$\boldsymbol{M} = \varepsilon \boldsymbol{U}_{\mathrm{norm}} + \zeta \boldsymbol{I}^{n_s \times 1} \overline{\boldsymbol{U}}_{\mathrm{norm}} + \tau \boldsymbol{T} \tag{4-35}$$

式中:$\varepsilon,\zeta,\tau \in [0,1]$ 为权重因子;$\boldsymbol{I}$ 为全 1 向量;$\boldsymbol{T} = \{t_{ij}\}^{n_s \times n_t}$ 为采用第 i 个传感器组合对第 j 个目标跟踪识别的先验置信水平,通过经验人为设置。

$\boldsymbol{U}_{\mathrm{norm}}$ 与 $\overline{\boldsymbol{U}}_{\mathrm{norm}}$ 分别为 $\boldsymbol{U}$ 与 $\overline{\boldsymbol{U}}$ 对矩阵中每个元素进行归一化的结果,即

$$\begin{cases} \boldsymbol{U}_{\mathrm{norm}} = \{u_{\mathrm{norm}}^{ij}\}^{n_s \times n_t} = \left\{ \dfrac{u_{ij} - u_{\min}}{u_{\max} - u_{\min}} \right\}^{n_s \times n_t} \\ \overline{\boldsymbol{U}}_{\mathrm{norm}} = \{\overline{u}_{\mathrm{norm}}^{ij}\}^{n_s \times n_t} = \left\{ \dfrac{\overline{u}_{ij} - \overline{u}_{\min}}{\overline{u}_{\max} - \overline{u}_{\min}} \right\}^{n_s \times n_t} \end{cases} \tag{4-36}$$

式中:$u_{\max}, u_{\min}, \overline{u}_{\max}, \overline{u}_{\min}$ 分别为 $\boldsymbol{U}$ 与 $\overline{\boldsymbol{U}}$ 中元素的最大值与最小值。

由上述表达式可以看出,若上一时刻传感器组合对第 j 个目标的状态估计误差越不满足期望误差,且采用第 i 个传感器组合对上一时刻传感器组合状态估计误差改善越大,则第 j 个目标与第 i 个传感器组合间的目标-传感器匹配系数 m_{ij} 就越大。此外,在实际应用中,目标-传感器匹配系数可基于任务空间 Q 与环境空间 E 进行进一步修正。最终目标是使得所选传感器或传感器组合可改善原先的融合跟踪识别精度并满足期望精度要求。

进一步,定义多个传感器的效能函数,即

$$\begin{cases} E(\boldsymbol{X}) = \sum_{i=1}^{n_s} \sum_{j=1}^{n_t} (e_{ij} \times x_{ij}) \\ e_{ij} = \lambda P(j) + \mu m_{ij}, i = 1,2,\cdots,n_s; j = 1,2,\cdots,n_t \\ \lambda \in [0,1], \mu \in [0,1] \\ X = \{x_{ij}\}^{n_s \times n_t}, x_{ij} = 0,1 \end{cases} \tag{4-37}$$

式中:e_{ij} 为采用第 i 个传感器组合对第 j 个目标进行融合跟踪识别的效能系数;λ 和 μ 为目标优先级系数 $P(j)$ 与目标-传感器匹配系数 $\boldsymbol{M}$ 对应的权重;$\boldsymbol{X}$ 为多传感器任务调度方案,即用怎样的传感器组合完成对目标的融合跟踪识别任务,因此 $\boldsymbol{X}$ 应为 $n_s \times n_t$ 维的 0-1 二值矩阵。目标的优先

级系数 $P(j)$ 可根据实际任务情况，考虑目标重要程度、目标遇险时间、目标当前位置，以及海况等进行组合计算或人为设定。

基于多传感器效能函数的定义，任务规划问题可以被建模为一个带约束的 0-1 整数规划问题，即

$$\begin{cases}\max\limits_{x_{ij}\in\{0,1\}} E(\boldsymbol{X})=\sum_{i=1}^{n_s}\sum_{j=1}^{n_t}((\lambda P(j)+\mu m_{ij})\times x_{ij})\\ \text{s.t. } t\geqslant\sum_{i\in D(k),j=1}^{n_t}x_{ij},k=1,2,\cdots,n\\ 1\leqslant\sum_{i=1}^{n_s}x_{ij}\end{cases}\tag{4-38}$$

式中：$D(k)$ 为带有传感器 k 的所有传感器组合的集合。

式(4-38)中第一个约束为传感器融合跟踪识别目标能力约束，即一个传感器组合可进行融合跟踪识别的目标数量受到该传感器组合中可跟踪识别目标数最少的传感器限制。式(4-38)中的第二个约束为融合跟踪识别目标覆盖约束，即在融合跟踪识别架构中，必须保证每一个目标都被分配至少一个传感器组合进行跟踪与识别。

该优化问题是一个典型的 0-1 整数规划问题，可使用分支定界法进行解决[18-19]。分支定界法的基本思想是先“分支”，即通过一定的约束，对解空间进行分割，再“定界”，通过分割得到子解空间的上界与下界，排除掉超出可行界的子解空间并不再对这些子解空间进行进一步的“分支”，从而有效地缩减了搜索空间。

在 0-1 整数规划中，设 $x_1,x_2,\cdots,x_n$ 为 n 个 0-1 整数变量，令原优化问题为 $P(x_1,x_2,\cdots,x_n)$ ，令该问题最优解为 $f(x_1,x_2,\cdots,x_n)$ ，对该问题进行松弛，得到松弛线性规划问题 $LP(x_1,x_2,\cdots,x_n)$ 。

首先解两个松弛线性规划子问题 $\mathrm{LP}(0,x_2,\cdots,x_n)$ 与 $\mathrm{LP}(1,x_2,\cdots,x_n)$ ，得到相应的最优解 $f(0,x_2,\cdots,x_n)$ 与 $f(1,x_2,\cdots,x_n)$ ，若这两个松弛线性规划子问题的解均为 0-1 二值变量或较大的最优解为 0-1 二值变量，则原问题的最优解可表示为

$$f(x_1,x_2,\cdots,x_n)=\max[f(0,x_2,\cdots,x_n),f(1,x_2,\cdots,x_n)]\tag{4-39}$$

若不满足上述情况，则需要对较大的最优解的子解空间的第二个变量进行 0-1 分解，逐步缩减解空间。

4.4.3 岸空多源传感器协同搜索跟踪规划案例

本节将以岸基对海监视雷达和海上搜救直升机光电设备通过岸空协

同方式进行海上搜救的应用场景为例，进一步阐述和分析多传感器融合目标跟踪识别的任务规划与调度流程，重点分析不同传感器和不同目标的匹配情况。该案例中使用的岸基传感器包括两种波段的雷达，海上搜救直升机通常搭载有可见光相机、红外传感器和导航雷达等，本案例仅选用红外传感器。关注的目标包括大中型舰船、小型舰船和低空飞行器。通过分析实际传感器和目标的匹配情况，可据此构造任务规划模型中的先验置信度矩阵，和目标搜索路径规划方法相结合，最终完成整个任务的规划调度。

本案例中使用的S波段和C波段对海监视雷达，以及红外传感器的特性如表4-3所列。

表4-3 多传感器典型参数

传感器类型	传感器参数	传感器信号形式
S波段对海雷达	双坐标机械扫描雷达 探测距离80~100km 单一极化	点目标 低分辨率距离像
C波段对海雷达	三坐标相控阵雷达 带宽200MHz 水平/垂直极化	点目标 一维距离像
直升机载红外传感器	波段3~5μm 视场范围1.5°~30°	红外图像

下面将针对上述传感器对于不同场景下的三类常见目标的跟踪识别效能进行分析，包括大中型海上目标、小型海上目标，以及低空目标等。

(1) 表4-3中S波段双坐标监视雷达，其波长约为0.10m，绕射能力强，辐射能量不易被雨雪吸收，因此在同样的功率下雷达威力更强，探测距离更远，抗干扰能力更强。但是，由于S波段双坐标监视雷达工作频率较低，方位向分辨率相应也较低。此外该雷达的工作带宽较小，所以距离向分辨率也较低。

对于检测与跟踪任务而言，S波段双坐标监视雷达作用范围远，因此发现目标的距离也较远，可以用作中远距离的大中型海面目标警戒搜索雷达与跟踪雷达。然而，由于雷达分辨率较低，所以无法承担目标的高精度检测与跟踪任务；该雷达的扫描方式为机械扫描，波束扫描速度较慢，可以同时检测并跟踪的目标数量较少，无法承担大量、高速目标的检测与跟踪。对于识别任务而言，S 波段双坐标监视雷达距离分辨率较低，只能获得雷达回波序列的静态特征，如雷达回波形状特征、凹口特征，以及动态特征，如回波的扭动、跳动等实现对目标的分类识别。S 波段双坐标监视雷达的融合跟踪识别效能如表 4-4 所列。

表 4-4　S 波段双坐标监视雷达对不同目标的跟踪识别效能

任务	大中型海面目标	小型海面目标	低空目标
检测跟踪任务	适用	不适用（信杂比低）	适用
目标识别任务	适用（动态回波）	不适用（信杂比低）	不适用（分辨率低）

（2）表 4-3 中 C 波段三坐标相控阵监视雷达，其波长约为 0.05m，雷达威力介于 S 波段雷达与 X 波段雷达之间，但相控阵雷达往往可以通过发射波形的灵活设计与发射波束的协同实现更优秀的抗干扰性能。分辨率方面，相控阵雷达可以提供灵活的波束指向以保证该雷达的方位向分辨率，且该雷达工作带宽较高，距离分辨率可以达到亚米级。

对于检测与跟踪任务而言，该雷达的相控阵体制可实现多波束同时扫描，同时也可以灵活地在时域、空域分配调度雷达资源，使雷达的功率与孔径得到最佳应用。因此该雷达可以实现对海面大量、高速目标的检测与跟踪。同时三坐标雷达不同于常规的双坐标警戒雷达，可以提供目标精确的三维位置信息，因此可以利用目标的航向航迹对空中目标实现长时间跟踪，大幅度改善对低空目标的检测与跟踪性能。

对于识别任务而言，由于该三坐标相控阵雷达可以实现对目标的长时间凝视，可获得目标不同姿态、角度的丰富信息以供后续算法进行识别。此外，由于宽带相控阵雷达距离分辨率较高，相较于窄带雷达，该雷达能获得更精细、更加多维的目标信息，因此在目标识别处理上相较于窄带雷达有着更为有利的条件。宽带相控阵雷达可以提取目标运动特征、RCS 特征、一维距离像、微动等丰富的参数化特征。表 4-5 为 C 波段三坐标相控阵监视雷达对不同目标的识别与跟踪效能。

表 4-5　C 波段三坐标相控阵雷达对不同目标的跟踪识别效能

任务	大中型海面目标	小型海面目标	低空目标
检测跟踪任务	适用	适用	适用
目标识别任务	适用	适用	适用

(3) 表4-3中的直升机载红外传感器,其工作波长约为3~5μm,通过海面目标与空中目标的热辐射进行成像。红外传感器受天气与距离影响严重,作用距离最远不超过600m,且仅能对低速目标进行有效的观测。因此,只能对近距离的海面目标与低空目标进行检测、跟踪与识别。表4-6为直升机载红外传感器对不同目标的跟踪与识别效能。

表4-6 直升机载红外传感器对不同目标的跟踪识别效能

任务	大中型海面目标	小型海面目标	低空目标
检测跟踪任务	适用(低速目标)	适用(低速目标)	适用(低速目标)
目标识别任务	适用(低速目标)	适用(低速目标)	适用(低速目标)

总结表4-4~表4-6可以得到用于指导多站/多传感器任务执行的基本原则,即针对不同的目标与任务如何选用相应的传感器组合。

基于上述雷达、光电传感器特性与待跟踪识别目标的匹配关系分析,建立多传感器融合的任务规划与资源调度具体方案,如图4-11所示。在岸基雷达的引导下,搜救直升机抵近进行目标检测识别的案例结果如图4-12所示。

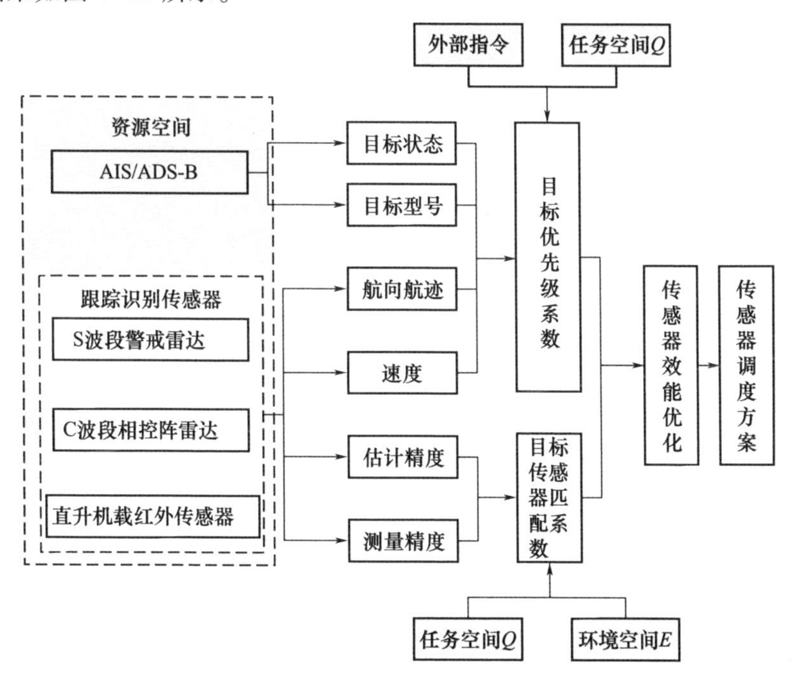

图4-11 岸空多传感器协同目标跟踪识别任务规划调度具体方案

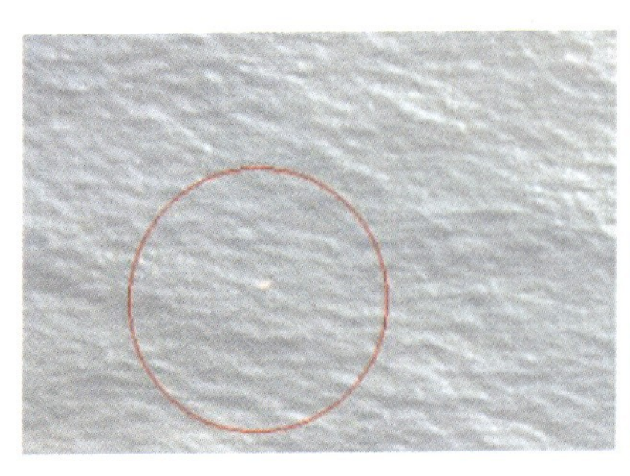

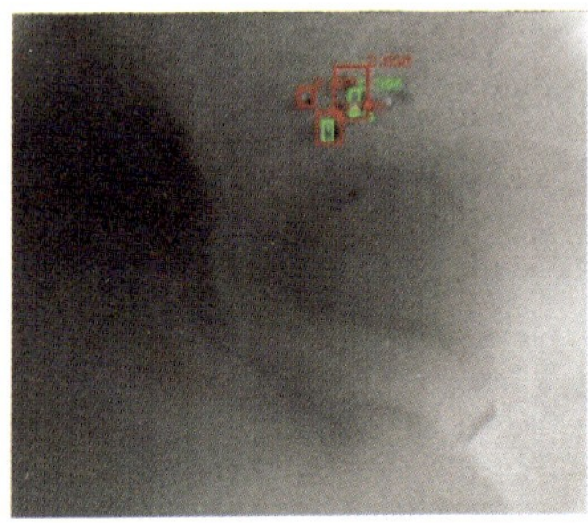

图 4-12 搜救直升机海上目标检测识别结果

参考文献

[1] GHOSH S, HANSEN J, RAJKUMAR R, et al. Integrated resource management and scheduling with multi-source constrains[C]//IEEE International Real-Time Systems Symposium, 2004.

[2] 胡卫东. 相控阵雷达资源管理的理论与方法[D]. 北京:国防工业出版社,2010.

[3] 张浩为,谢军伟,师俊朋,等. 动态优先级下防空相控阵雷达在线交错调度算法[J]. 电子学报,2018,46(1):55-60.

[4] 卢建斌. 相控阵雷达资源优化管理的理论与方法[D]. 长沙:国防科技大学,2009.

[5] 张浩为,谢军伟,张昭建,等. 基于混合遗传-粒子群算法的相控阵雷达调度方法[J]. 系统工程与电子技术,2017,39(9):1985-1991.

[6] 张增辉. 天基雷达空时自适应杂波抑制技术[D]. 长沙: 国防科技大学,2008.

[7] CHARLISH A, WOODBRIDGE K, GRIFFITHS H. Phased array radar resource management using continuous double auction[J]. IEEE Transactions on Aerospace and Electronics Systems, 2013, 51(3):2212-2224.

[8] SHAGHAGHI M, ADVE R S. Machine learning based cognitive radar resource management[C]//IEEE Radar Confence, 2018.

[9] QU Z, DING Z, MOO P. A machine learning task selection method for radar resource management[C]//22th International Conference on Information Fusion, 2019.

[10] GAAFAR M, SHAGHAGHI M, ADVE R S, et al. Reinforcement learning for cognitive radar task scheduling[C]//53rd Asilomar Conference on Signals, Systems, and Computers, 2019.

[11] GEORGE T, WAGNER K, RADEMACHER P. Deep Q-network for radar taskscheduling

problem[C]//IEEE Radar Conference,2022.

[12] WU G,XU T,SUN Y,et al. Review of multiple unmanned surface vessels collaborative search and hunting based on swarm intelligence[J]. International Journal of Advanced Robotic Systems,2022,1-20.

[13] PAN P,ZHANG C,XIA Y,et al. An improved artificial potential field method for path planning and formation control of the multi-UAV systems[J]. IEEE Transactions on Circuits and Systems II:Express Briefs,2022,69(3):1129-1133.

[14] 岳伟,李超凡. 基于多蜂群的多无人机协同自适应搜索[J]. 科学技术与工程,2022,22(05):2108-2115.

[15] SHAO X,GONG Y,ZHAN Z,et al. Bipartite cooperative coevolution for energy-aware coverage path planning of UAVs[J]. IEEE Transactions on Artificial Intelligence,2022,3(1):29-42.

[16] MOBUS R,KOLBE U. Multi-target multi-object tracking,sensor fusion of radar and infrared[C]//IEEE Intelligent Vehicles Symposium,2004.

[17] KATSILIERIS K,KRACH B. Cross-platform radar resource management for coordinated search and tracking[J]. IEEE Aerospace and Electronic Systems Magazine,2022,37(4):22-29.

[18] 杨海舟,刘姝琴. 基于目标战略优先级与精度自适应的效能函数的机载多传感器管理[J]. 航空科学技术,2019,30(04):61-68.

[19] LIU M,ZHANG Y,FAN Z,et al. Airborne self-adaptive multi-sensor management[C]//International Conference on Cognitive Systems and Signal Processing,2016.

第 5 章 多源融合目标识别

在第 4 章讨论传感器控制与优化问题基础上，本章主要介绍多源信息融合的概念和方法、多源数据配准、目标融合跟踪，以及融合识别决策的不确定性理论和方法。

5.1 信息融合基本概念与框架

5.1.1 信息融合的基本概念

20 世纪 70 年代，美国军方最早提出信息融合的概念，并先后发展了 C3I、C4I、C4ISR(Command, Control, Communication, Computer, Intelligence, Surveillance and Reconnaissance)系统[1]。该系统拥有大量的雷达、声纳、激光、红外和电子侦察等多种探测传感设备，能够全方位、全频段获取情报信息和监视全域战场动态[2]。

多源信息融合是目标识别，特别是多传感器应用场景中目标识别的核心技术之一。融合目标识别技术不仅被应用于军事领域，也广泛应用于民用领域，如自动驾驶、海洋监测、智慧农业、医疗诊断等领域。多源信息融合[3-5]的优势体现在不同传感器之间功能互补和相似传感器间功能冗余。对目标识别而言，多传感器数据融合可以从时间域、空间域，以及频域上增加对目标的覆盖，还可以补充大量的背景域、经验域、认知域等信息，从而对目标识别的准确性、可靠性实现较大程度地提升[6-12]。与此同时，多源融合识别还面临诸多问题有待解决，包括复杂运动模型条件下的机载多传感器信息配准、多模态复杂环境下的多传感器信息关联，以及

不确定和强冲突信息条件下的多传感器数据融合判决。研究团队曾开展过多源融合识别相关理论与方法研究,提出了多类决策融合网络模型和算法,并针对海上舰船目标、空间目标等进行了工程开发实践[13-15]。

尽管信息融合识别已被广泛应用,但各领域对其的理解不尽相同。1985 年,由美国"三军"组织——实验室理事联合会(Joint Directors of Laboratories,JDL)下设技术委员会成立的信息融合专家组(Data Fusion Sabinal,DFS),认为信息融合是指一种多层次、多方面的处理过程,包括对多源数据进行检测、相关、组合和估计,从而提高状态和身份估计的精度,以及对战场态势和威胁的重要程度进行适时完整的评价[16],该定义被多数的研究人员采纳。基于此,我们认为信息融合识别是一种将多种传感器数据和信息进行配准、关联,并采用各种融合处理手段获取比单一传感器更加准确的目标识别结果的技术。

5.1.2 多源融合的系统框架

多源融合识别本质上是一类应用驱动的系统。因此,识别成功的基础在于任务驱动的合理的多传感器融合结构。如图 5-1 所示,除了使命/任务管理和人员决策等模块[17]外,一般多源融合结构主要包含如下功能模块。

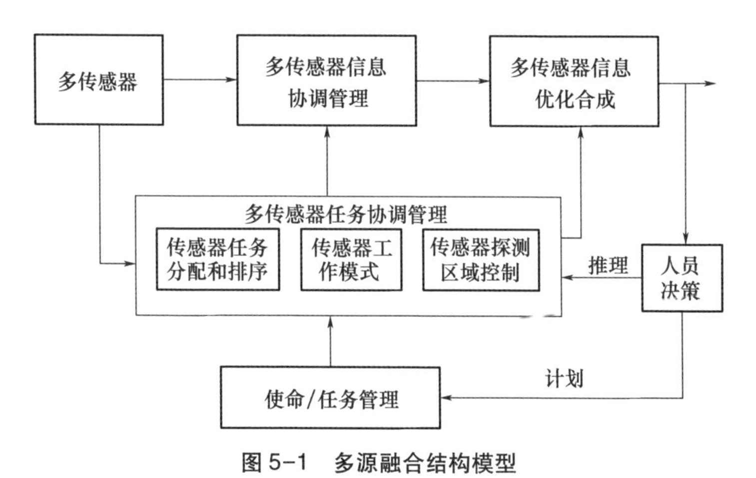

图 5-1 多源融合结构模型

(1) 多传感器信息协调管理模块。该模块用于将多传感器信息统一在同一个时空参考系,把同一层次的各类信息转化成同一种表达形式,即实现数据配准。然后把各传感器对相同目标或环境的观测信息进行关联，一般称为信息关联。

(2) 多传感器信息优化合成模块。该模块负责将汇总的多传感器信息，根据一定的优化准则，在各不同的层次上合成多源信息。

(3) 多传感器任务协调管理模块。该模块负责系统中各传感器的协调任务，从而保证系统工作不紊乱，任务内容包括传感器的有效性确定、事件预测、传感器的任务分配和排序、传感器工作模式和传感器探测区域的控制等。

信息融合本质上是一个由低（层）至顶（层）对多源信息进行整合、逐层抽象的信息处理过程，其层次化结构如图 5-2 所示。传感器各层次的信息逐次在各融合节点（即融合中心）合成，各融合节点的融合信息和融合结果，也可以交互的方式通过数据库进入其他融合节点，从而参与其他节点上的融合。由图 5-2 可见，信息融合相对于信息表征的层次也相应分为三级：数据级融合、特征级融合和决策级融合。

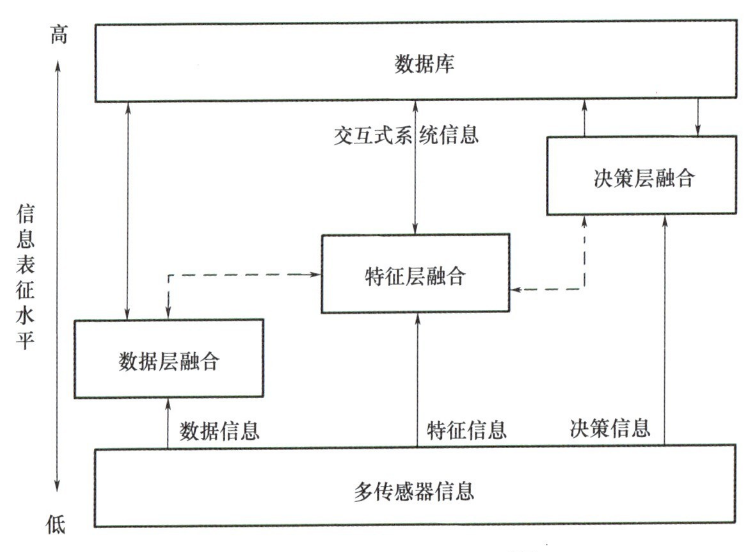

图 5-2　多源融合层次化结构[18]

数据级融合是对传感器采集到的数据直接进行融合处理，并对融合结果进行特征提取和决策。数据级融合的优势在于充分利用所有的数据和信息量，数据损失少、融合精确高，但数据级融合需处理的信息量非常大，实时性较差。特征级融合是指融合前先对传感器数据进行特征提取，然后对多种特征进行融合处理，产生融合特征向量，如边缘形状、轮廓、方

向、区域、距离等。特征级融合保留了足够数量的重要信息,实现了可观的信息压缩,有利于实时处理,同时也保证了一定的融合精度。决策级融合首先是由每个传感器单独处理各自的数据并做出决策,最后将各自的融合结果传至融合中心进行局部融合决策。决策级融合的优势在于具有较强的抗干扰能力,对传感器的依赖和通信量都较小,并且处理过程花费的代价较低等[19-21]。

近年来,深度学习算法作为一种通用化、端到端、高维非线性逼近方法,在多源融合识别方面也展现了良好的应用。基于深度学习的多源融合算法,可以实现从数据层、特征层和决策层的跨层融合,也可针对某一具体层次进行融合,如将深度学习应用于可见光与激光雷达或毫米波雷达的融合目标识别之中[22]。此外,基于深度学习的多源融合方法还可将雷达辐射数据、HRRP 数据,以及 SAR、ISAR 雷达图像数据等作为传感器数据源,用于海上舰船目标识别等军用场景[23]。可以预见,基于深度学习的多源融合方法将是未来发展的重要方向。

5.2 多源数据配准与关联

5.2.1 多源数据配准

多源融合识别系统中,各传感器信息的时空属性、光谱特性等不尽相同,如采样率、数据形式、空间坐标、空间测量偏差、数据含义等往往不一致。必须把这些信息转换为相同的形式、相同的参照、相同的描述之后,才能进行进一步处理[24],即对多源数据进行配准。

5.2.1.1 时间配准

顾名思义,时间配准即将各传感器时间同步到同一基准时标下,并将不同步的信息配准至同一个融合时刻。常用的时间配准方法有基于最小二乘准则的时间配准算法和基于内插外推准则的配准算法。

在基于最小二乘准则的时间配准算法中,假设有不同种类的传感器 A 和 B,获取传感器 B 的若干次量测值并进行融合,将融合后的量测值作为当前时刻传感器 B 的虚拟量测值。将该虚拟量测值与传感器 A 的测量值进行融合,从而消除时间不匹配对多源融合数据处理的影响。假设传

感器 A 的采样周期为 τ，传感器 B 的采样周期为 T，且传感器 A 和传感器 B 的采样周期的比例系数为整数 n。将传感器 A 的最近一次目标状态估计时刻记为 $(k-1)\tau$，则当前时刻可以表示为 $k\tau=[(k-1)\tau+nT]$，意味着在传感器 A 观测的一个采样周期内，传感器 B 对目标状态估计的次数为 n 次。假设传感器 B 在时刻 $k-1$ 至 k 获取的量测序列为 $\boldsymbol{Z}_n$，$\boldsymbol{Z}_n=[z_1,z_2,\cdots,z_n]^{\mathrm{T}}$，其中，$z_n$ 表示传感器 B 的量测值。定义 $\boldsymbol{U}=[z,\dot{z}]^{\mathrm{T}}$ 为 n 个状态估计值及其导数组成的集合，则可以得到传感器 B 的量测值的新的表达形式为

$$z_i=z+(i-n)T\cdot\dot{z}+v_i \tag{5-1}$$

式中：v_i 表示为量测噪声。

传感器 B 的量测值为

$$\boldsymbol{Z}_n=\boldsymbol{W}_n\boldsymbol{U}+\boldsymbol{V}_n \tag{5-2}$$

即为传感器 B 的量测向量表示形式。式中，向量 $\boldsymbol{V}_n=[v_1,v_2,\cdots,v_n]^{\mathrm{T}}$ 均值为零，方差为 σ_r^2。

矩阵 $\boldsymbol{W}_n$ 可表示为

$$\boldsymbol{W}_n=\begin{bmatrix}1 & 1 & \cdots & 1\\(1-n)T & (2-n)T & \cdots & (n-n)T\end{bmatrix}^{\mathrm{T}} \tag{5-3}$$

若 $\boldsymbol{C}(\hat{\boldsymbol{U}})=\boldsymbol{V}_n^{\mathrm{T}}\boldsymbol{V}_n=[\boldsymbol{Z}_n-\boldsymbol{W}_n\hat{\boldsymbol{U}}]^{\mathrm{T}}[\boldsymbol{Z}_n-\boldsymbol{W}_n\hat{\boldsymbol{U}}]$，则利用最小二乘准则，可得传感器 B 在当前时刻的融合值以及噪声方差表示为

$$\hat{z}(k)=c_1\sum_{i=1}^{n}z_i+c_2\sum_{i=1}^{n}i\cdot z_i \tag{5-4}$$

$$\mathrm{Var}[\hat{z}(k)]=\frac{2(2n+1)\sigma_r^2}{n(n+1)} \tag{5-5}$$

式中：$c_1=-2/n$ 和 $c_2=6/[n(n+1)]$ 为常数[25]。

最小二乘配准算法在二维坐标系下能够有效解决时间配准问题，然而当量测噪声比较大时，该算法有效性会受到影响。

另一种时间配准方法是基于内插外推准则的配准算法，该方法可通过更小的计算量实现较好的配准精度，具体可参见文献[26]。

5.2.1.2 空间配准

空间配准方法按照传感器布置方式可以分为单平台空间配准与分布式空间配准。

单平台空间配准指搭载在同一个平台内不同类型的传感器之间的配准,其目的在于将不同类型传感器获得的数据统一到公共坐标系下,便于数据融合。单平台配准算法通常会对每个传感器都定义两个不同的坐标系,其中一个为传感器自身的量测坐标系,另外一个是公共参考坐标系。不失一般性,假定这两种坐标系具有相同的坐标原点,通过配准将不同类型传感器的量测数据最终统一到公共参考坐标系内。图5-3展示了上述单平台中传感器的量测坐标系与公共参考坐标系示意图。

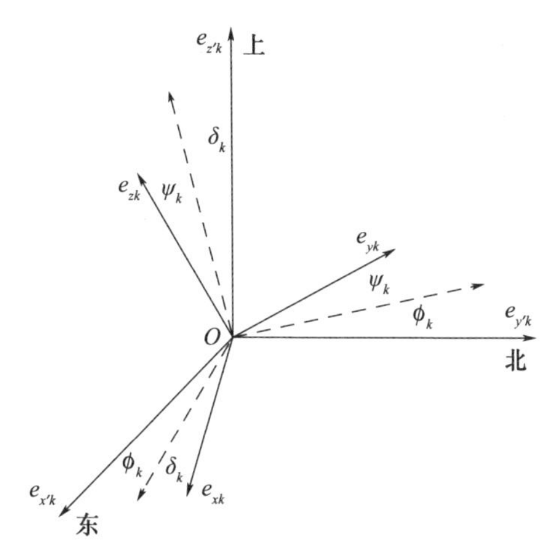

图5-3 量测坐标系与公共参考坐标系

如图5-3中所示,$\{e_{xk},e_{yk},e_{zk}\}$ 表示量测坐标系,$\{e_{x'k},e_{y'k},e_{z'k}\}$ 表示公共参考坐标系。其中 $e_{x'k}$ 指向正东、$e_{y'k}$ 指向正北、$e_{z'k}$ 指向正上。若要将量测坐标系内的数据转换到公共坐标系内,则需要将公共坐标系内的 $e_{z'k}$ 方向轴旋转出一个偏航角 ϕ_k,$e_{y'k}$ 方向轴旋转出俯仰角 δ_k,以及 $e_{x'k}$ 方向轴旋转出横滚角 ψ_k。这三个参量可以在传感器的惯性测量单元中获得[2]。

若定义 $\boldsymbol{R}_k=(x_k,y_k,z_k)$ 为第 k 个传感器某一时刻在量测坐标系内的目标坐标向量,$\boldsymbol{R}'_k=(x'_k,y'_k,z'_k)$ 为第 k 个传感器某一时刻在公共参考坐标系内的坐标向量,则存在如下转换关系:

$$\boldsymbol{R}'_k=\boldsymbol{T}_k\boldsymbol{R}_k \tag{5-6}$$

其中

$$\boldsymbol{T}_k=\begin{bmatrix} \cos\delta_k\cos\phi_k & \sin\psi_k\sin\delta_k\cos\phi_k-\cos\psi_k\sin\phi_k & \cos\psi_k\sin\delta_k\cos\phi_k+\sin\psi_k\sin\phi_k \\ \cos\delta_k\sin\phi_k & \sin\psi_k\sin\delta_k\sin\phi_k+\cos\psi_k\cos\phi_k & \cos\psi_k\sin\delta_k\sin\phi_k-\sin\psi_k\cos\phi_k \\ -\sin\delta_k & \cos\delta_k\sin\psi_k & \cos\delta_k\cos\psi_k \end{bmatrix}$$

当系统中的传感器采用分布式方法配置时，单平台空间配准算法不再适用，这时则需要采用分布式空间配准算法。这里依旧以两个传感器为例，如图 5-4 所示。假设有目标 M，传感器 A 和传感器 B，分别在各自的原点处，$\{r'_A(k),\theta'_A(k),\eta'_A(k)\}$ 和 $\{r'_B(k),\theta'_B(k),\eta'_B(k)\}$ 定义为传感器 A 和传感器 B 获得目标的真实极坐标值，$\{x_A(k),y_A(k),z_A(k)\}$ 和 $\{x_B(k),y_B(k),z_B(k)\}$ 定义为量测直角坐标值信息。在同一时刻，传感器 A 获得的目标位置信息向量为 $\{r_A,\theta_A,\eta_A\}$，分别表示目标的斜距、方位角和高低角，相应误差值表示为 $\{\Delta r_A,\Delta\theta_A,\Delta\eta_A\}$。定义传感器 B 在传感器 A 坐标系下的位置为 $\{u,v,w\}$，与传感器 A 类似，定义其获得目标的位置信息向量为 $\{r_B,\theta_B,\eta_B\}$，相应的误差为 $\{\Delta r_B,\Delta\theta_B,\Delta\eta_B\}$ [24]。

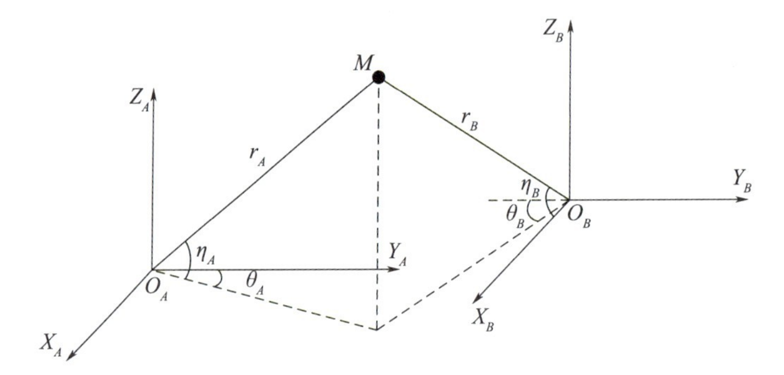

图 5-4　多平台传感器配准

从图 5-4 可以推导出多平台传感器之间的关系如下：

$$\begin{cases}x_A(k)=(r'_A(k)+\Delta r_A)\sin(\theta'_A(k)+\Delta\theta_A)\cos(\eta'_A(k)+\Delta\eta_A)+n_1(k)\\ y_A(k)=(r'_A(k)+\Delta r_A)\cos(\theta'_A(k)+\Delta\theta_A)\cos(\eta'_A(k)+\Delta\eta_A)+n_2(k)\\ z_A(k)=(r'_A(k)+\Delta r_A)\sin(\eta'_A(k)+\Delta\eta_A)+n_3(k)\end{cases} \tag{5-7}$$

$$\begin{cases}x_B(k)=(r'_B(k)+\Delta r_B)\sin(\theta'_B(k)+\Delta\theta_B)\cos(\eta'_B(k)+\Delta\eta_B)+n_4(k)+u\\ y_B(k)=(r'_B(k)+\Delta r_B)\cos(\theta'_B(k)+\Delta\theta_B)\cos(\eta'_B(k)+\Delta\eta_B)+n_5(k)+v\\ z_B(k)=(r'_B(k)+\Delta r_B)\sin(\eta'_B(k)+\Delta\eta_B)+n_6(k)+w\end{cases} \tag{5-8}$$

式中：$\{n_i|i=1,2,\cdots,6\}$ 为随机量测噪声。

目标 M 的在传感器 A 中的位置可以表示为

$$\begin{cases} x'(k)=r'_A(k)\sin\theta'_A(k)\cos\eta'_A(k)=r'_B(k)\sin\theta'_B(k)\cos\eta'_B(k)+u \\ y'(k)=r'_A(k)\cos\theta'_A(k)\cos\eta'_A(k)=r'_B(k)\cos\theta'_B(k)\cos\eta'_B(k)+v \\ z'(k)=r'_A(k)\sin\eta'_A(k)=r'_B(k)\sin\eta'_B(k)+w \end{cases} \tag{5-9}$$

如果各量测噪声满足正态分布,且相互独立,则对于偏差相对较小的系统,可以将两个平台的传感器配准问题看作最优估计问题[5],如采用最大似然估计对配准方程求最优解。

5.2.1.3 典型图像配准实例

1. 雷达数据与 AIS 数据配准

船舶自动识别系统(Automatic Identification System,AIS)是一种助航系统,具有交换船舶信息和船舶识别的功能,能够保障船舶航行安全,提高船舶交通管理和监控效率。雷达和 AIS 数据的结构差别较大,雷达为主动式传感器,收到的是目标回波信息,而 AIS 是非主动的,只能接收到装有 AIS 系统的船舶信息,包括船舶名称、呼号、全球定位系统(GPS)位置、航速、航向等信息。因此,对海观测时使用雷达和 AIS 融合识别时,应先对两种数据进行配准。

由于雷达与 AIS 对目标的观测时间和空间基准点不同,因此需要进行时空配准。雷达与 AIS 时间对准可以使用内插外推法,此外还可以采用自适应时间对准法。该方法定义 $|t_{Ai}-t_{A(i-1)}|$ 为 AIS 前一个时刻和后一个时刻的时间差, $|t_{Ri}-t_{R(i-1)}|$ 为雷达前一时刻和后一时刻的时间差,将两者相比,自适应采用差值小的传感器的各采样时刻为基准采样时刻。确定采样时刻后,对两个传感器分别利用各自所测得的速度数据、距离数据和时间差关系,求得它们在各采样时刻的距离和速度数据。

在空间配准上,由于 AIS 提供的目标位置数据是由 GPS 接收机得到的,通常采用 WGS-84 坐标系。将 WGS-84 坐标系转换为直角坐标系可以采用高斯-克吕格投影。高斯-克吕格投影是一种横轴等角切椭圆柱投影,它将一椭圆柱横切于地球椭球体上,椭圆柱面与椭球体表面的切线为一条经线,投影中将其称为中央经线,然后根据一定的约束条件即投影条件,将中央经线两侧规定范围内的点投影到椭圆柱面上,从而得到点的高斯投影[27]。而雷达目标位置数据通常采用极坐标形式,用距离 R 和方向 θ 表示,将其变换到直角坐标系的公式为

$$\begin{cases} X_r = R\sin\theta \\ Y_r = R\cos\theta \end{cases} \tag{5-10}$$

然后，根据船舶本身的位置、航向等信息，把雷达目标数据的直角坐标与接收到的 AIS 信息通过坐标变换变化到统一坐标系统下，进而完成空间配准。

2. 多源图像配准

常用的图像传感器包括可见光摄像头、红外摄像头、深度相机、SAR 雷达、多光谱/高光谱/超光谱成像系统等，这些传感器获取的数据成像机理不同，获取图像的时间、角度、分辨率等也有差异，因此需重点考虑异源图像、多分辨图像、多视角图像的配准问题。

待配准的图像相对于参考图像的配准可定义为两幅图像在空间和亮度上的映射。两幅图像分别用 $I_1(x,y)$ 和 $I_2(x,y)$ 表示，则两幅图像间的映射可表示为

$$I_2(x,y) = g(I_1(f(x,y))) \tag{5-11}$$

式中：f 为二维空间坐标变换，如仿射变换、投影变换和非线性变换等[28]。

在实际应用中，针对异源、多分辨和多视角图像配准问题，选择最佳特征提取和匹配方法，建立变换（映射）模型并进行最优参数估计是图像配准问题的关键所在。

常用的图像配准方法有四类：基于图像灰度的图像配准方法、基于特征的图像配准方法、基于频域的图像配准算法和基于深度学习的图像配准方法。基于灰度的图像配准方法一般通过比较图像像素灰度相似性进行配准，包括相关法、灰度差法等；基于特征的图像配准方法较多，根据特征类型的不同可以分为基于点特征的方法、基于线特征的方法、基于面特征的方法，以及基于其他变换特征的方法等。基于特征的图像配准方法步骤一般包括特征提取、特征匹配、变换模型参数求取以及坐标变换与插值等过程[29]。基于频域的图像配准算法利用图像空间几何变换在频域的性质，求解变换参数，典型的有相位相关法及其衍生方法[30]。基于深度学习的图像配准方法主要是利用深度学习的模型替代传统基于特征的图像配准方法中的某一个或多个步骤，实现图像配准[31]。

5.2.2 多源数据关联

数据关联是将多种传感器获取的、经过配准的量测，与目标建立对应关系，从而为多源数据融合处理提供支持。经典的算法包括最近邻方法、概率数据关联和联合概率数据关联法[31]。

最近邻数据关联(Nearest Neighbor Data Association,NNDA)算法由 Singer 等于 1971 年提出[32],NNDA 算法的优点在于计算量小,实现简单。但是在杂波干扰环境下,所得量测可能为杂波产生的虚拟量测,因此可能出现误判的情况。概率数据关联(Probability Data Association,PDA)算法是一种次优贝叶斯方法,但 PDA 只考虑量测来自于一个目标的情况,因此只适用于单目标跟踪,无法处理多目标情况。而联合概率数据关联算法(Joint PDA,JPDA)可用来解决多目标跟踪问题。

JPDA 算法是基于 PDA 算法,并加入确认矩阵而来的。其目的就是计算每个量测与其可能的各种源目标(或者轨迹)相关联的概率。假设在 k 时刻,传感器得到的有效量测数据集合为 $Z_k=\{z(k,j)\}_{j=1}^{m_k}$, $Z^K=\{Z_l\}_{l=1}^{K}$ 表示到 k 时刻为止,所有接收到的有效量测, m_k 表示 k 时刻接收到的量测数目。如图 5-5 中,A、B、C 为目标, Z_{k1}、Z_{k2}、Z_{k3} 和 Z_{k4} 为观测值,均为落在关联门内的有效回波。但是, Z_{k3} 落在目标 A 和目标 C 的重叠区域, Z_{k4} 则落在目标 A、B、C 三者的重叠区域。

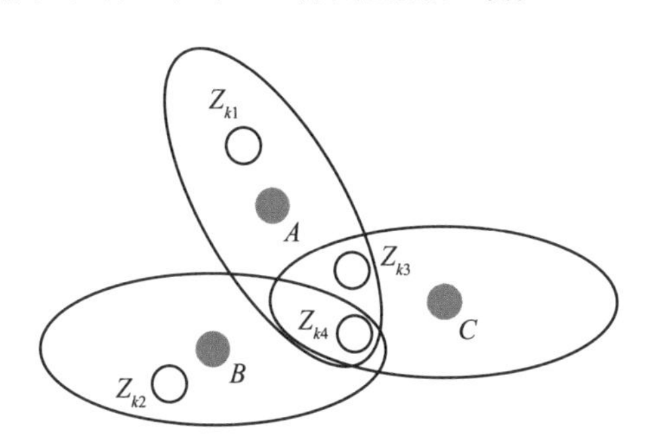

图 5-5 JPDA 场景示意图

为了对关联门内的观测值做联合假设,JPDA 定义了确认矩阵:

$$[\Omega(k)]_{jt}=(\omega_{jt}),j=1,2,\cdots,m_k;t=0,1,\cdots,T \tag{5-12}$$

$$\omega_{jt}=\begin{cases}0,Z_j(k)\notin V^t(k)\\1,Z_j(k)\in V^t(k)\end{cases} \tag{5-13}$$

式中: m_k 表示有效回波数量; T 表示目标数量。ω_{jt} 表示量测 j 是否在目标 t 的关联门内。

若在关联门内,则 $\omega_{jt}=1$, 否则 $\omega_{jt}=0$。当 $t=0$ 时,则代表没有目标,此时确认矩阵的第一列元素值为 1,表示任意量测都可能来源于虚警或杂波。

确认矩阵可以基于以下两个假设进行拆解得到可行矩阵。

(1) 每个量测只能源于一个目标或杂波：

$$\sum_{t=0}^{T}\omega_{jt}^{i}(\theta_i(k))=1,\quad j=1,2,\cdots,m_k \tag{5-14}$$

(2) 每个目标至多产生一个回波：

$$\delta_t(\theta_i(k))=\sum_{j=1}^{m_i}\omega_{jt}^{i}(\theta_i(k))\leqslant 1,\quad t=0,1,\cdots,T \tag{5-15}$$

式中：$\theta_i(k),i=1,2,\cdots,I$ 为 k 时刻第 i 个可行事件；$\delta_t(\theta_i(k))$ 表示事件 $\theta_i(k)$ 中是否有量测与目标 t 关联，事件发生的条件概率定义为 $P\{\theta \mid Z^k\}$，则关联概率可表示为

$$\beta_{jt}=\sum_{\theta}P\{\theta \mid Z^k\}\hat{\omega}_{jt}(\theta),j=1,2,\cdots,m_k,\quad t=0,1,\cdots,T \tag{5-16}$$

数据关联算法在观测与跟踪中有着广泛的应用。以阵群目标数据关联为例，目标尤其是军事目标常常以阵群的方式出现，如水面舰艇编队等。在对此类目标进行观测时可以以阵群目标为研究对象，从而充分利用阵群目标的整体特征对其进行辨别与分析。张昌芳等[33]提出了一种基于空间分布特征的阵群目标数据关联算法。在观测过程中，阵群目标中某些成员目标的观测可能会发生缺失，其空间位置可能会发生偏移，甚至可能混杂进一些虚假目标。但是，阵群目标中的大部分成员目标仍然呈现出特定的空间分布特征，因此可以利用这一特征进行数据关联。为了对阵群目标进行有效观测，该算法首先提出了一种新的阵群观测提取算法——近邻点算法。该观测算法不用选择聚类中心，适用于阵群内各成员目标散布为球状或非球状的阵群目标观测提取。提取出的阵群目标观测可用一个二维（或者三维）空间上的点集来表示。子阵群观测空间分布的距离度量是对子阵群观测空间分布差别的一种描述。该度量越小，表明两个子阵群观测的空间分布越相似，它们存在关联关系的可能性越大；反之则表明二者的空间分布越不相同，存在关联关系的可能性越小。

将来自 k 时刻的第 i 个阵群观测和 $k+1$ 时刻的第 j 个阵群观测的两个子阵群观测分别用点集 $g_m^{k,i}=\{\boldsymbol{g}_1^{k,i},\boldsymbol{g}_2^{k,i},\cdots,\boldsymbol{g}_m^{k,i}\}$ 和 $g_m^{k+1,j}=\{\boldsymbol{g}_1^{k+1,j},\boldsymbol{g}_2^{k+1,j},\cdots,\boldsymbol{g}_m^{k+1,j}\}$ 表示，其中 m 为它们的势。将子阵群观测 $g_m^{k,i}$ 和 $g_m^{k+1,j}$ 的空间分布分别记为 $D_m^{k,i}=\{d_s^{k,i}\}_{s=1}^{C_m^2}$ 和 $D_m^{k+1,j}=\{d_t^{k+1,j}\}_{t=1}^{C_m^2}$。计算集合 $D_m^{k,i}$ 和 $D_m^{k+1,j}$ 内元素两两之间距离，得到一个距离矩阵：

$$\boldsymbol{R}_m^{ij} = [r_{st}], \quad 1 \leqslant s,t \leqslant C_m^2 \tag{5-17}$$

式中：r_{st} 表示元素 $d_s^{k,i}$ 和 $d_t^{k+1,j}$ 之间的绝对差，可表示为

$$r_{st} = |d_s^{k,i} - d_t^{k+1,j}| \tag{5-18}$$

集合 $D_m^{k,i}$ 和 $D_m^{k+1,j}$ 之间的距离度量 d_m^{ij} 可定义为它们之间的 Hausdorff 距离，即

$$d_m^{ij} = \max\{R_{\min}, C_{\min}\} \tag{5-19}$$

式中：$R_{\min}$ 和 $C_{\min}$ 分别表示由 $\boldsymbol{R}_m^{ij}$ 中每行和每列中的最小值元素组成的集合，即

$$\begin{cases} R_{\min} = \{r_{sv} \mid r_{sv} \in \boldsymbol{R}_m^{ij}, r_{sv} = \min\limits_t r_{st}\} \\ C_{\min} = \{r_{ut} \mid r_{ut} \in \boldsymbol{R}_m^{ij}, r_{ut} = \min\limits_s r_{st}\} \end{cases} \tag{5-20}$$

得到距离度量之后，就可以对关联度量进行计算。分别将 k 时刻的第 i 个阵群观测和 $k+1$ 时刻的第 j 个阵群观测表示为

$$G^{k,i} = \{\boldsymbol{g}_1^{k,i}, \boldsymbol{g}_2^{k,i}, \cdots, \boldsymbol{g}_{N_{k,i}}^{k,i}\} \text{ 和 } G^{k+1,j} = \{\boldsymbol{g}_1^{k+1,j}, \boldsymbol{g}_2^{k+1,j}, \cdots, \boldsymbol{g}_{N_{k+1,j}}^{k+1,j}\}$$

式中：$N_{k,i}$ 和 $N_{k+1,j}$ 分别表示对应阵群观测中单个成员目标观测的个数。

阵群观测关联度量计算算法主要有五步[33]，具体如下。

步骤 1，确定空间分布的距离门限，定义为 T_s。T_s 由其对应的距离的差值决定，而距离差值与真实目标点的相对位置与观测噪声相关，通常 T_s 定义为最大距离差值的 $12\sqrt{r_x^2 + r_y^2}$。其中 r_x 和 r_y 分别为 x 方向和 y 方向上的观测噪声的标准差。

步骤 2，取 $N_{k,i}$ 和 $N_{k+1,j}$ 中的较小值，即 $n = \min(N_{k,i}, N_{k+1,j})$。从 $G_{k,i}$ 中随机取 n 个点组成集合 $G_n^{k,p}(p \in \{1,2,\cdots,C_{N_{k,i}}^n\})$，从 $G_{k+1,i}$ 中随机取 n 个点组成集合 $G_n^{k+1,q}(q \in \{1,2,\cdots,C_{N_{k+1,i}}^n\})$。计算 d_n^{pq}，并令 $d_n^{ij} \triangleq \min\limits_p \min\limits_q d_n^{pq}$。如果 $d_n^{ij} \leqslant T_s$，则转至步骤 4。否则，如果 $n > 2$ 转向步骤 3，如果 $n=2$ 则转向步骤 5。

步骤 3，如果 $n>2$，$n=n-1$，并转向步骤 2；否则转向步骤 4。

步骤 4，计算阵群目标关联度量 γ_{ij}。γ_{ij} 与两个阵群目标中存在关联关系的成员目标个数与所有成员目标个数的比例有关，即

$$\gamma_{ij} = \frac{2n}{N_{k,i} + N_{k+1,j}}$$

步骤 5，令 $\gamma_{ij} = 0$ 并结束算法。

试验证明，在传感器观测噪声较低的情况下，该阵群目标数据关联算

法具有较高的正确关联率。如果观测噪声较高,或者阵群目标发生了队形变化、分阵群/合阵群等现象,该方法的性能会有所下降,但将阵群目标的空间分布信息同阵群目标的其他信息(如属性信息)结合起来将会取得更好的关联性能。

5.3 目标融合跟踪

目标跟踪是指基于传感器连续观测数据,对感兴趣且具有一定特征的目标运动状态进行估计,并获取其运动轨迹(航迹)[34]。文献[35]研究了弹道导弹的雷达跟踪技术以及雷达数据处理层次的有源假目标识别技术,提升了反导防御雷达的跟踪能力和抗电子干扰能力。在民用层面,目标跟踪技术广泛应用于人机交互、智慧交通、智能导航等领域中[36-37]。

融合跟踪一般由三部分组成:数据配准、数据关联和状态估计。数据配准和数据关联成功后便可进行状态估计,在跟踪问题中一般指运动状态,包括目标的位置、速度以及加速度等。状态估计的目的在于对目标过去的运动状态进行平滑,对目标现在的运动状态进行滤波,以及对目标将来的运动状态进行预测。重复这三部分的流程,就可以获取目标的运动状态和运动轨迹。目标融合跟踪问题的框架如图 5-6 所示。

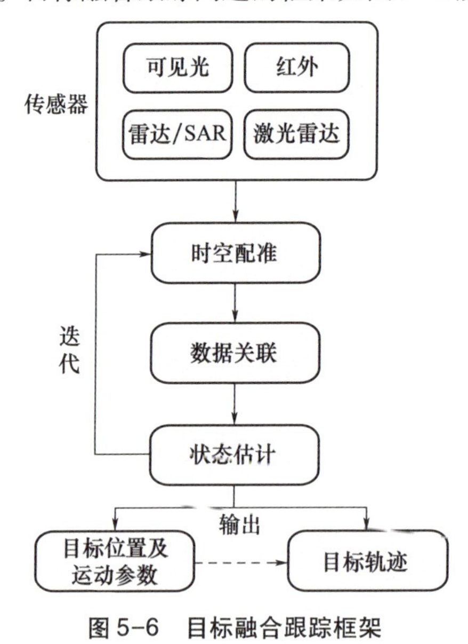

图 5-6　目标融合跟踪框架

5.3.1 单平台多传感器目标融合跟踪

单平台多传感器目标融合跟踪系统,指在单一平台中集成多种位置相近的同构或异构的传感器。单平台多传感器目标融合跟踪系统可视为简约的分布式多平台目标融合跟踪系统,在数据配准与关联、状态估计和数据融合等方面具有共通性,这些内容将在 5.3.2 节进行详细介绍。

本节主要以多模态感知与导航平台为例[38-39],介绍单平台多传感器目标融合跟踪系统。该系统具有环境图像、目标距离、自身位姿等信息的实时同步数据采集能力,同时能够处理这些类型的数据,实现多源融合感知与导航能力。

如图 5-7 所示,试验平台架构集成九种传感器,其中主要用到的传感类型包括激光雷达、相机、惯性测量单元(Inertial Measurement Unit, IMU)、磁力计、气压计、全球导航卫星系统(Global Navigation Satellite System,GNSS)、声学传感器、热红外传感器和毫米波雷达,如表 5-1 所列。系统将环境感知数据发送至平台自带的微型计算机,微型计算机保存数据并可利用获取的多模态数据进行实时位置解算,解算结果经过评估后可用于验证算法正确性。

图 5-7　目标定位跟踪流程[39]

试验平台采用的是地面移动机器人平台 Clearpath HUSKY,其具有可扩展的开放式架构、较强的负载能力以及越野能力,能够适应多种室内外场景,可稳定搭载多模态感知定位平台进行数据采集和实时导航。通常场景识别可以用机器学习的方法,从传感器获取原始数据,经过信号处理方法提取特征，对需要进行识别的场景进行一定样本的采集与标记。然后利用决策树、贝叶斯网络、支持向量机、随机森林、深度神经网络等算法学习模式识别的模型。最后，在线识别过程中，同样采集学习出来的特征，选择合适的算法进行场景识别。

表 5-1 平台集成的多传感器类型

名称	规格/型号	生产厂商	备注
激光雷达（测距传感器）	Velodyne VLP-16	Velodyne	3D 激光雷达
相机（图像传感器）	Point Grey	Point Grey	单目鱼眼相机
	Realsense D435	Realsense	单目 RGB-D 相机，结合红外传感器精确测量深度信息
	Realsense R200	Realsense	双目 RGB-D 相机，结合红外传感器精确测量深度信息
IMU 磁力计 气压计	Invensense MPU 6000 3D	Invensense	3D 加速度+3D 陀螺仪
	Xsens Mti-300-2A8G4	Xsens	3D 加速度+3D 陀螺仪+3D 磁力计+气压计集成封装
GNSS 板卡（无线定位传感器）	OEM617D	诺瓦泰	双频 RTK
	u-blox ZED-F9P	u-blox	双频 RTK
	u-blox M8030	u-blox	单频 RTK
声学传感器	Microsoft Azure Kinect	Microsoft	内含 7 阵列环形麦克风阵列
热红外传感器	optris PI 450i	optris	高分辨率中波红外热像仪
毫米波雷达	ARS408-21	Continental	77GHz 毫米波雷达

将 6 种场景的多模态融合测试数据集输入到设计好的网络中，使用训练好的权重文件进行场景分类，模型输出经过编码的预测向量，再根据预测向量计算场景的分类结果，概率最大的类别为预测类别，算法网络框架如图 5-8 所示。统计不同场景的预测正确分类和错误分类，计算准确率，结果表 5-2 所列。结果表明，开放（夜晚）场景容易被分类为半开放（夜晚）场景，准确率最低，其他场景的分类准确率均大于 90%。所有被检测的 689 个场景，正确分类 664 个，错误分类 25 个，综合准确率达到 96.37%。

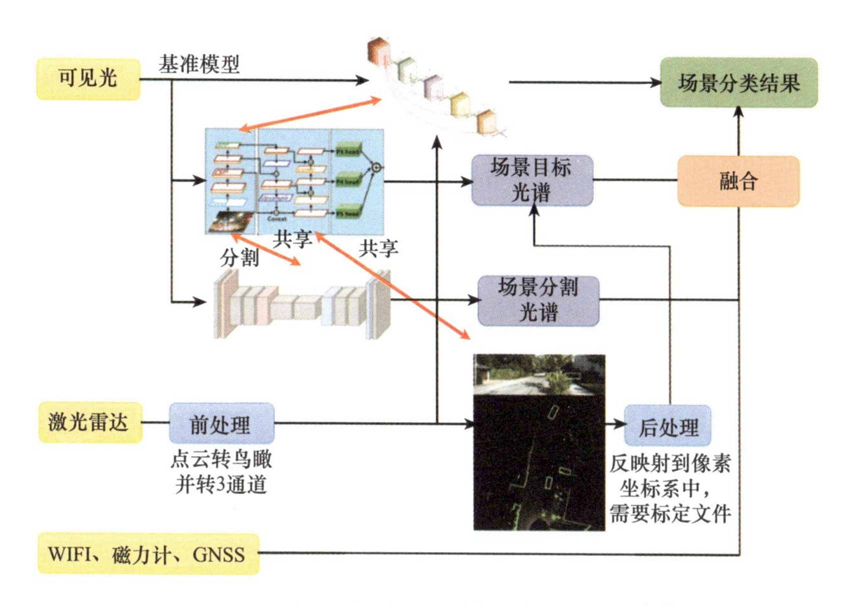

图 5-8 多模态场景融合分类算法网络框架图[39]

表 5-2 场景分类结果[39]

场景	总数	正确分类	错误分类	准确率/%
室内	96	96	0	100
开放(白天)	87	82	5	94.25
开放(夜晚)	87	71	16	81.61
半开放(白天)	105	103	2	98.10
半开放(夜晚)	105	103	2	98.10
地下	209	209	0	100
合计	689	664	25	96.37%

多模态信息融合的目标检测系统依据不同模态场景信息和特征,可构建多模态场景态势感知地图,利用态势感知地图和模态感知特征信息,构建基于多模态特征信息融合的场景识别定位算法,提供平台的感知、定位和融合跟踪等功能。

5.3.2 分布式多传感器目标融合跟踪

分布式多传感器目标融合跟踪系统中的传感器,以分布式的形式散布在空间中，通过传感器组网可以覆盖更广阔的空间和时间范围。根据融合方式的不同，分布式多传感器目标融合可分为点迹融合和航迹融合。

在点迹融合中，传感器节点只负责采集数据与简单预处理，并将数据传输至融合中心；数据关联、融合，以及状态估计均在融合中心中进行处理。在航迹融合中，各传感器节点都有一定的计算能力，当采集到目标量测信息后，会在当前节点内进行数据关联，并进行状态估计，生成局部轨迹。传感器节点会周期性地将局部轨迹传输至融合中心，在融合中心中将轨迹与目标关联，并做融合处理。

5.3.1.1 数据配准

通用的数据配准方法在 5.2.1 节中进行了讨论。在分布式多传感器目标融合系统中，时间配准可采用通用方法，空间配准应视传感器的布置方式而定，比较常见的流程是将传感器站心坐标系，转至地心笛卡儿坐标系。

定义站心笛卡儿坐标系原点的空间坐标为 (L,B,H)，其在地心笛卡儿坐标系下的坐标为 (X,Y,Z) 。若站心笛卡儿坐标为 (x_s,y_s,z_s)，则站心笛卡儿坐标转换至地心笛卡儿坐标系的公式为

$$\begin{bmatrix} X_s \\ Y_s \\ Z_s \end{bmatrix} = \begin{bmatrix} X \\ Y \\ Z \end{bmatrix} + \boldsymbol{T}\begin{bmatrix} x_s \\ y_s \\ z_s \end{bmatrix} \tag{5-21}$$

其中，$\boldsymbol{T}$ 为旋转矩阵，可表示为

$$\boldsymbol{T} = \begin{bmatrix} -\sin L & -\sin B\cos L & \cos B\cos L \\ \cos L & -\sin B\sin L & \cos B\sin L \\ 0 & \cos B & \sin B \end{bmatrix} \tag{5-22}$$

5.3.1.2 数据关联

在集中式融合架构中，需要进行点迹关联，即融合中心将来自传感器节点的点迹和目标匹配起来。点迹关联可采用 5.2.2 节的方法。而在分布式融合架构中，各传感器会输出目标航迹（轨迹），因此在融合中心中，需要进行航迹关联，将各传感器输出的航迹与目标关联起来。经典的航迹关联算法包括加权航迹关联算法、K 近邻算法等。

5.3.1.3 状态估计

状态估计是目标跟踪过程中重要的一步，状态估计的经典算法包括

卡尔曼滤波(Kalman Filter,KF)算法及其拓展,如扩展卡尔曼滤波(Extended Kalman Filter,EKF)、无迹卡尔曼滤波(Unscented Kalman Filter,UKF)在目标跟踪算法中被广泛应用。此外,粒子滤波算法由于在非线性和非高斯环境中的优越性也在目标跟踪领域被广泛应用。

1. 卡尔曼滤波及其拓展

卡尔曼滤波算法是一种最优化自回归数据处理算法,只需要知道目标前一时刻的状态预测值与当前时刻的目标量测值就可以进行估计滤波,一般适用于目标运动状态方程和观测方程均为线性的情况。状态方程也称运动方程,用来描述目标在某一时刻与前一时刻的状态关系。观测方程则用来表征量测值和状态标量的函数关系。离散时间系统的状态方程可以写为

$$X_k=\boldsymbol{A}X_{k-1}+\boldsymbol{B}U_k+W_k \tag{5-23}$$

式中:X_k 为 k 时刻系统状态变量;U_k 为系统控制输入;W_k 为系统过程激励噪声,且为高斯白噪声。$\boldsymbol{A}$ 和 $\boldsymbol{B}$ 为状态变换矩阵。

观测方程可以定义为

$$Z_k=\boldsymbol{H}X_k+V_k \tag{5-24}$$

式中:Z_k 为观测变量;$\boldsymbol{H}$ 为状态变换矩阵;V_k 为观测噪声,且为高斯白噪声。

W_k 和 V_k 相互独立,过程激励噪声协方差矩阵为 $\boldsymbol{Q}$,观测噪声协方差矩阵为 $\boldsymbol{R}$,即 $W_k\sim N(0,\boldsymbol{Q})$,$V_k\sim N(0,\boldsymbol{R})$ 。

卡尔曼滤波算法的状态更新方程如下所示,其中时间更新方程为

$$\hat{X}_k^-=\boldsymbol{A}\hat{X}_{k-1}+\boldsymbol{B}\hat{U}_{k-1} \tag{5-25}$$

$$P_k^-=\boldsymbol{A}P_{k-1}\boldsymbol{A}^{\mathrm{T}}+\boldsymbol{Q} \tag{5-26}$$

状态更新方程为

$$K_k=P_k^-\boldsymbol{H}^{\mathrm{T}}(\boldsymbol{H}P_k^-\boldsymbol{H}^{\mathrm{T}}+\boldsymbol{R})^{-2} \tag{5-27}$$

$$\hat{X}_k=\hat{X}_k^-+K_k(Z_k-\boldsymbol{H}\hat{X}_k^-) \tag{5-28}$$

$$P_k=(\boldsymbol{I}-K_k\boldsymbol{H})P_k^- \tag{5-29}$$

式中:P_k^- 为先验估计误差协方差矩阵;P_k 为后验估计误差协方差矩阵;K_k 为卡尔曼增益,其作用是使后验估计误差协方差最小。基于上述步骤,可实现对目标的跟踪。

卡尔曼滤波算法仅适用于线性系统的估计问题,而实际应用中大多

数系统均为非线性系统。为了应对这一情况，人们针对卡尔曼滤波算法提出了一系列改进算法，包括扩展卡尔曼滤波算法[40]、无迹卡尔曼滤波，以及联邦卡尔曼滤波[41]等。

2. 粒子滤波

粒子滤波算法是指通过寻找一组在状态空间中传播的随机样本对概率密度函数进行近似，以样本的平均值代替积分运算，从而获得状态的最小方差估计的过程，是基于蒙特卡罗随机模拟的贝叶斯滤波方法。

粒子滤波中，假设目标状态在时间 k 的离散时间随机模型为

$$x_k = f_{k-1}(x_{k-1}) + v_{k-1} \tag{5-30}$$

式中：$x_k \in R^{n_x}$ 为目标的状态向量；f_{k-1} 为线性或非线性的有关状态的函数；v_{k-1} 为过程噪声。

滤波器的目标就是尽可能精确地根据观测状态 $z_k \in R^{n_x}$ 来估计目标的真实状态 x_k，观测状态可表示为

$$z_k = h_k(x_k) + w_k \tag{5-31}$$

式中：h_k 为线性或非线性的函数；w_k 为测量噪声。

粒子滤波是一种用来近似后验密度函数的算法。它基于蒙特卡罗方法，利用粒子集来表示概率。真实的后验密度函数通常是未知的，不可能从真实的密度函数中获得粒子，因而在粒子滤波实际应用中，常用重要性密度函数代替后验密度函数。

5.3.1.4 点迹与航迹融合

在进行点迹融合时，各传感器节点会采集到同一目标的多个目标点迹，因此需要将多个点迹融合为对目标更为精确的量测。点迹融合常采用数据压缩方法，其基本思想是将量测值加权融合，权重的大小按照噪声协方差进行分配。假设量测值为 $\boldsymbol{X}_j$，即对应的量测噪声的协方差矩阵为 $\boldsymbol{R}_j$，传感器节点共有 N 个，则融合后的状态 $\hat{\boldsymbol{X}}$ 与协方差矩阵 $\hat{\boldsymbol{P}}$ 可表示为

$$\hat{\boldsymbol{X}} = \left[\sum_{j=1}^{N} (\boldsymbol{R}_j)^{-1}\right]^{-1} \sum_{j=1}^{N} (\boldsymbol{R}_j)^{-1} \boldsymbol{X}_j \tag{5-32}$$

$$\hat{\boldsymbol{P}} = \left[\sum_{j=1}^{N} (\boldsymbol{R}_j)^{-1}\right]^{-1} \tag{5-33}$$

在进行航迹融合时，传感器节点会将状态估计的航迹送入融合中心，经过航迹关联后，需要对多条航迹做航迹融合。航迹融合经典的方法有

协方差交叉(Covariance Intersection,CI)融合算法。该算法可以通过两组向量的均值和协方差来获得融合后的一致性估计。假设 $\bar{x}_1,\bar{x}_2,\cdots,\bar{x}_N$ 是未知状态向量 $\boldsymbol{x}_0$ 的无偏估计,即

$$E[\bar{\boldsymbol{x}}_n]=\boldsymbol{x}_0,n=1,2,\cdots,N \tag{5-34}$$

令 $P_1,P_2,\cdots,P_N$ 代表估计 $\bar{x}_1,\bar{x}_2,\cdots,\bar{x}_N$ 的协方差矩阵,假设这些估计是一致的,即

$$\boldsymbol{P}_n-\bar{\boldsymbol{P}}_n\geqslant 0,n=1,2,\cdots,N \tag{5-35}$$

其中

$$\bar{\boldsymbol{P}}_n=E[(\bar{\boldsymbol{x}}_n-\boldsymbol{x}_0)(\bar{\boldsymbol{x}}_n-\boldsymbol{x}_0)^{\mathrm{T}}]=E[\tilde{\boldsymbol{x}}_n\tilde{\boldsymbol{x}}_n^{\mathrm{T}}] \tag{5-36}$$

$$\tilde{\boldsymbol{x}}_n=\bar{\boldsymbol{x}}_n-\boldsymbol{x}_0 \tag{5-37}$$

那么,协方差交叉滤波器用下式凸组合给出:

$$\boldsymbol{P}_0^{-1}=\sum_{n=1}^{N}\omega_n\boldsymbol{P}_n^{-1} \tag{5-38}$$

$$\boldsymbol{P}_0^{-1}\bar{\boldsymbol{x}}_0=\sum_{n=1}^{N}\omega_n\boldsymbol{P}_n^{-1}\bar{\boldsymbol{x}}_n \tag{5-39}$$

式中:$\bar{x}_0$ 为融合结果的均值;$0\leqslant\omega_n\leqslant 1,\omega_1+\omega_2+\cdots+\omega_N=1$。

以 $N=2$ 的应用场景为例,假设 $\boldsymbol{A}$ 和 $\boldsymbol{B}$ 为同一真实向量的两组估计向量,且 $\boldsymbol{A}$ 和 $\boldsymbol{B}$ 的均值和协方差都已知,均值分别为 $\bar{\boldsymbol{A}}$ 和 $\bar{\boldsymbol{B}}$,协方差矩阵分别为 $\boldsymbol{P}_{AA}$ 和 $\boldsymbol{P}_{BB}$。令 $\boldsymbol{C}$ 表示 $\boldsymbol{A}$ 和 $\boldsymbol{B}$ 的融合结果,$\bar{\boldsymbol{C}}$ 和 $\boldsymbol{P}_{CC}$ 分别表示为 $\boldsymbol{C}$ 的均值和协方差矩阵,则由协方差交叉融合算法,可得:

$$\boldsymbol{P}_{CC}^{-1}=\omega\boldsymbol{P}_{AA}^{-1}+(1-\omega)\boldsymbol{P}_{BB}^{-1} \tag{5-40}$$

$$\boldsymbol{P}_{CC}^{-1}\bar{\boldsymbol{C}}=\omega\boldsymbol{P}_{AA}^{-1}\bar{\boldsymbol{A}}+(1-\omega)\boldsymbol{P}_{BB}^{-1}\bar{\boldsymbol{B}} \tag{5-41}$$

式中:$0\leqslant\omega\leqslant 1$,融合权重因子会使得 $\boldsymbol{P}_{CC}$ 在任意衡量标准下最小。

下面,以美军协同作战能力(Cooperative Engagement Capability,CEC)中的复合跟踪系统为例,介绍分布式多传感器目标融合跟踪系统。CEC 集中体现了现代战争的协同作战思想,被美国海军认为是防空领域的一次革命。1987 年,CEC 系统由美国海军作为秘密项目正式启动,直到 1993 年才公之于世。目前该计划由战区水面部队计划执行办公室管理,约翰·霍普金斯大学的应用物理实验室负责技术指导和项目的工程化研发,雷神公司为主要的承办商,之后洛克希德·马丁公司、Sloipsys 公司等也相继参与其中,目前该系统已在多种平台上得以应用。

CEC 系统要求各融合中心实时提供高精度的火控级目标状态信

息，因此中心处理器通常接收多个作战平台上多个传感器的原始量测数据（包括距离、方位、仰角和多普勒信息），采用多传感器量测融合技术进行实时处理，最终形成精确统一的目标态势图，并分发到各相应作战单元。

如图5-9所示，CEC主要由数据分发系统（Data Distribution system，DDS）和协同作战处理器（Cooperative Engagement Processor，CEP）两部分组成。DDS可以自动建立网络，并把关键传感器数据近实时地分配给战区的所有CEC成员，使火控质量的数据用于所有平台。CEP处理来自本地传感器和其他CEC节点的量测数据，形成目标的组合航迹，其核心技术为多传感器量测融合；此外，CEP和本地指控系统、武器系统都具有直接接口，使CEC能及时地为武器系统提供火控数据，引导各单元协同作战。

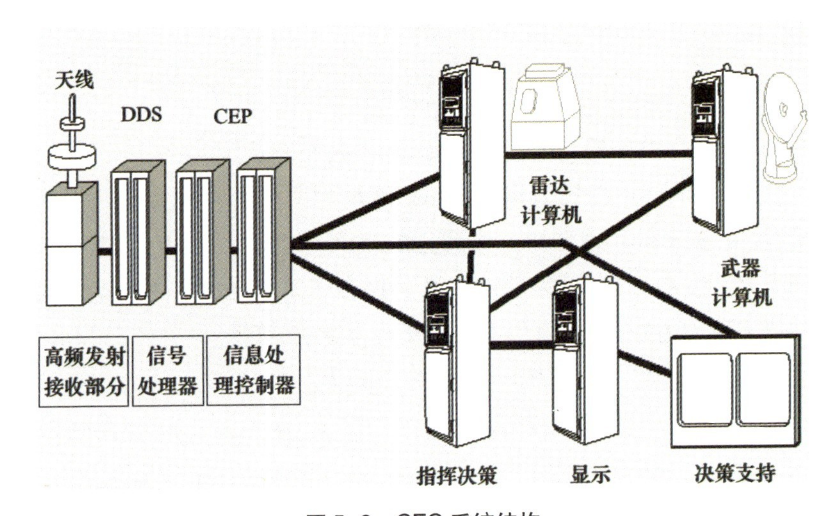

图5-9 CEC系统结构

应用多传感器量测融合技术，CEC系统可以获得最优的目标状态估计和完整一致的综合目标态势图，从而实现其三种功能：复合跟踪、精确指示和协同交战。通过CEC，作战系统能够获得如下裨益。

（1）扩展战区防御系统的战场感知空间和交战范围；

（2）增加可供防御系统反应的时间；

（3）增强战区防御系统对巡航导弹、弹道导弹的防御能力；

（4）改善目标的状态估计精度和航迹连续性；

(5) 增强作战系统的反隐身和抗干扰能力等。

CEC 融合跟踪主要涉及配准误差估计、点迹关联、点迹融合滤波等问题[42]。CEC 的配准误差估计主要有相对配准误差估计[42]和绝对配准误差估计[43]两类方法。相对配准误差估计是假设某个传感器没有系统偏差,然后估计其他传感器相对该传感器的偏差;绝对配准误差估计则是同时估计所有参与融合的各传感器的系统偏差。绝对配准误差估计方法的优势是可以估计出每个传感器的系统偏差,缺点是需要估计的变量较多,而且变量之间严重耦合,因此存在可观测问题。为了获取较好的配准精度,不同的系统可以根据应用背景以及测量数据的数量和分布情况合理选择配准误差估计方法。

CEC 融合跟踪通常涉及点迹关联问题[42],解决这一问题时,可以首先确定点迹群之间的宏观关联关系,在此基础上,生成旋转平移变换假设,进而估计变换参数,并据此逐步确定群内回波点的对应关系。这种方法能够较好地克服系统偏差带来的影响,提高关联准确度,改善航迹的平滑度。

CEC 各平台数据需要通过通信链路传输到特定节点进行处理,由于数据率较高,网络传输存在随机的时间延迟,且各传感器量测预处理时间也有存在差异,因此常常发生各传感器量测不能按照正常时序发送到融合跟踪器的情况。融合中心接收的传感器量测出现无序现象,即接收的量测时序被打乱,从而导致传统跟踪器(如标准卡尔曼滤波器)不能被直接应用,需要采用无序量测滤波器(Unified Out-of-Sequence Measurements Filter,UOOSMF)[44]实现融合滤波。

多测速雷达融合弹道估计是分布式多源融合状态估计与目标定位的一个典型案例,其基本原理是利用多测速雷达的距离和距离变化率测量数据,实现目标定位和测速。多测速体制需根据传感器布站及其测量精度,对多传感器观测数据进行融合,形成飞行器弹道的高精度估计。本案例主要展示从融合样条函数建模、稀疏性约束和自适应加权的角度讨论多测速雷达融合弹道估计问题,其中基于样条模型的估计算法涉及系统误差的识别和估计、样条节点的选择和融合权值的计算等问题[45-46]。

仿真产生测量数据的理想弹道,并在 120s 左右设置机动。根据理想弹道仿真产生测量数据,根据观测方程产生的 8 个测速设备的测元,然后在前 4 个测元加入 0.03m/s 的随机误差，其余 4 个加入 0.05m/s 的随机误差，8 个测元的系统误差分别为（0.000，0.200，0.000，0.000，0.100，0.000，0.000，0.000）。首先进行基于稀疏约束的系统误差估计，估计得到的系统误差为（0.003，0.201，0.004，0.000，0.098，0.000，0.000，0.001）。可以看出，估计值接近与仿真所加真值。

在基于样条模型的弹道估计中，初始的样条节点取为等距序列，间距为 1s，节点总数为 50 个。该初始条件下，弹道状态估计误差及相应的测元残差如图 5-10 所示。

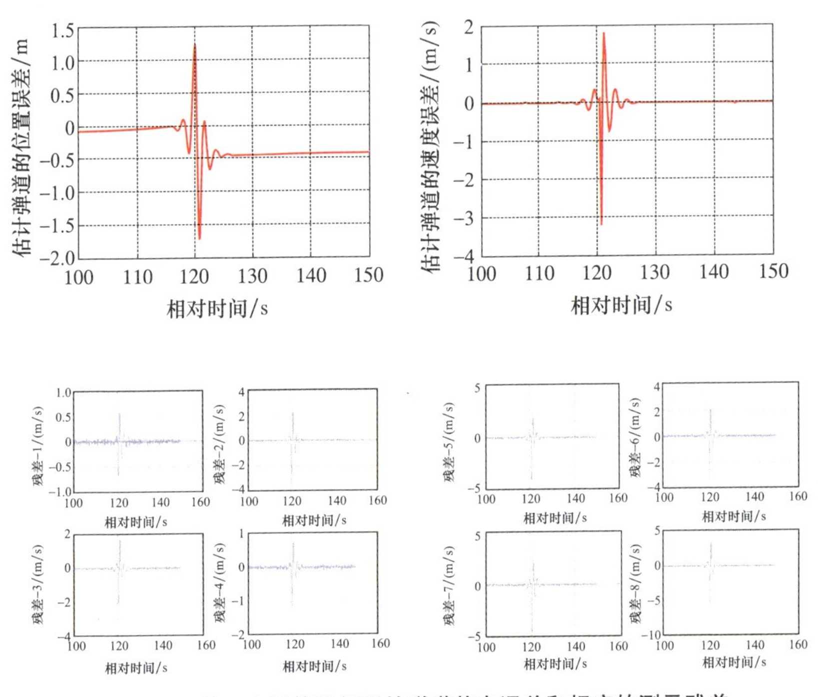

图 5-10　第一次解算后得到的弹道状态误差和相应的测元残差

从图 5-10 中可以看到，第一次解算后在机动段有明显的截断误差。在第一次解算的基础上进行样条节点序列优化，样条节点序列优化最后的结果如图 5-11 所示。对比第一张图，可以看到最初等距节点表示带来的截断误差已经去除，弹道估计精度显著提高（特别是速度）。优化后的节点数量为 83 个。作为对比，83 个等距节点序列的样条模型方法解算结果如图 5-12 所示。从图中可以看出，其解算精度明显低于图 5-11 的结果，并且测元残差中有明显的截断误差。

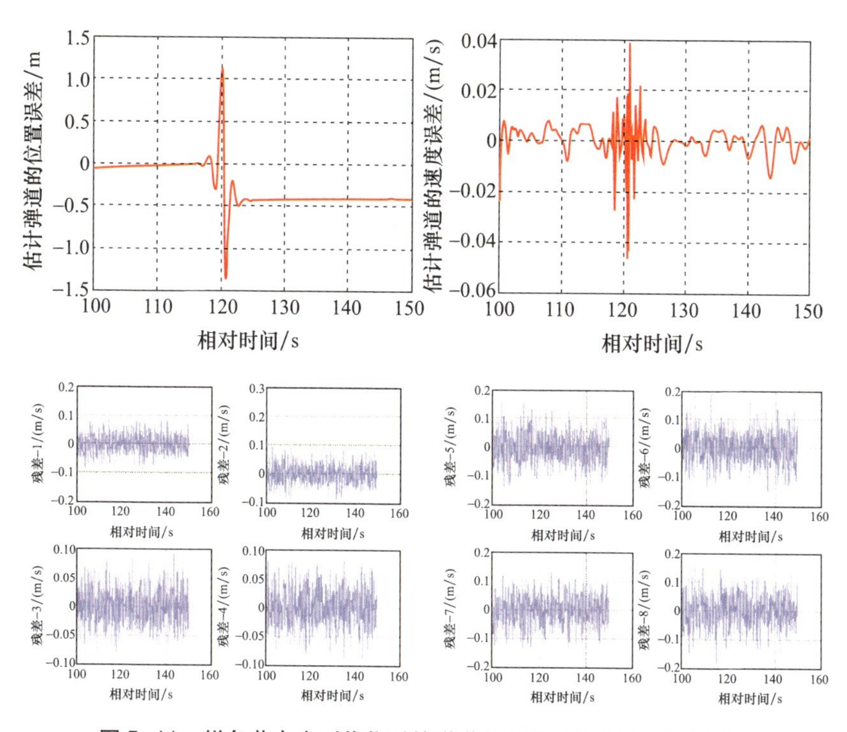

图 5-11 样条节点序列优化后的弹道状态误差和相应的测元残差

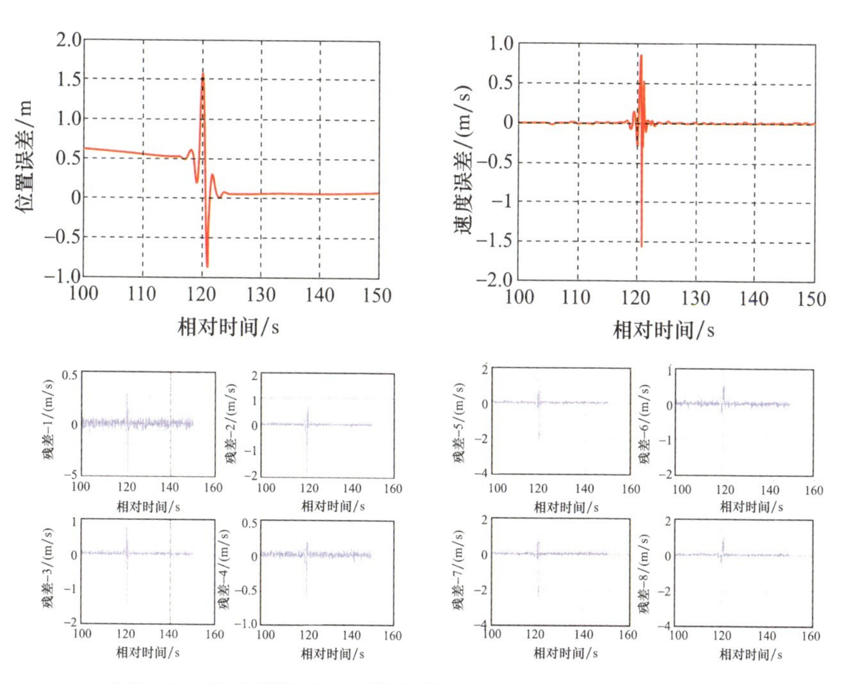

图 5-12 83 个等距节点解算的弹道状态误差和相应的测元残差

5.4 融合识别的不确定性决策

融合识别的不确定性决策方法包括经典统计判决、主观贝叶斯推断、D-S 证据理论法、粗糙集理论等。随着深度学习技术的发展,相关研究人员也在探索深度学习技术在融合识别领域的应用可能。由于多传感器获取的信息具有较大的不确定性,并且不同传感器获取的证据信息还可能存在矛盾冲突的情况,当错误信息的优势增加,正确信息的优势减少时,融合判决的准确性下降,从而造成目标识别性能下降甚至误识别问题。因此,如何正确度量信息的冲突强度,并基于信息冲突强度构建合适的融合判决方法,对多源信息进行有效的组合处理,消除不确定性因素和信息冲突的不利影响,是多传感器数据融合需要解决的关键问题。

5.4.1 问题建模[47]

设共有 N 个传感器$\{s_1,s_2,\cdots,s_N\}$,M 类目标$\{\omega_1,\omega_2,\cdots,\omega_M\}$,其中,$s_i(i\in\{1,2,\cdots,N\})$代表第 i 个传感器,$\omega_j(j\in\{1,2,\cdots,M\})$代表第 j 类目标。对一目标 x,传感器 s_i 输出的识别结果 $\boldsymbol{D}_i(x)=[d_{i1}(x),d_{i2}(x),\cdots,d_{iM}(x)]$为一 M 维向量,$d_{ij}(x)$表示传感器 s_i 给出的 x 属于第 j 类目标的一个度量。可以认为不同意义下的度量 $d_{ij}(x)$都可以变换为目标 x 属于第 j 类目标的后验概率、可能性或信度。

假设传感器 s_i 输出的识别结果 $\boldsymbol{D}_i(x)$经变换 T 变为$[t_{i1}(x),t_{i2}(x),\cdots,t_{iM}(x)]$,变换 T 满足如下要求。

(1) 不改变各度量的原有排序;

(2) 经变换后的度量值 $t_{ij}(x)\in[0,1]$;

(3) $t_{ij}(x)$值越大,目标 x 属于 j 类目标的可能性越大;

(4) 目标 x 属于各类目标的可能性之和为常数,即

$$\sum_{j=1}^{M} t_{ij}(x)=1,\quad i=1,2,\cdots,N \tag{5-42}$$

(5) 变换适合于各种意义上的度量。

根据以上要求,可以选取以下形式的变换。

对距离类的度量,即 $d_{ij}(x)$越小目标 x 属于第 j 类目标的可能性越大的情况,则

$$\begin{cases} T: d_{ij}(x) \to t_{ij}(x) \\ t_{ij}(x) = \left[\dfrac{1}{d_{ij}(x)}\right]^2 \Big/ \sum\limits_{j=1}^{N} \left[\dfrac{1}{d_{ij}(x)}\right]^2 \end{cases} \tag{5-43}$$

对相似度类的度量，即 $d_{ij}(x)$ 越大目标 x 属于第 j 类目标的可能性越大的情况，可采用下式：

$$\begin{cases} T: d_{ij}(x) \to t_{ij}(x) \\ t_{ij}(x) = [d_{ij}(x)]^2 \Big/ \sum\limits_{i=1}^{M} [d_{ij}(x)]^2 \end{cases} \tag{5-44}$$

通过式(5-43)和式(5-44)的变换，可以得到各传感器在相同意义和量级上的判决度量，$t_{ij}(x)$ 可以理解为目标 x 属于第 j 类目标的后验概率。后续讨论中，假定各传感器输出的识别结果 $\boldsymbol{D}_i(x)$，$i=1,2,\cdots,N$ 均已经过上面所述的变换，即认为各传感器输出的识别结果 $\boldsymbol{D}_i(x)$ 是目标 x 属于各类目标的后验概率。决策层融合目标识别就是根据各传感器输出的识别结果 $\boldsymbol{D}_i(x)$ 构造 $\boldsymbol{D}(x)$ 作为融合识别结果：

$$\boldsymbol{D}(x) = [d_1(x), d_2(x), \cdots, d_M(x)] = F(\boldsymbol{D}_1(x), \boldsymbol{D}_2(x), \cdots, \boldsymbol{D}_N(x)) \tag{5-45}$$

式中：F 称为融合规则或者融合函数；$d_j(x)$ 表示融合后目标 x 属于第 j 类目标的可能性。如果系统要求最后输出一个目标类别，则将可能性最大的那个目标类别输出。

5.4.2 D-S 证据组合与推理

5.4.2.1 D-S 证据理论基本原理[1]

D-S(Dempster-Shafer)证据理论源于 20 世纪 60 年代 Dempster 在多值映射方面的工作，后经 Shafer 的发展，形成了处理不确定信息的 D-S 证据理论[1]。一个多值映射把空间 S 的元素 s 和空间 Θ 中的元素集合联系起来，即 $\Gamma: S \to 2^{\Theta}$。在映射 Γ 下的元素 s 的像称为 s 的粒子(Granule)，记为 $G(s)$，S 到 Θ 的多值映射关系被 Dempster 称为空间 S 到 Θ 的相容性关系，记为 C，则[1]

$$G(s) = \{\theta \mid \theta \in \Theta, sC\theta\} \tag{5-46}$$

如果已知空间 S 的概率分布 P，且空间 S 和 Θ 具有相容性关系，则空间 Θ 上的基本概率分配函数(Basic Probability Assignment Function,

BPAF)m 可以定义如下[1]：

$$m:2^{\Theta}\to[0,1]$$

$$m(A)=\frac{\sum_{G(s_i)=A}P(s_i)}{1-\sum_{G(s_i)=\phi}P(s_i)} \tag{5-47}$$

式中：空间 $\Theta=\{\theta_i|i=1,2,\cdots,n\}$ 称为辨识空间(Frame of Discerment)，由对某个问题的所有答案组成。当 $i\neq j$ 时，$\theta_i\cap\theta_j=\phi$，$\theta_i$ 和 θ_j 表示不同的答案。由 Θ 的所有子集构成的集合由 2^{Θ} 来表示，Θ 的子集 A 称为命题[1]。

由定义可知，m 满足以下两个条件[1]：

(1) $m(\phi)=0$；

(2) $\sum_{A\subseteq\Theta}m(A)=1$。

$m(A)$的值表示了在当前证据之下对 Θ 的子集 A 的信度，但并不意味着包含了对 A 的任何真子集的信度，即对 $B\subset A$，$m(B)$ 与 $m(A)$ 无关。对于 $A\subseteq\Theta$，如果 $m(A)\neq 0$，则 A 称为是 m 的一个焦元(Focal Element)，由所有焦元组成的集合用 F 来表示，F 称为是 m 的核(Core)。一个证据提供的对问题的答案的信息都寄载于二元组(m,F)之上，我们把(m,F)称为一个证据体。

D-S 证据理论还给出了一些有关 2^{Θ} 上命题的判决信息的函数，其中最重要的是信任函数(Belief Function) Bel(A)、似然函数(Plausibility Function) Pl(A)和众信度函数(Commonality Function) $Q(A)$。

信任函数 Bel(A)表示获得的证据对命题 A 的总支持度，定义为[1]：

$$\mathrm{Bel}(A)=\sum_{B\subseteq A}m(B) \tag{5-48}$$

似然函数 Pl(A)表示获得的证据不否定命题 A 的程度，可定义为[1]：

$$\mathrm{Pl}(A)=1-\mathrm{Bel}(\bar{A})=\sum_{B\cap M=\phi}m(B) \tag{5-49}$$

众信度函数 $Q(A)$ 表示同等地支持 A 中所有元素的证据，即支持 A 的超集的证据的可信度，其形式为[1]

$$Q(A)=\sum_{B\supseteq A}m(B) \tag{5-50}$$

信任函数和似然函数即是 Dempster 所说的上限概率和下限概率，因此信任区间[Bel(A)，Pl(A)]就是 A 的概率变化范围，其区间长度 Pl(A)-Bel(A)表示关于命题 A 的未知程度。若关于命题 A 的未知程度

为 0（长度为 0），那么 D-S 证据理论与贝叶斯方法是一致的，此时 $\text{Bel}(A)=\text{Pl}(A)=P(A)$；若关于命题 A 的未知程度为 1，那么将得不到关于命题 A 的知识。更一般地讲，贝叶斯理论与证据理论之间的关系可以用下式描述[1]：

$$\text{Bel}(A) \leqslant P(A) \leqslant \text{Pl}(A)$$

由 D-S 证据理论可知，m，Bel，Pl，Q 均可互相推导得到：

$$\begin{cases} m(B) = \sum\limits_{A \subseteq B} (-1)^{|B|-|A|} \text{Bel}(A) \\ \text{Bel}(B) = \sum\limits_{A \subseteq B} (-1)^{|A|} Q(A) \\ Q(B) = \sum\limits_{A \subseteq B} (-1)^{|A|} \text{Bel}(\bar{A}) \\ \text{Pl}(B) = \sum\limits_{A \leqslant B} (-1)^{|A|+1} Q(A) \\ Q(B) = \sum\limits_{\substack{A \neq \phi \\ A \subseteq B}} (-1)^{|A|+1} \text{Pl}(A) \end{cases} \tag{5-51}$$

D-S 证据理论最吸引人的地方是它能够很好地表示缺乏信息的程度。当证据把一个信任值赋给一个子集的同时并不要求把剩余的信任值赋给子集的补，即 $\text{Bel}(A)+\text{Bel}(\bar{A}) \leqslant 1$，而 $1-\text{Bel}(A)-\text{Bel}(\bar{A}) \geqslant 0$ 就表示了未知的程度，如图 5-13 所示[1]。随着不断得到支持信息，命题的信任区间（也就是未知程度）将不断减小。这说明 D-S 理论提供了一种明确考虑导致观测数据未知原因的方法。这在军事战场环境下是非常重要的，因为由于敌人的对抗措施可能会导致观测的失效[1]。

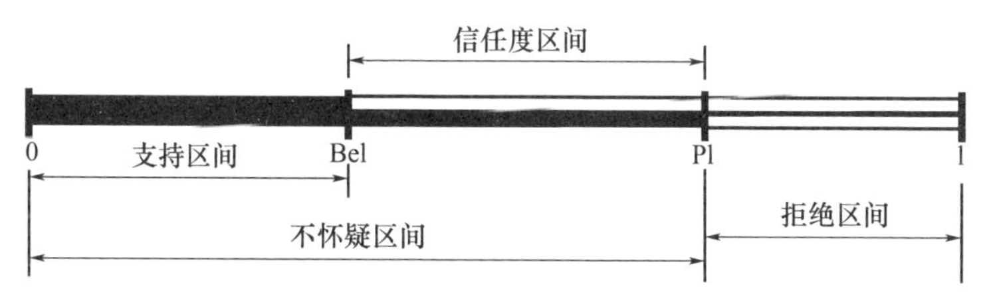

图 5-13 D-S 证据区间和不确定性

D-S 证据理论不仅提供了表达证据的方法，还提供了证据合成的重要工具——Dempster 组合规则。如果 m_1 和 m_2 是由两个独立的证据源（信息源）导出的 BPAF，则 Dempster 组合规则可以计算这两个证据共同作用产生的一个反映融合信息的新的 BPAF：

$$m(A)=m_1\oplus m_2(A)=\frac{\sum_{B_i\cap C_j=A}m_1(B_i)m_2(C_j)}{1-\sum_{B_i\cap C_j=\phi}m_1(B_i)m_2(C_j)} \tag{5-52}$$

设 $m_i(i=1,2,\cdots,s)$ 为定义在同一辨识框架 Θ 上的 s 个相互独立的基本信任分配,其组合的结果为 m,则式(5-53)称为 Dempster 组合规则:

$$\begin{cases}m(A)=\dfrac{1}{1-k}\sum_{\cap_{i=1}^{s}A_i=A}\prod_{i=1}^{s}m_i(A_i),A\neq\varnothing\\ m(\varnothing)=0\end{cases} \tag{5-53}$$

其中

$$k=\sum_{\cap_{i=1}^{s}A_i=\varnothing}\prod_{i=1}^{s}m_i(A_i)\ <1 \tag{5-54}$$

为组合中赋予空集的信质。A_i 表示第 i 批证据的焦元,以后若无特殊情况,不再进行解释。Shafer 认为 k 值反映了证据间冲突的大小。

Dempster 组合规则是一个反映多证据联合作用的法则,该规则满足交换律与结合律。$\frac{1}{1-k}$称为正则化因子,使得组合后的基本信任分配仍满足定义。当证据完全冲突,即 $k=1$ 时,那么这些证据是无法组合的。

通过研究发现,将信任函数理论应用于不确定性信息融合的过程中,广泛存在着多源信息的冲突的问题。研究发现,将 D-S 组合规则用于对高冲突证据进行组合会产生不合理的结果。

5.4.2.2 冲突的度量方法

1. Shafer 定义的冲突

最早定义证据间冲突大小的是 Shafer,如式(5-55)所示,即 Dempster 组合规则中赋予空集的信质反映了证据间冲突的大小。由式(5-55)可以看出,证据间的总冲突大小实际上是组合时所产生的局部冲突之和。该度量并不满足距离测度的定义。如 $m_1(\{\theta_i\})=0.2(i=1,2,3,4,5)$,$m_2(\{\theta_j\})=0.2(j=1,2,3,4,5)$,虽然这是两个完全相同的基本信度指派(Basic Belief Assignment,BBA),但其冲突为 $k_{12}=0.8$。该方法可以对多证据间的冲突大小进行度量,但这种度量方法有时并不能全面反映证据间的不一致性程度。

2. 证据间距离

Jousselme 等在 2001 年针对基于信任函数理论的识别算法提出了一种性能度量(Measure of Performance,MOP)[48]。该度量对 BBA 采用一种

几何解释,将其看成几何空间中的点,然后基于点间的距离来衡量两批证据间的不一致性程度,也即反映了证据间的冲突大小,其距离度量为

$$d_{\mathrm{BBA}}(\boldsymbol{m}_1,\boldsymbol{m}_2)=\sqrt{\frac{1}{2}(\boldsymbol{m}_1-\boldsymbol{m}_2)^{\mathrm{T}}\boldsymbol{D}(\boldsymbol{m}_1-\boldsymbol{m}_2)} \tag{5-55}$$

可以看出,式(5-55)是一种加权距离测度,其中,$\boldsymbol{D}$ 是一个 $2^{|\Theta|}\times 2^{|\Theta|}$的加权矩阵,矩阵元素为 $d[i,j]=|A\cap B|/|A\cup B|$,反映了 $A,B\subseteq\Theta$ 两个集合的相似性,用于确定加权距离的权重大小,并定义 $|\varnothing\cap\varnothing|/|\varnothing\cup\varnothing|=0$。$\boldsymbol{m}=[m(A_1),m(A_2),\cdots,m(A_2)|\Theta|]^{\mathrm{T}}$ 是 BBA 对应的 $2^{|\Theta|}$维列向量,式中因子 1/2 是用来标准化 d_{BBA} 的,以保证 $d_{\mathrm{BBA}}\in[0,1]$。

3. 冲突度量方法

Weiru Liu 详细考察了上述度量之后认为,它们都不能揭示两批证据间实际冲突情况,从而提出了一种二元分析方法。其冲突由式(5-56)所示的一个二元变量来定义:

$$cf(m_1,m_2)=\langle m_{\oplus}(\varnothing),\mathrm{difBet}P_{m_1}^{m_2}\rangle \tag{5-56}$$

式中:$m_{\oplus}(\varnothing)=k_{12}$;$\mathrm{difBet}P_{m_1}^{m_2}=\max_{\theta_i\subset\Theta}|\mathrm{Bet}P_{m_1}(\theta_i)-\mathrm{Bet}P_{m_2}(\theta_i)|$,$|\cdot|$表示取绝对值运算。当且仅当两个变量都很大时,认为两批证据是相互冲突的。但是 WeiruLiu 并没有给出具体阈值的大小,只是给出了一些确定阈值的原则。

可以看出,这种二元分析方法中的第二元变量 $\mathrm{difBet}P_{m_1}^{m_2}$ 也只能对两批证据间的冲突进行度量,对多批证据同样是无能为力的。

5.4.2.3 基于均衡信度分配准则的高冲突证据组合推理方法[1]

1. 均衡信度分配准则[1]

分析可知,证据组合方法应具备如下两条基本数学性质[1]。

(1) 证据向下聚焦的权重。假设几个证据都以某种方式支持命题$\{a\}$,虽然没有一条证据压倒性地支持$\{a\}$,但是将证据组合在一起,证据聚焦的重心将越来越指向$\{a\}$。因此,组合方法应将聚焦的重心“向下”,从更大基数的命题指向更小基数的命题$\{a\}$。并且能够根据证据所在焦元的基数大小,来确定聚焦的权重,从而防止基数较大的焦元上(携带的确定性信息不多)的 BPAF 过多地聚焦到小的焦元上,后者在某种程度上携带有更多的确定性信息[1]。

用严格的数学方式描述为:假设有证据集合 $e=\{e_1,e_2,\cdots,e_\infty\}$ 和辨识

空间 $\Theta=\{a,b,\cdots\}$，$A\subseteq\Theta$，$B=\{a\}$。对每个证据 e_i 有，当 $A\cap B\neq\Theta$ 时，$m_i(A)>0$；当 $A\cap B=\Theta$ 时，$m_i(A)=0$。合适的证据组合方法应产生下列结果：$e_1\otimes e_2\otimes\cdots\otimes e_\infty=e_*$，$\mathrm{Bel}_*(B)=\mathrm{Pl}_*(B)=1.0$（$\otimes$定义为集合上的一种二元代数运算）[1]。

（2）冲突证据的解决。假设得到两个证据 e_1 和 e_2，在辨识空间 $\Theta=\{a,b,c,d\}$ 上，$A=\{a\}$，$B=\{b\}$，$C=\{a,b\}$。如果 $\mathrm{Bel}_1(A)=\mathrm{Pl}_1(A)=1.0$，$\mathrm{Bel}_2(B)=\mathrm{Pl}_2(B)=1.0$，换句话说，两个同等的证据有着完全不同的结论，当然这种情况在实际生活中并不经常发生，这是常常发生的证据指向不同结论的极端情形。在这种情况下，证据组合方法应找出最合逻辑的最终结论。人类专家在这种情况下，会得出直观合意的结论：$e_1\otimes e_2=e_3$，$\mathrm{Bel}_3(C)=\mathrm{Pl}_3(C)=1.0$。反之，如果 $m_1(A)=m_2(A)=1.0$，即 $e_1=e_2$ 且完全支持命题 A，这是另一种极端情形。在这种情况下，组合方法同样应得出符合常理的结论：$e_1\otimes e_2=e_1$。

由于它们在信度分配上反映了“均衡”的思想，因此我们称其为均衡信度分配准则（Proportional Belief Assignment Rule，PBAR）[1]。

2. 通用的证据组合方法框架[1]

根据均衡信度分配准则，建立通用的证据组合方法框架。假设存在两个证据 e_1 和 e_2，它们的 BPAF 分别为 m_1 和 m_2，$A_i(i=1,2,\cdots,k)$ 和 $B_j(j=1,2,\cdots,l)$ 分别为 m_1 和 m_2 的焦元。对证据 e_1 和 e_2 进行组合，得到 $e=e_1\otimes e_2$，其 BPAF 为 m，焦元为 $C_t(t=1,2,\cdots,n)$。

对于 $\forall i,j$，当 $A_i\cap B_j\neq\varnothing$ 时，有 $m_*=m_1(A_i)\cdot m_2(B_j)$。证据组合方法根据一个加权因子 ω_* 将 m_* 分配给一些命题 C_t，这些命题组成的集合定义为 P_*，即

$$\forall C_t\in P_*,m_{\cap *}(C_t)=\omega_*(C_t)\cdot m_* \tag{5-57}$$

式中：$m_{\cap *}(C_t)$ 为 m_* 分配给 C_t 的信度。

从前面的准则（1）可知，加权因子 ω_* 与命题 C_t，的基数大小有关。

对于 $\forall i,j$，当 $A_i\cap B_j=\varnothing$ 时，有 $m_\phi=m_1(A_i)\cdot m_2(B_j)$。证据组合方法同样根据一个加权因子 ω_ϕ 将 m_ϕ 分配给一些命题 C_t，这些命题组成的集合定义为 P_ϕ，即

$$\forall C_t\in P_\phi,m_{C*}(C_t)=\omega_\phi(C_t)\cdot m_\phi \tag{5-58}$$

式中 $m_{C*}(C_t)$ 为 m_ϕ 分配给 C_t 的信度。

从前面的准则（2）可知，加权因子 ω_ϕ 与证据 e_1 和 e_2 间的冲突大小

有关。这样,证据组合后得到的焦元 C_t 的基本概率分配(BPA)由两部分组成:

$$m(C_t)=m_{\cap}(C_t)+m_C(C_t) \tag{5-59}$$

式中:$m_{\cap}(C_t)=\sum m_{\cap *}(C_t)$ 表示分配给焦元 C_t 的总的向下聚焦信度;$m_C(C_t)=\sum m_{C*}(C_t)$ 表示分配给焦元 C_t 的总的冲突信度。

在建立了通用的证据组合方法框架之后,就是要构造具体的命题集合 P_*、P_ϕ 和加权因子 ω_*、ω_ϕ,使组合方法满足前面提出的均衡信度分配准则[1]。

3. 基于均衡信度分配准则的证据组合方法[1]

在通用框架的基础上,我们提出了具体的基于均衡信度分配准则的证据组合方法(简称 PBAR 方法)[1]。对于 $\forall i,j$,当 $A_i\cap B_j\neq\varnothing$ 时,有 $m_*=m_1(A_i)\cdot m_2(B_j)$。$m_*$ 将按照如下方式分配给集合 $P_*=\{A_i,B_j,A_i\cap B_j\}$ 中的命题,即

$$\begin{cases} m_{\cap *}(A_i\cap B_j)=m_*\left[S_{ij}(1-S_{ij})\dfrac{q(A_i\cap B_j)}{q(A_i)+q(B_j)+q(A_i\cap B_j)}\right] \\ m_{\cap *}(A_i)=m_*\cdot(1-S_{ij})\cdot\dfrac{q(A_i)}{q(A_i)+q(B_j)+q(A_i\cap B_j)} \\ m_{\cap *}(B_j)=m_*\cdot(1-S_{ij})\dfrac{q(B_j)}{q(A_i)+q(B_j)+q(A_i\cap B_j)} \end{cases} \tag{5-60}$$

式中:$q(C_t)=\dfrac{1}{2}\sum_{i=1}^{2}m_i(C_t)$,表示两个证据对焦元 $C_t(C_t\in P_*)$ 的平均支持度;$S_{ij}=\dfrac{|A_i\cap B_j|}{|A_i|+|B_j|-|A_i\cap B_j|}$,称为向下聚焦因子。

式(5-60)具有如下特点:根据联合焦元的基数大小和证据的平均支持度来共同决定向下聚焦的程度以及分配给焦元 A_i 与 B_j 的信度,既防止了基数较大的焦元上(携带的确定性信息不多)的 BPAF 过多地聚焦到小的焦元上(在某种程度上携带有更多的确定性信息),同时又保证了组合前后联合焦元基本概率分配之间的均衡关系。以上特点符合均衡信度分配准则(1)的要求[1]。

下面我们首先定义距离函数,即给出一个刻画两个基本概率分配函数 m_1 与 m_2 之间距离的函数,用来表示两个证据之间的总体冲突程度。

对于 $\forall m_1,m_2\in 2^\Theta$,定义[1]:

$$R(m_1,m_2)=\sum_{A\subseteq\Theta}\frac{|m_1(A)-m_2(A)|}{2} \tag{5-61}$$

为基本概率分配函数 m_1 与 m_2 之间距离的函数。

对于 $\forall m_1,m_2\in 2^{\Theta}$,有如下性质:

(1) $R(m_1,m_2)\in[0,1]$,即基本概率分配函数 m_1 与 m_2 之间的最大距离为1,最小距离为0;

(2) 若 $m_1=m_2$,有 $R(m_1,m_2)=0$;

(3) 有 $R(m_1,m_2)=R(m_2,m_1)$;

(4) 有 $R(m_1,m_2)+R(m_2,m_3)\geqslant R(m_1,m_3)$。

由式(5-61)可知 R 是一个距离函数。对于 $\forall i,j$,当 $A_i\cap B_j=\phi$ 时,有 $m_\phi=m_1(A_i)\cdot m_2(B_j)$。$m_\phi$ 将按照如下方式分配给集合 $P_\phi=\{A_i,B_j,A_i\cup B_j\}$ 中的命题,可得[1]

$$\begin{cases} m_{C*}(A_i\cup B_j)=m_\phi\cdot\left[R+(1-R)\cdot\dfrac{q(A_i\cup B_j)}{q(A_i)+q(B_j)+q(A_i\cup B_j)}\right] \\ m_{C*}(A_i)=m_\phi\cdot(1-R)\cdot\dfrac{q(A_i)}{q(A_i)+q(B_j)+q(A_i\cup B_j)} \\ m_{C*}(B_j)=m_\phi\cdot(1-R)\cdot\dfrac{q(B_j)}{q(A_i)+q(B_j)+q(A_i\cup B_j)} \end{cases} \tag{5-62}$$

式(5-62)具有如下特点:根据冲突证据共同对涉及冲突的焦元及其并集的不同支持程度(平均支持度),以及用于刻画证据间总体冲突程度的不一致性参数 R,来联合决定冲突信度分配比例,即:当 $R\to1$ 时,证据间剧烈冲突,冲突信度大部分向上聚焦,特别是当 $R=1$ 时,两个证据完全不一致(如 $m_1(A_i)=m_2(B_j)=1.0$),冲突信度将全部分配给涉及冲突的焦元的并集($m(A_i\cup B_j)=1.0$);而当 $R\to0$ 时,证据间冲突较弱,冲突信度只有小部分向上聚焦,而其余部分信度将根据证据的平均支持度来进行分配[1]。

4. 证据组合顺序的确定[1]

基于均衡信度分配准则的证据组合方法,同样不满足结合律的要求,这将使组合结果依赖于证据组合顺序。为了克服这一缺陷,我们根据证据间的相似性来确定组合顺序。由于组合相似的证据将加强它们共同支持的焦元,因此为了不抵消不相似证据的作用,应该先组合相互间不相似

的证据,然后再组合相似的证据。为此,定义了参数 R' 来刻画在某种组合顺序下的证据间的相似性[1]:

$$R' = \sum_{i=2}^{N} \alpha_{i-1} \cdot (1 - R(m_i, m_{i-1})) \tag{5-63}$$

式中:R 为前面定义的描述证据间不一致性的参数;α_i 为加权值且 $\alpha_1 < \alpha_2 < \cdots < \alpha_{N-1}$。使 R' 达到最大值的顺序,即为需要的证据组合顺序。

5.4.3 模糊融合识别

决策层融合目标识别实质上是一个不确定性处理问题。由模糊集理论发展而来的模糊信息处理技术,为不确定性处理和模拟人类识别机理提供了一种有效的手段。模糊积分是关于模糊测度的非线性函数。在组合多源信息时,模糊积分不仅考虑各子源给出的客观信息,同时还考虑了各子源子集的重要性或可靠性[49]。下面主要介绍模糊积分用于融合目标识别的具体方法,对各种模糊积分用于融合目标识别时的具体含义给出直观的解释。

设总共有 N 个传感器 $\{s_1, s_2, \cdots, s_N\}$,$M$ 类目标 $\{\omega_1, \omega_2, \cdots, \omega_N\}$。对一待识别目标 x,传感器 s_i 输出的识别结果 $D_i(x)$ 是目标 x 属于各类目标的后验概率。利用模糊积分对各传感器的识别结果进行融合时,集合 $S = \{s_1, s_2, \cdots, s_x\}$ 代表 N 个传感器。对目标类别 $\omega_j (j=1,2,\cdots,M)$,将所有传感器给出的待识别目标 x 属于该类目标的后验概率作为集合 S 上的一个函数 $h_j(s)$,其中 $h_j(s_i) = d_{ij}(x) (i=1,2,\cdots,N)$。可测空间 $(S, P(S))$ 上的模糊测度表示在融合目标识别中对应传感器集的重要性或可靠性。

设对目标类别为 $\omega_j (j=1,2,\cdots,M)$,其对应的模糊测度为 g_j,模糊密度 $g_j^i = g_j(\{s_i\})$ 表示在判决目标属于类别 ω_j 时传感器 s_i 的重要性或可靠性。限定模糊测度为 g_λ 模糊测度,则对于 g_λ 模糊测度只要给定其模糊密度函数,则该模糊测度就可完全确定。

模糊积分进行融合识别框图如图 5-14 所示。利用模糊积分对各传感器输出的识别结果进行融合就是计算函数 $h_j(s)$ 在集合 $S = \{s_1, s_2, \cdots, s_N\}$ 上关于模糊测度 g_j 的模糊积分,将其作为融合后待识别目标 x 属于目标类别 ω_j 的后验概率,即

$$d_j(x) = \int h_j(s) \circ g_j(\cdot), \quad j = 1,2,\cdots,M \tag{5-64}$$

其中,式(5-64)中的积分可以采用 Sugeno 模糊积分、广义 Sugeno 模糊积分、Wierzchon 模糊积分和 Choquet 模糊积分等不同形式进行定义。如果系统要求输出一个目标类别,则将最大的 $d_j(x)$ 对应的目标类别输出。

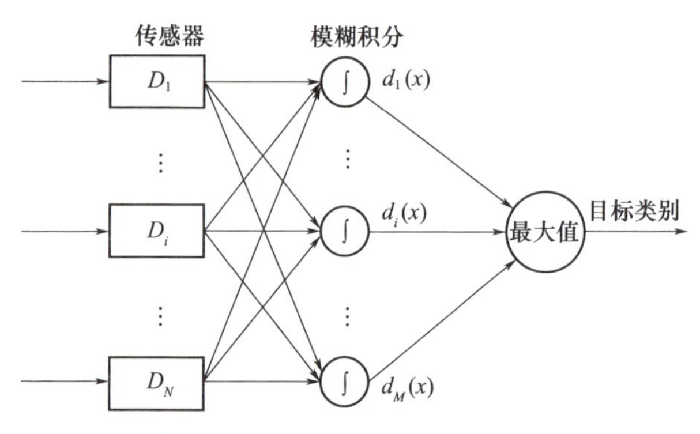

图 5-14　模糊积分融合识别框图

5.4.4　神经网络融合识别[50]

神经网络是根据人脑神经系统处理信息和学习的规律而设计的一种并行计算系统,而时空信息融合则是对人脑综合处理复杂问题的一种模拟,是一种类脑信息处理过程。由于时空信息融合在结构上和功能上与神经网络的相似性,可利用基于神经网络模型进行时空信息序贯融合目标识别,如图 5-15 所示。这种时空信息融合的神经网络模型是一种全连接的网络形式,无疑存在着网络权值参数学习训练复杂,网络收敛速度慢等诸多缺陷[47,50]。

在上述模型中,输入层神经元反映了不同传感器对于同一个目标的识别结果,表现为该目标对于各个神经元的适应特性。即对于代表某一类型的神经元适应度越高则神经元越兴奋。而从神经生物学的角度看,从信息的输入(感知)层 L_1 到隐含层 L_2 的信息传导也应该是多通道平行进行的,可以认为代表同一目标类型的神经元兴奋程度反映了待识别目标的相同适应特性。因此可以根据视觉神经系统的特性类比得到结论:从信息的输入(感知)层 L_1 到隐含层 L_2 的连接应该是一种平行连接,也即是局部连接形式。

同时从该神经网络完成的功能角度来研究,可以看出 L_1 层到隐含层 L_2 实现了多传感决策信息的空间域融合,而 L_2 层到输出层 L_3 实现了决策

信息的时间域融合。实际上 L_2 层到输出层 L_3 是一种递归的网络结构，网络输出结果不断反馈到 L_2 层参加时间域融合，因此这种网络结构是稳定的[48,50]。

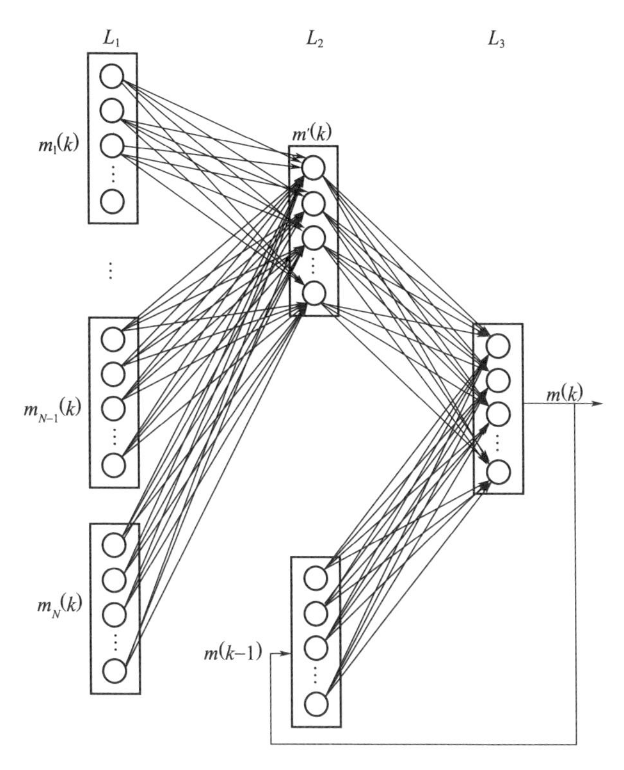

图 5-15 时空信息序贯融合的神经网络模型[50]

综上所述，D-S 证据理论与贝叶斯推理一样，都基于统计理论的融合方法，需要给定观测空间的先验信息，这在一定程度上限制了 D-S 证据理论的工程应用。基于模糊积分理论的融合识别方法有效引入了专家知识，能够实时调整和输出融合结果，在需要人工干预的应用场景中有一定的优势。同时，基于模糊积分理论的融合方法可以分析和处理传感器的不确定信息，与 D-S 证据理论相比，其优点是不需要先验信息，克服了证据理论融合方法中的证据难以获得、计算量大、过估计等问题。同样，神经网络融合识别也无须任何先验信息，其识别准确率高，速度快，可有效提高系统的融合识别能力。值得注意的是，在实际工程应用中，需要考虑多源融合目标识别系统的算力和存储开销。同时，应特别关注各种传感器数据的数据预处理、系统误差校准、野值剔除等工作，这将直接影响系统的总体性能。此外,在工程应用中,可利用目标预报信息,进行运动模型预制和初始化处理。

目前,深度学习已广泛应用于多源融合目标识别之中,传统的分级、分层多源融合的概念变得愈发模糊。基于深度学习和端到端网络架构的多源融合识别,同时了兼容多种融合结构的优势。然而,在异源异构多传感器和复杂任务条件下,基于端到端深度网络的融合跟踪方法在工程上仍然难以实际应用。取而代之,在多源融合识别的部分阶段(如数据层的多源融合配准和关联、特征层的目标融合跟踪等),深度学习方法取得了较好效果。但在决策级融合识别中,由于输入/输出的状态量和需要处理的数据量较少,一般不直接采用深度学习技术,而是采用"基于深度学习的单传感器目标识别"+"传统决策层融合"的方式进行处理,以在保证融合目标识别精度的同时,降低融合识别的复杂度和资源消耗。

参考文献

[1] 王壮. C4ISR 系统目标综合识别理论与技术研究[D]. 长沙:国防科学技术大学,2001.

[2] 雍少为. 信息融合的基本理论及其在自动目标识别中的应用[D]. 长沙:国防科学技术大学,1997.

[3] ALEJANDRA A,CALOCA L. Data fusion approach for urban area identification using multisensor information[C]//8th International Workshop on the Analysis of Multitemporal Remote Sensing Images (Multi-Temp),2015:1-4.

[4] KLEIN L A. Sensor and data fusion concepts and applications [M]. WA:SPIE Press, 1993.

[5] HALL D L,LINAS J. An introduction to multi-sensor data fusion [J]. Proc. of IEEE, 1997,85(1):6-23.

[6] LI H S. Research on target information fusion identification algorithm in multi-sky-screen measurement system [J]. IEEE Sensors Journal,2016,16(21):7653-7658.

[7] 何友,王国宏,关欣. 数据融合理论及应用[M]. 北京:电子工业出版社,2010.

[8] LINDA G. Identification and delineation of individual tree crowns using LIDAR and multispectral data fusion[C]// IEEE International Geoscience and Remote Sensing Symposium,2015:3294-3297.

[9] YU L J,NIE Y P,LIU F,et al. Research on data fusion method for archaeological sitei-

dentification[C]//International Conference on Image Analysis and Signal Processing, 2012:1-4.

[10] LEE S J, JEONG S J, YANG E J, et al. Target identification using bistatic high-resolution range profiles[J]. IET Radar, Sonar & Navigation, 2017, 11(3):498-504.

[11] KHALID H M, PENG J C H. Immunity toward data-injection attacks using multisensor track fusion-based model prediction [J]. IEEE Transactions on Smart Grid, 2017, 8(2):697-707.

[12] JIANG L, YAN L P, XIA Y Q, et al. Asynchronous multirate multisensor data fusion over unreliable measurements with correlated noise[J]. IEEE Transactions on Aerospace and Electronic Systems, 2017, PP(99):1-1.

[13] 黎湘,郁文贤,庄钊文,等. 决策层信息融合的神经网络模型与算法研究[J]. 电子学报,1997(09):117-120.

[14] 李明国,郁文贤,庄钊文,等. C4ISR 分布式信息融合系统拓扑结构设计[J]. 国防科技大学学报,2001(03):64-67.

[15] 余安喜,杨宏文,胡卫东,等. 基于相对系统误差估计的组网雷达点迹融合技术[J]. 系统工程与电子技术,2003(09):1045-1048.

[16] 杨威. 基于信任函数理论的不确定性信息融合技术研究[D]. 长沙:国防科学技术大学,2008.

[17] 张静,李泽民,王明阳. 高层信息融合管理与系统设计[M]. 北京:国防工业出版社,2016.

[18] 郁文贤,雍少为,郭桂蓉. 多传感器信息融合技术述评[J]. 国防科技大学学报,1994,03:1-11.

[19] 王耀南,孙炜,等. 智能控制理论及应用[M]. 北京:机械工业出版社,2008.

[20] 何友. 多传感器信息融合及应用[M]. 北京:电子工业出版社,2007. 12.

[21] 姜延吉. 多传感器数据融合关键技术研究[D]. 哈尔滨:哈尔滨工程大学,2010.

[22] SCHLOSSER J, CHOW C K, KIRA Z. Fusing LIDAR and images for pedestrian detection using convolutional neural networks[C]// IEEE International Conference on Robotics and Automation (ICRA), 2016:2198-2205.

[23] 宋鹏汉,辛怀声,刘楠楠. 基于深度学习的海上舰船目标多源特征融合识别[J]. 中国电子科学研究院学报,2021,16(02):127-133.

[24] 袁克非. 组合导航系统多源信息融合关键技术研究[D]. 哈尔滨:哈尔滨工程大学,2012.

[25] 康健. 基于多传感器信息融合关键技术的研究[D]. 哈尔滨:哈尔滨工程大学,2013.

[26] 王宝树,李芳社. 基于数据融合技术的多目标跟踪算法研究[J]. 西安电子科技

大学学报,1998(03):5-8.

[27] 刘健,刘高峰.高斯-克吕格投影下的坐标变换算法研究[J].计算机仿真,2005,22(10):119-121.

[28] BROWN L G. A survey of image registration techniques [J]. ACM Computing Surveys,1992,24(4):325-376.

[29] XIE Z,FARIN G E. Image registration using hierarchical B-splines [J]. IEEE Transactions on Visualization and Computer Graphics,2004,10(1):85-94.

[30] HEID T,KÄÄB A. Evaluation of existing image matching methods for deriving glacier surface displacements globally from optical satellite imagery[J]. Remote Sensing of Environment,2012,118:339-355.

[31] SAVINOV N,SEKI A,LADICKY L,et al. Quad-networks:unsupervised learning to rank for interest point detection[C]//Proceedings of the IEEE Conference on Computer Vision and Pattern Recognition,2017,1822-1830.

[32] SINGER R A,STEIN J J. An optimal tracking filter for processing sensor data of imprecisely determined origin in surveillance systems[C]//IEEE Conference on Decision and Control,1971:171-175.

[33] 张昌芳,杨宏文,胡卫东,等.基于空间分布特征的阵群目标数据关联算法[J].系统仿真学报,2008(22):6074-6077.

[34] 卢莉萍.目标跟踪算法与检测处理技术研究[D].南京:南京理工大学,2012.

[35] 赵艳丽.弹道导弹雷达跟踪与识别研究[D].长沙:国防科学技术大学,2007.

[36] 魏晨依.雷达与视频融合的交通目标跟踪算法研究[D].西安:西安电子科技大学,2021.

[37] LU H C,FANG G L,WANG C,et al. A novel method for gaze tracking by local pattern model and support vector regressor[J]. Signal Processing,2010,90(4):1290-1299.

[38] WANG,R C,PEI L,CHU L,et al. Dvt-slam:Deep-learning based visible and thermal fusion slam[C]//China Satellite Navigation Conference Proceedings,2021,394-403.

[39] 裴凌,刘东辉,龚正,等.智能移动平台融合定位技术综述 [J].导航定位与授时,2017,4(05):8-18.

[40] 孙秋云.扩展卡尔曼滤波在行驶车辆状态估计中的应用[J].价值工程,2011,30(20):155.

[41] 姚娅珍,王虹,袁冠杰,等.组合导航中联邦滤波信息分配因子优选研究[J].微波学报,2021,37:245-248.

[42] 余安喜.多传感器量测融合技术研究 [D].长沙:国防科学技术大学,2003.

[43] 杨宏文.多传感器目标跟踪理论与技术研究 [D].长沙:国防科学技术大

学,2000.

[44] 余安喜,杨宏文,胡卫东,等. 无序量测的次优递推滤波器[J]. 电子学报,2004(6):960-964.

[45] 王正明,易东云,周海银,等. 弹道跟踪数据的校准与评估[M]. 长沙:国防科技大学出版社,1999.

[46] ZHU J B,XIE M H. Trajectory estimation with multi-range-rate system based on sparse representation and spline model optimization[J]. Chinese Journal of Aeronautics,2010,23(1):84-90.

[47] 庄钊文,王雪松,付强 ,等. 雷达目标识别[M]. 北京:高等教育出版社,2014.

[48] JOUSSELME A L,LIU C S,GRENIER D,et al. Measuring ambiguity in the evidence theory[J]. IEEE Trans. on Systems,Man,and Cybernetics,2006,Part A 36(5):890-903.

[49] 付耀文. 雷达目标融合识别研究 [D]. 长沙:国防科学技术大学,2003.

[50] 朱玉鹏. 信息融合的神经网络原理及应用研究[D]. 长沙:国防科学技术大学,2004.

第6章 ATR系统的学习与演进

学习是ATR系统的核心。本章主要围绕ATR系统多场景自适应与演进：首先介绍了当前ATR系统所面临的持续学习、开放场景学习和小样本学习需求，指出了持续性学习灾难性遗忘、对抗环境稀疏样本等挑战性问题，然后讨论了解决这些问题的在线增量学习、小样本学习与自监督学习等方法和技术，最后探讨了ATR系统的自演进架构。

6.1 ATR系统的学习问题

6.1.1 目标识别的学习需求

ATR处理流程包括“预处理→特征提取→分类识别”，以及识别效果评估反馈等步骤。从模型学习的角度，目标识别又可分为训练和测试两个阶段。在训练阶段，利用已知标注数据以及先验的目标、环境和场景知识，设计识别特征和分类器，对识别性能进行评估和反馈，不断调整识别数据、特征和模型直到收敛。测试阶段将部署训练得到的识别模型，对未知数据进行判决。

目标识别取得成功的关键在于提取有利于目标识别的稳健特征。通常这些特征依赖于人工经验设计，从早期的直接使用原始图像亮度作为特征，到更复杂的人工设计特征，如电磁特征、图像纹理、尺度与形状、变换域等[1]。但是这些人工设计特征易受杂波和噪声干扰，难以应对成像几何、目标外观、实际场景等观测参数发生显著变化的情况，特征的稳定性和泛化性均非常有限。

不同于人工经验设计，近年来发展起来的深度学习方法通过构建深层神经网络，从大量训练样本中自动学习有效特征，已广泛应用于语音和文字识别、图像分类、物体检测、图像语义分割等众多领域，并且在雷达目标识别等领域也取得了巨大进展，其性能大幅超越了传统方法[2]。尽管目标识别技术经过多年研究取得了可喜的进展，但绝大多数方法依赖于完备的数据集。而且在复杂对抗中，难以获取覆盖大量观测条件的有效样本数据，因此在实际应用中，模型学习必须满足如下需求。

（1）可持续的模型学习。目前的目标识别模型学习主要针对单一任务，存在识别类型固化、数据依赖性强、实际场景适应性差、通用性严重不足等问题，模型训练完毕后难以根据新数据进行调整，缺少自适应配置和在线持续学习的能力。面对目标和场景的变化，一个先进的ATR系统应能够不断在执行过程中持续进行学习和知识积累。因此，需要解决可持续的目标识别模型学习问题，使得目标识别模型随着系统的不断运行、样本逐渐积累，自主搜集、回溯识别历史，调整算法参数与运行状态，最终实现目标识别性能的优化演进。

（2）场景的模型学习。由于目标观测数据对操作条件高度敏感，不同成像配置、目标结构变化，以及与环境耦合的效应，均会引起目标观测数据或者特征的显著变化。目前的目标识别算法主要是针对特定数据集上有限数据有限目标类型的闭集识别，模型性能高度依赖特定数据集，其暗含的假设条件是模型训练和测试数据的分布一致性。但是在实际应用中，由于目标观测数据对成像操作条件高度敏感，观测数据与训练数据分布往往不一致，且经常遇到未包含在训练数据中的非合作目标，导致目标识别性能急剧下降。因此，需要解决样本分布不一致、存在未知目标的开放场景模型学习问题。

（3）小样本/零样本的模型学习。尽管随着雷达成像技术的发展能够获得大量的标注数据，但由于目视解译困难，大规模标记样本的代价较高。在实际应用中，很难获得覆盖大量观测参数条件下的样本数据，特别是对于非合作目标，所能获得的样本甚少，甚至是没有，无法满足数据驱动常规模型算法训练需求。在实际应用中遇到新的场景时，需要能够在少量样本条件下进行快速模型迁移。如何在样本数据稀缺情况下训练精准可靠的目标识别模型，是ATR模型学习的现实问题。

要满足以上目标识别的模型学习需求，实现ATR系统的持续学习与演进,核心是要解决以下两个关键技术问题。

(1) 持续学习的灾难性遗忘问题。在实际应用中,ATR 系统总是会遇到新任务、新场景、新数据和新目标,为此 ATR 系统应当不断更新目标识别模型,以适应新场景和任务。如何在模型更新迭代的同时,既保证当前新目标识别任务的性能,又不会因灾难性遗忘而丧失执行原有任务的识别能力,是实现 ATR 系统学习和演进学习的关键[3]。

(2) 对抗环境中的样本稀缺问题。在学习和演进过程中,ATR 系统如何在少量标注甚至没有标注情况下,实现对新场景进行快速适应,对新增目标类型的识别能力,也是满足 ATR 系统演进需求的关键。

本章围绕以上两个关键技术问题,介绍在线增量学习、小样本学习、自监督学习等方法,最后介绍 ATR 自演进系统架构。

6.1.2 持续学习的灾难性遗忘问题

由于目标和场景的变化,一个先进的 ATR 系统应具备持续学习能力,能够不断在与环境的互动中,从源源不断的输入数据中吸收、更新和增长知识,积累经验。然而,这对于目前以机器学习或深度神经网络为核心的识别系统颇具挑战性。其原因在于,在目前的机器学习和神经网络模型学习过程中,暗含一个前提条件是数据的统计特性不随时间的变化而变化,即数据是平稳分布的。而在进行长期的持续学习过程中,由于目标和场景的动态变化,数据的统计特性总是会随着任务进行而动态变化,导致出现“学到后面、忘掉前面”的现象,即所谓的“灾难性遗忘”问题:在新任务数据训练得到的模型在旧任务中性能急剧下降,甚至完全失效[3,8]。因此,实现 ATR 系统的持续学习,主要是克服灾难性遗忘问题。

实际上,神经网络模型存在所谓稳定性-可塑性的矛盾(Stability-Plasticity Dilemma),即对新知识学习的可塑性和对已巩固知识的稳定性[9]。为了克服灾难性遗忘,神经网络模型需要在学习、更新知识的同时,阻止新知识对原有知识的显著干扰。早期研究表明,当新数据与原有数据分布存在显著不同时,神经网络原先所学的旧知识会被新知识重写[10]。在离线学习、对训练时效性要求不高的情况下,此问题有两种解决方式:一种是数据暴力方式,即尽可能收集覆盖各种条件的数据并放在一起进行重新训练;另一种是模型暴力方式,即针对新的任务和新的数据训练单独的神经网络模型。但是,这两种方式需要不断存储新的数据和

新的模型,会引起数据和存储规模不断增长。在实际应用场景中,往往不能预先知道新的任务、新的数据及其分布特性。因此,神经网络模型的持续学习需要考虑三个方面[3]:①在学习新知识的同时而不显著增加模型规模;②在资源一定的条件下,新知识和旧知识表示不重合;③在学习新知识的同时交错利用旧知识,避免灾难性遗忘。

6.1.3 对抗环境中的样本稀缺问题

现有基于学习的目标识别方法大多需要完备的数据集,但是在不少实际应用很难获得丰富的标注样本,尤其是对于非合作目标,我们通常面临着零样本或者少样本的困境。例如,对于经常处于对抗环境下的雷达目标识别或者 SAR 图像目标识别等任务,由于雷达成像对目标结构、观测配置几何(方位角、俯仰角等)、环境特性等操作条件的高敏感性,操作条件的变化会引起目标图像特性发生显著变化。由于存在这种操作条件的敏感性,获得不同操作条件下完备的数据集是不现实的。此外,其特殊的电磁成像机制不符合人的视觉认知机制,因此往往需要专业的判读员进行准确标注,样本标注代价高昂。即使积累了一定的标记样本,但是由于操作条件的敏感性,新的识别任务的数据与原训练数据往往会存在差异,从而导致新识别任务的性能急剧降低。在对抗环境中,还可能存在未知的伪装、隐蔽、干扰等因素,这些数据也是难于预先获取的。在 ATR 演进过程中,也需要提升模型在小样本条件下对新场景和新任务快速适应能力。

因此,零样本或小样本学习及识别是目前 ATR 系统亟待解决的一大难题,如何利用充分利用已有数据和先验知识,提升在零样本和少样本条件下识别模型的泛化性是攻克该难题的关键。

6.2 ATR 系统的在线增量学习

ATR 实际应用场景总是动态变化的,当 ATR 系统遇到新的场景、新的任务、新的数据时,数据特性往往会发生变化,在线增量学习旨在既能保留原有知识,又能调整和学习新的知识,以适应新的场景和任务。在线增量学习需要解决的问题是如何利用旧任务知识进行新任务、新数据学习,并解决灾难性遗忘问题,以减少其对识别总体性能带来的负面影响[4]。

常见的在线增量学习场景有:类别增量学习,即在新的任务中出现了新的目标类型;域增量学习,即新的场景数据分布特性发生了变化。在线增量主要方法有正则化、记忆回放、参数隔离等[4-5]。正则化方法在新任务的模型训练过程中对模型参数施加额外的正则化约束避免灾难性遗忘;记忆回放则是在新任务训练过程中回放部分旧任务数据参与到新任务的训练过程中;参数隔离方法则是将一部分参数固定作为旧任务参数而更新其余参数用于新任务训练,或者是采用动态架构方法,来改变或者扩充网络结构,用于新任务训练,而对旧任务的模型参数进行隔离[4-5]。此外,课程学习和迁移学习被认为与在线增量学习密切相关[3]。课程学习是一种由易到难的渐进式模型训练方式,迁移学习用于解决如何将旧任务学习知识快速适应到新的任务场景。下面主要介绍实现增量学习的正则化、记忆回放、参数隔离、课程学习和跨域迁移学习几种策略。

6.2.1 基于正则化的增量学习

正则化方法的基本思路是对新任务训练时的神经网络权值更新施加约束,使得模型参数随着新任务学习的进行,不至于发生急剧的变化,从而防止遗忘。这种方法主要受神经科学理论模型启发,即大脑通过不同状态的神经突触级联产生不同水平的神经可塑性来阻止遗忘,巩固所学到的知识[11]。

无遗忘学习(Learning without Forgetting,LwF)方法是一种典型的基于正则化的卷积神经网络无遗忘学习模型[12],其基于知识萃取(Knowledge Distillation)思想来构建正则化损失函数,使得新数据在旧任务参数上的预测能够与最初网络的预测保持一致。假设所有任务共享参数为 θ_s,新任务参数为 θ_n,原先旧任务学习的参数为 θ_o,新任务的训练集为 (X_n,Y_n),新数据在旧任务最初的参数 θ_o 的输出为 $Y_o=f(X_n;\theta_s,\theta_o)$。LwF 通过优化新任务损失函数更新 θ_n 和 θ_s 的同时还确保不遗忘旧任务参数 θ_o,其损失函数为

$$\theta_s^*,\theta_o^*,\theta_n^* \leftarrow \underset{\hat{\theta}_s,\hat{\theta}_o,\hat{\theta}_n}{\operatorname{argmin}}(\lambda L_o(Y_o,\hat{Y}_o)+L_n(Y_n,\hat{Y}_n)+R(\hat{\theta}_s,\hat{\theta}_o,\hat{\theta}_n)) \tag{6-1}$$

式中:$L_o(Y_o,\hat{Y}_o)$ 和 $L_n(Y_n,\hat{Y}_n)$ 分别为在旧任务和新任务上的损失函数,

$\hat{Y}_o = f(X_n;\hat{\theta}_s,\hat{\theta}_o)$,$\hat{Y}_n = f(X_n;\hat{\theta}_n,\hat{\theta}_s)$,$R(\hat{\theta}_s,\hat{\theta}_o,\hat{\theta}_n)$ 是防止过拟合的正则化项。这种基于知识萃取的思想可以保证在新任务学习过程中,在旧任务上的预测性能不发生显著改变,但是它依赖于任务之间的相关性,且训练时间随着任务数量增加而增长。

由于神经网络参数编码了所学习任务的知识,弹性权重巩固模型(Elastic Weight Consolidation,EWC)采用一个新任务参数与旧任务参数之间的二次惩罚正则化项来确保在新任务学习过程中能够尽量保留旧任务知识[14]。假设有两个独立的任务 A 和 B,对应的数据集分别为 D_A 和 D_B,D_A 和 D_B 合并的总体数据集表示为 D,则权重参数在总体数据集上后验概率表示为

$$\log p(\theta \mid D) = \log p(D_B \mid \theta) + \log p(\theta \mid D_A) - \log p(D_B) \tag{6-2}$$

式中:参数 θ 在 D_A 上的后验概率 $\log p(\theta \mid D_A)$ 实际上表达了在任务 A 上所学到的知识。实际上,精确表达 $\log p(\theta \mid D_A)$ 是不可行的,所以在 EWC 中采用均值为 θ_A^*,以及费舍尔信息阵 $\boldsymbol{F}$ 为对角阵的高斯分布来近似 $\log p(\theta \mid D_A)$,从而得到损失函数为

$$L(\theta) = L_B(\theta) + \sum_i \frac{\lambda}{2}\boldsymbol{F}_i(\theta_i - \theta_{A,i}^*)^2 \tag{6-3}$$

式中:$L_B(\theta)$ 表示在任务 B 上的损失;λ 为正则化参数;i 为参数索引。这里涉及需要离线计算参数的费舍尔信息矩阵,其来控制每一个参数在新任务中的更新重要性。

如果在原任务中费舍尔信息权重大,则表明估计精度较高,对于原先的任务有较大的影响,从而在新任务中尽量与原任务参数保持一致;而对于原任务估计精度较差的参数,这些参数的费舍尔信息值较小,表明蕴含的原数据知识就比较少,从而可更倾向将其用于新任务知识的学习。

费舍尔信息权重离线计算后,在新任务参数更新过程便固定不变。由于参数费舍尔信息矩阵是似然函数的二阶导数的期望,所以一般只能计算参数较少的情况。另外,这种方法在任务间同质性高的条件下具有比较好的性能,但是无法处理新类别的增量学习问题。为此,文献[15]提出了一种对每一个参数均在线自适应计算参数更新权重的方法,与文献[14]类似,其也是采用一种正则化项来控制在新任务参数更新过程中,与旧任务最相关参数的变化,从而防止遗忘旧任务所学习的知识,其

损失函数可表达为

$$L_n^* = L_n + c\sum_k \Omega_k^n(\theta_k^* - \theta_k)^2 \tag{6-4}$$

式中：c 为平衡新旧任务的权重参数；θ_k^* 为在原先任务中学习到的参数值；Ω_k^n 为每一个参数的正则化强度，与文献[14]类似。对于在原先任务具有较好表现的参数赋予更大的权重，从而使得这些参数在新任务学习过程中能够保持在原先任务的参数值附近。

基于正则化的方法可以在一定条件下缓解在线学习面临的灾难性遗忘，但是在有限容量的神经网络中，该方法通过增加额外保护以巩固知识的正则化项，因而必须在新、旧任务性能上折中。

6.2.2 基于记忆回放的增量学习

记忆回放的基本思想是在新任务的每次迭代训练过程中，选择部分旧任务数据与新数据一起参与到模型参数更新中，主要涉及旧数据选择、旧数据缓存机制和模型参数在线更新策略[5]。

增量分类与表示学习(Incremental Classifier and Representation Learning,iCaRL)[6]是一种典型的基于回放的类增量学习方法。在旧数据选择和缓存更新方面，该方法针对每一类目标，在特征空间选择与该类平均特征相接近的样本进入缓存，与新任务数据一起用于训练；在参数更新机制方面，iCaRL 采用了两个损失函数：一个是新目标类型的分类损失；另一个是知识蒸馏损失，即针对原先已学习的目标类型，当前模型预测与原先模型预测之间的知识蒸馏损失。相比于 LwF 等正则化方法，iCaRL 方法具有较好的分类精度和很小的遗忘率[5-6]。

6.2.3 基于参数隔离的增量学习

参数隔离的基本思想是将神经网络的参数进行划分，一部分用于旧任务，并在新任务学习中保持固定；另一部分用于新任务的学习。通常有两种策略：一是保持网络结构固定而进行参数划分；二是动态结构，即对新任务或者新目标类型，对网络结果进行动态调整或者增加相应的子网络结构[4]。参数隔离方法在最大程度保持原先任务处理稳定性的同时，耗费尽可能少的资源来处理新任务。

PackNet[7]方法是目前比较好的参数隔离增量学习方法。考虑到尽

管神经网络具有大量的模型参数,但实际参与某项具体任务的重要参数是稀疏的,PackNet对网络参数进行剪裁,将对原先任务不重要的参数用于新任务的训练,并用二元掩模将任务与对应的模型参数进行关联。对于一个新任务,PackNet采用两阶段训练方式:首先固定原先任务的参数子集,在新任务中训练其余参数;然后剪裁幅度值比较小的参数,重新训练保留下的参数。

6.2.4 课程学习

增量学习过程中需要取得稳定性与可塑性的平衡。实际上,大脑表现出漫长的发育过程[3]。在整个婴儿发育周期中,存在一个对外界刺激经历非常敏感的阶段,称为发育敏感期或者关键期。在这个阶段,早期的经历会产生特殊的影响,甚至是不可逆的[17]。这个时期的大脑的可塑性比较强,会通过丰富感觉运动来刺激获得总体神经网络结构。自此之后,神经网络的可塑性将减弱,大脑系统逐渐稳定,只保留一定程度的可塑性来进行接下来的小尺度的自适应和重组[3],这种可塑性变化关系如图6-1所示。

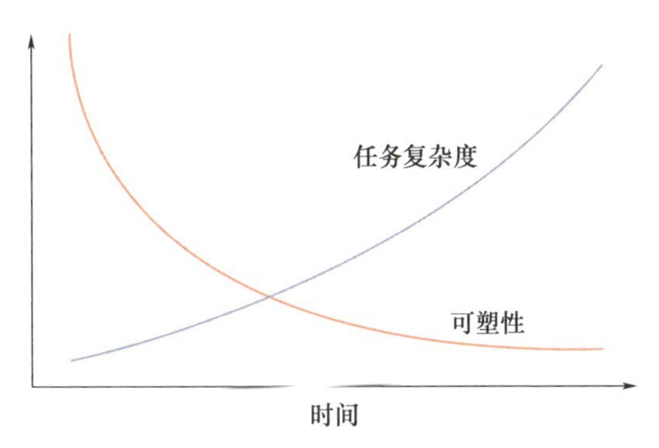

图6-1 发育与课程学习:模型可塑性降低,任务难度不断上升[3]

这种与关键周期相关的学习机理在早期的神经网络模型中得到相应的研究,尤其是在拓扑神经网络映射中通过使用两阶段训练方法来减少神经网络功能的可塑性[19]。在第一个阶段,通过高的学习率和大的空间邻域尺寸,使得自组织网络形成初始的、比较粗的拓扑结构;而在第二个微调阶段,在迭代过程中逐渐减少学习率和邻域尺寸。最近,深度神经网络的关键周期研究也表明,初始的快速学习阶段对网络最终性能起到关键作用[20],在最初的几个回合(Epoch)训练阶段,对于网络不同层间进行资源分配起着关键作用,其取决于初始的输入分布。基于此观测,文献[22]提出了课程学习概念(Curriculum Learning)的学习范式,通过逐渐提升学习任务的难度来实现高效的训练。当样例或者数据以一种有意义的方式组织时,如通过逐渐增强学习任务的难度,可以表现出更好的泛化性能。但是课程学习性能对于学习过程中的任务流顺序非常敏感,目前主要从困难程度这一维度来考虑任务流顺序。近年来,文献[23]将任务选择问题视为一个最大化学习进程的随机策略问题,提升了课程学习的效率。该方法设计了一种奖励信号作为内在驱动力,或指示信号来鼓励探索。文献[24]表明课程学习是一种特殊的迁移学习,在初始任务中学习的知识可以用于指导后面复杂任务的学习。

6.2.5 跨域迁移学习

迁移学习是指将原先在某个域学到的知识用于解决新域中的问题[25-27]。前向迁移是指利用原有任务 T_A 中的学习提升新任务 T_B 的学习性能,而后向迁移则相反,指利用当前任务 T_B 影响原有任务 T_A 的学习。迁移学习对于 ATR 系统具有显著的价值,因为它能够在存在多个学习任务的情况下,从有限的特定样本中推断出一般规律,提高某个特定任务的性能。

迁移学习对于机器学习和自主系统而言仍然是一个不小的挑战。人类对于大脑通过概念表示来进行抽象知识迁移上存在共识,这些概念实际上编码了对于个体、目标和场景具有不变性的关系信息,但对于大脑如何实施迁移学习的具体机制仍然不清楚。文献[28]是早期基于迁移学习来实现在线增量学习的尝试。最近,各种深度学习方法开始关注和处理深度学习在各领域的在线迁移问题。文献[30]提出了渐进式神经网络,将从仿真环境中学习的底层和高层特征迁移到真实环境,该方法使用从像素到行动的强化学习策略,从而形成原始视觉输入到物理机器人操控的稀疏奖励信号,然后通过个体、目标和场景元素不变的关系信息来编码概念表示抽象知识的迁移。

总之,迁移学习是机器学习的一种新的学习范式,可用于解决目标识别持续学习过程中的多场景适应性问题。

6.3 ATR系统的小样本学习

小样本目标检测与识别是当前ATR系统实际应用迫切需要解决的问题。目前,计算机视觉的通用目标检测任务通常指在图像中同时检测出物体位置并判断其类型,而分类或识别任务,通常指输入待识别物体的数据,判断其目标类型。这样,小样本目标检测与小样本识别在具体任务设置和解决方法方面既有联系又有区别:在训练样本方面,通常小样本识别的每一类目标只有少量的样本,而小样本检测的一张图像中一般有多个目标;对于新样本,小样本识别只局限于对新类目标的识别,而小样本检测需要同时检测新、旧目标;在实现方法上,小样本识别通常采用元学习技术,而小样本检测更多的是采用"预训练+微调"的方式[29]。

本节主要从检测识别一体化的角度:首先介绍ATR系统小样本目标检测基本概念与计算框架,然后对近几年小样本目标检测与学习方法进行归类并简要介绍各种技术途径的优缺点。

6.3.1 小样本目标检测概念与计算框架

小样本目标检测是指仅使用一个或若干个训练样本,实现对包含未知目标类型在内的目标检测。Kang[31]等定义了小样本目标检测的计算框架,它将物体类型定义为两大类:基础类与新增类。基础类代表能够获取大量训练数据的目标类型,用于训练目标检测的基础网络模型。例如,可以使用一些通用目标检测数据集用于训练目标检测的基础模型。新增类表示任务中所要识别的目标新类型并未在基础类中出现。一般情况下,新增类目标仅能获取少量的训练数据,比如说仅有一幅或若干幅目标图像。文献[29]进一步定义了小样本检测的一般流程,如图6-2所示。

(1) 基础模型训练。该步骤采用大量容易获取的带标注的目标数据集作为训练集,对目标检测基础网络模型进行训练,得到基础的网络模型。

(2) 新增类型训练。在获得任务需求的新增目标数据之后,首先对这些新增目标数据进行标注,然后在基础模型训练数据集中选择少量数据,加上新标注的目标数据,形成支持数据集。由此可见,支持数据集既包含新增的目标类型,又包含原有目标类型。

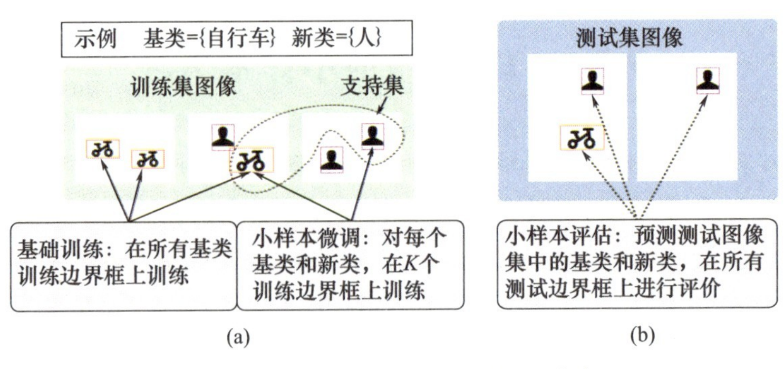

图 6-2 小样本目标检测计算流程[29]

支持数据集用于支持形成对新增类型的目标检测能力。有些方法将支持数据集作为一个额外的训练数据集，用于对原有的基础网络模型进行进一步训练，让网络获得对新目标类型的检测能力，这将在后面小节介绍。而另外一些方法，只是将支持数据集作为额外输入，实现对新目标类型的检测。

（3）小样本目标检测性能评估。当小样本目标检测模型训练好之后，需要准确地对模型进行评估。评估的过程需要同时考虑模型对基础目标类型与新增目标类型的识别能力。因此，模型的性能指标由两部分组成：第一部分是基础目标的检测；第二部分是新增目标的检测。

6.3.2 基于模型微调的方法

基于模型微调的方法是小样本学习较为传统的方法。该方法在大规模数据集中进行预训练，获得基础模型，然后在目标小样本数据集上对神经网络模型的全连接层或者输出端若干层进行参数微调，得到最终目标识别模型。基于模型微调的方法所面临的核心问题是如何解决基础训练数据集与新增类别数据集极度不平衡，从而导致模型在新增目标类别上极易发生过拟合的问题。

针对以上问题，文献[32]提出了一种解决方案，其思路是采用常用目标检测模型，先在大规模数据集上训练好基础模型参数，然后将该模型参数除分类层之外全部固定，仅将分类层的参数进行随机初始化与训练调整，使网络模型获得新增目标类型的检测能力。此外，在训练调整的过程中，该方法使用了背景特征抑制与“知识迁移”等策略，以避免过拟合。文献[33-34]也采用类似思路的工作，取得了较好的目标检测效果。文

献[35]还采用了自监督学习来对网络模型进行预训练，从而在小样本目标识别公开数据集上取得了领先的性能表现。

为了使微调后的小样本分类模型取得较好的效果，微调的具体过程也需要仔细设计，尤其是微调训练过程中的学习速率设置。例如，可针对模型的不同层设置不同的学习速率，从而达到更好的训练效果。

模型微调方法的前提假设是基础数据集与新增目标数据集的分布相同，但是在真实场景中，两者的实际分布往往差异较大，因此采用模型微调的方法往往会导致模型在新增目标数据集上过拟合，导致失去原有目标类型的识别能力。

6.3.3 基于条件输入的方法

除了待识别的数据输入，基于条件输入的小样本目标检测还将一个少量标注数据集作为额外信息输入用于模型的微调训练与在线推理，该少量标注数据集又称为“支持集”。支持集是从基础数据集与新增数据集中随机抽样产生的。基于条件输入的小样本目标检测方法可粗略分成两类：原型法和调制法。

6.3.3.1 原型法

原型法（图 6-3）采用度量学习的思路，将小样本目标检测的问题转换为待检测样本特征向量与类特征向量之间距离比较问题。类特征向量称为“原型”（Prototype 或“代表”（Representative））。原型法的代表工作为 RepMet（Representive-based Metric Learning）[36]。训练过程中，它采用变形特征金字塔网络（Deformable Feature Pyramid Network）对输入图像与在支持集中随机采样的类图像相应的感兴趣区域（Region of Interest，ROI）进行特征编码，并通过尽量降低输入特征与对应类特征之间距离来学习网络模型参数。

在推理阶段，网络首先检测目标 ROI，然后将 ROI 的特征图进行聚合再编码成特征向量，与所有新增类特征（原型）进行对比，选取距离最小的类作为识别结果。文献[37]也采用了类似的思路，并使用基于原型的注意力机制对特征图进行 ROI 快速判别与特征距离的比较。

原型法的思路类似与模板匹配，只不过这些模板被抽象为特征向量与输入图像的 ROI 特征进行比较。

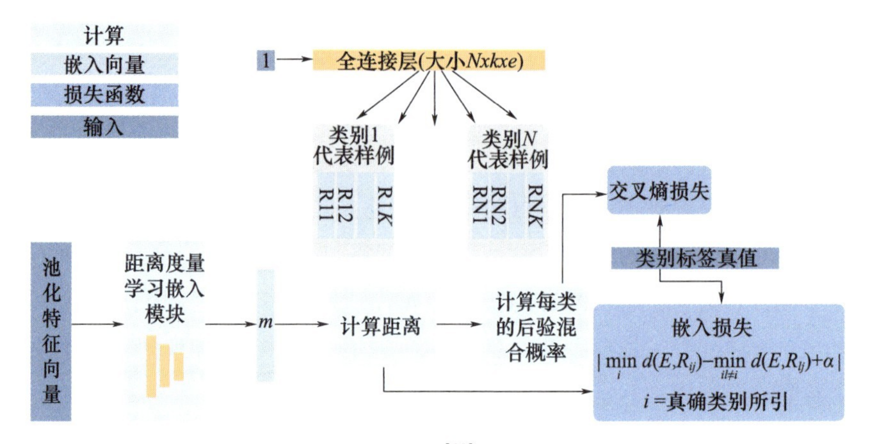

图 6-3　原型法[36]的网络框架

6.3.3.2　调制法

与原型法类似，调制法的思路也是将支持集中的类标签转换为 C 维的特征向量。与原型法不同之处在于，调制法的类特征向量的每个维度是作为权重使用的，称为“调制权重”。待检测图像通过网络模型转换成 C 个通道的特征图之后，再通过调制权重对特征图的每个通道值进行调整。被调整过后的特征图最终送到共同分类器和检测器获得识别结果与目标边界框。

如图 6-4 所示，调制法的代表工作 Meta-YOLO[38] 使用特征抽取模块将待检测图像转换为特征图，并通过权重生成模块将支持图像中目标区域转换成特征权重向量，用于待检测图像特征图的调制。权重生成模块的输入为四通道的图像，其中前三个通道分别对应彩色图像的红、绿、蓝三个分量，第四个通道代表感兴趣目标所覆盖区域的掩模。被调制后的特征图通过一个预测层输出每类目标在图像中对应的边界框和相应类别向量。特征抽取模块、权重生成模块和预测层先在基础数据集中进行训练，获得基础网络模型。然后进行小样本训练，即使用支持图像训练集（每个目标类型有 K 个样本，新旧目标类型数量对半开）对基础网络模型进行微调。在线推理阶段，每个目标类型的生成的权重向量保持不变，直接用于对输入特征图的调制。

采用权重调制思路的还有其他一些方法，如文献[39]所采用的基础网络是 Faster RCNN（RCNN 为区域卷积网络，即 Region Convolutional

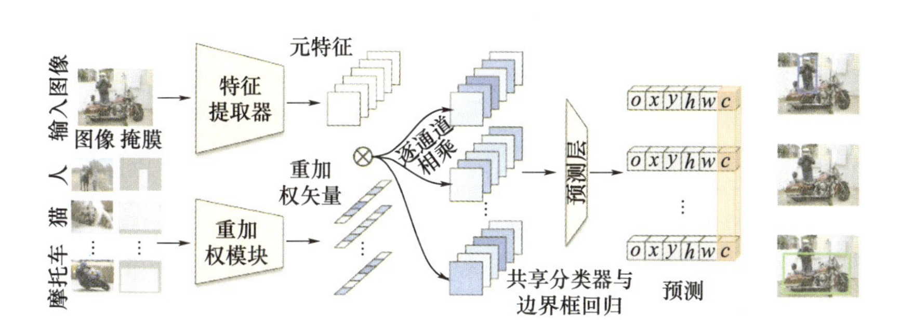

图 6-4 调制法 Meta-YoLo[38] 的网络架构示意图

Neural Network)[40]，权重调制在 RoIAlign 之后进行，因此区域提取网络(Region Proposal Network，RPN)与目标类型无关。而在文献[41]中，虽然也是采用 Faster RCNN 作为基础网络模型，输入特征图却是在权重调制之后再通过 RPN 进行处理。

6.4 ATR 系统的自监督学习

为了有效缓解深度网络学习对大量标注数据的依赖，自监督学习不再利用有标签的数据进行学习，而是基于一定的先验知识来设计监督信号或者代理任务进行学习，从大量无标注数据中挖掘数据内在的特征表示，并作为一个基础模型用于目标识别网络的训练。近年来的研究表明，通过大量无标签数据的自监督预训练，在进一步分类识别等下游任务中用少量标签数据的监督学习就可以达到甚至超过原始全监督学习的效果[42]。例如，在图像目标识别任务中，常见的代理任务可在一幅图像中预测两个随机裁剪图像块之间的相对位置[43]。由于代理任务相对目标识别任务更为普遍，而且无须人工标注，因此使用代理任务来训练网络模型不会受限于数据量，所训练的网络也容易取得较好泛化性。因此，基于自监督学习的预训练模型将在小样本目标识别性能的提升将起到至关重要作用。

目标识别的主干网络可通过图像分类任务来进行模型预训练。此前图像分类的模型训练主要是基于有标注的监督学习，下面介绍基于自监督学习的三种方法。

6.4.1 对比学习

对比型自监督学习方法的核心思想是,通过数据增广的方式自动构建正负样本对进行特征学习,如图 6-5 所示。正样本对对应相同类别,而负样本对则对应不同类别。对比学习通过将正样本间的特征距离拉近,负样本间的特征距离拉远,从而达到学习兼具不变性和可区分性特征表达目的[44-45]。具体操作如下。

(1) 给定某训练数据 x, 通过数据增强构建正负样本对 (x,x^+), (x,x^-) 。

(2) 构建对比损失函数,以此来训练特征的不变性和可区分性。对比损失函数的基本思想是最小化正样本间的距离,同时最大化负样本间的距离。

对比学习框架如图 6-5 所示。

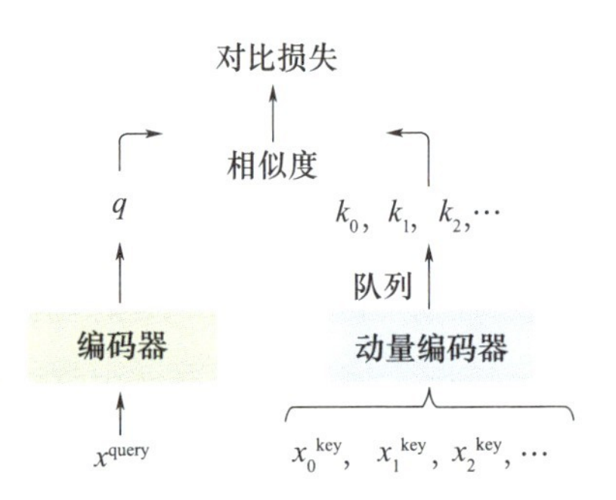

图 6-5　对比学习框架示意图[45]

在对比自监督学习中,如何合理构建足够丰富的多样化正负样本是对比学习性能提升的关键。

对比预测编码[46-47]是比较有代表性的对比学习方法。最初对比预测编码(Contrast Predictive Coding,CPC)方法主要应用于序列数据的预测问题,如图 6-6 所示。该方法通过对序列数据首先进行特征抽取 $z_t = g_{\text{enc}}(x_t)$,然后通过门控循环单元(Gated Recurrent Unit,GRU)或者其他循环神经网络(Recurrent Neural Network,RNN)实现自回归编码 $c_t = g_{\text{ar}}(z_{\leq t})$ 。编码特征 c_t 被称为情景特征,用于预测未来时刻一段特征序列 $z_{t+1},z_{t+2},\cdots,z_{t+k}$ 。

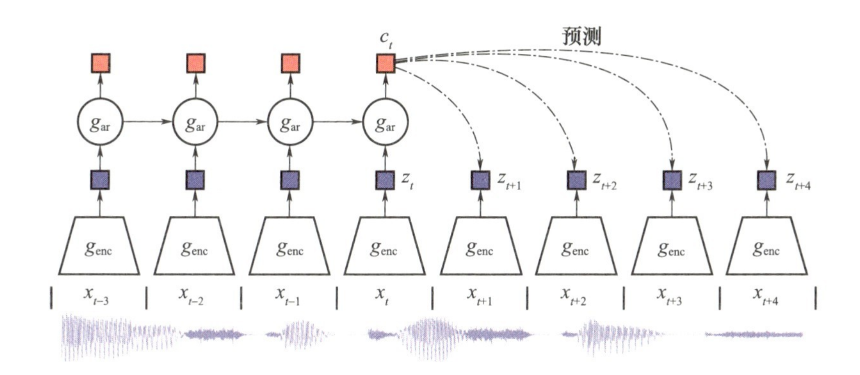

图6-6 针对序列数据的预测编码模型[46]

为训练特征抽取模型与自回归编码模型，对比预测编码方法采样 N 个样本，其中包含一个正样本 $x^+ \sim p(x_{t+k} \mid c_t)$ 和 $N-1$ 个负样本对 $x_1^-, x_2^-, \cdots, x_{N-1}^- \sim p(x_{t+k})$，用于优化以下InfoNCE（NCE为噪声对比评估，即Noise Contrastive Estimation）损失函数：

$$L_N = -\mathbb{E}_X\left[\log \frac{f_k(x^+, c_t)}{\sum_j f_k(x_j^-, c_t)}\right] \tag{6-5}$$

式中：$f_k(x_{t+k}, c_t) \propto p(x_{t+k} \mid c_t)/p(x_{t+k})$ 表示从情景特征 c_t 到 x_{t+k} 的预测得分。

而对比学习方法MoCo[45]（Momentum Contrast）与SimCLR[48]根据不同应用场景（时序数据→图像数据）将InfoNCE损失函数给出了另外解释。给定参考图像 x_0，这里正样本 $x^+ \sim p(x \mid x_0)$ 代表通过对当前图像 x_0 进行数据增广所获得的图像；而负样本 $x_1^-, x_2^-, \cdots, x_{N-1}^- \sim p(x_0)$ 表示数据集中的其他图像。因此InfoNCE损失函数变成

$$L_N = -\mathbb{E}_X\left[\log \frac{f_\theta(x^+, x_0)}{\sum_j f_\theta(x_j^-, x_0)}\right] \tag{6-6}$$

两种方法的预测分数函数 f_θ 定义为指数函数 $\exp(x \cdot x_0/\tau)$，且两者都是通过优化以上损失函数来训练对图像的特征编码模型。

6.4.2 基于聚类的自监督学习

聚类学习是利用无监督聚类来构建自监督信号，在训练过程中通过聚类算法生成类别伪标签来训练网络模型。具体做法是交替地对网络输

出的特征进行聚类，然后用聚类得到的类别伪标记来进行特征网络学习。文献[49]研究表明，使用简单K均值聚类方法生成的类标签作为监督信号有助于提升特征学习能力。文献[50]则使用将聚类当作最优运输问题求解以生成更好的类标签进行自监督学习。在之前的基础上，SwAV[51]进一步提出使用当前图像的不同视图（通过数据增广获得）进行聚类学习，即使用某个视图的类标签预测另外一个视图的类标签，并采用Sinkhorn-Knopp算法进行聚类。深度嵌入聚类（Unsupervised Deep Embedding for Clustering Analysis，DEC）定义了软聚类分配概率分布和辅助聚类分配概率分布，通过直接最小化两种分布与期望分布之间的KL（Kullback-Leibler）散度来实现聚类。由于直接聚类损失学习，很容易导致模型退化。因此，一般通过增加正则化对模型参数进行相应的约束，帮助模型稳定地训练，避免出现退化解。

6.4.3 知识自蒸馏学习

从上面的分析中，可以知道，对比学习需要负样本进行自监督训练，那么如果没有负样本的情况下能否进行自监督学习呢？考虑到基于负样本的对比学习很大程度上是依赖于图像增强取得的效果，知识自蒸馏学习方法BYOL[54]（Bootstrap Your Own Latent）从图像增强的视角出发提出如图6-7所示框架。该方法并未使用正负样本进行模型训练，而是使用两个网络模型进行交替学习，即目标网络（教师网络）和在线网络（学生网络）。

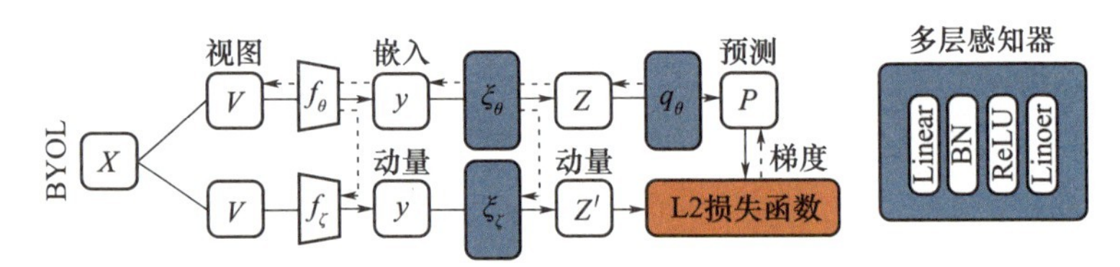

图6-7 BYOL[54]的自蒸馏学习框架

在训练过程中，目标网络参数固定，并通过最小化在线网络与目标网络预测结果之间的差异来调整在线网络的模型参数。在模型训练结束之后，仅将在线网络分支中的f_θ模块保留，用于下游任务中的图像特征抽取。

目标网络与在线网络采用相同的网络结构，但使用不同参数。其中

目标网络参数 ξ 是在线网络参数 θ 的指数移动平均,即设置一个衰减率 $\tau \in (0,1)$,每个训练步骤按以下方式对目标网络参数进行更新:

$$\xi \leftarrow \tau\xi + (1-\tau)\theta \tag{6-7}$$

6.5 ATR 系统的演进架构

6.5.1 ATR 系统自演进架构

目前,目标识别系统主要是针对单个任务所设计,模型训练部署完毕后流程固化,不再调整;面对应用任务和场景的调整变化时需要重新标注数据、模型训练和部署,实际场景适应性差、通用性严重不足。而人类智能具备持续学习能力,能够不断进行知识积累,并在不同任务间进行知识的迁移和共享,不断适应新的任务变化,并进行高效学习;同时,人的学习是开放和动态的过程,而不是静态和封闭的。

同样地,ATR 系统也应在任务执行过程中,通过与人和环境的交互来持续提升自身的能力。图 6-8 是一个典型的 ATR 系统学习自演进基本架构,通过人、数据、学习和交互的闭环获取新的任务相关数据以及知识,在线学习以持续提升 ATR 系统识别模型的能力[55]。在 ATR 的持续演进过程中,ATR 持续学习系统应当适应场景、任务的动态变化。具有以下能力:①具备开放世界的识别能力,能够对新的任务、新的类别、新的数据进行判断和自适应的处理;②具备持续的增量学习能力,能够对新的

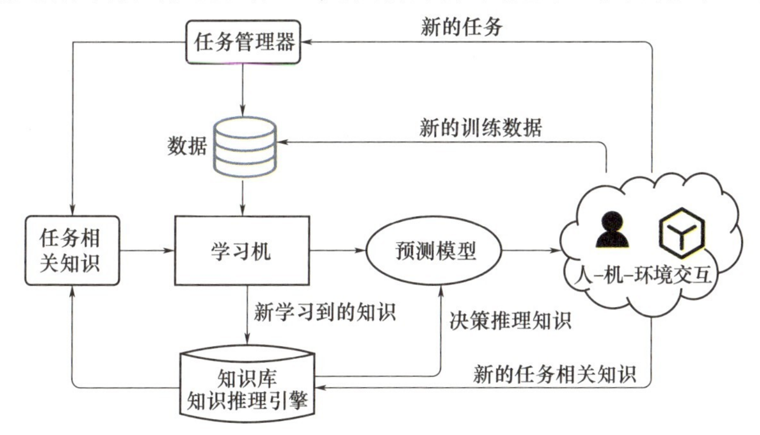

图 6-8 ATR 在线学习自演进架构

任务和数据进行在线增量学习，而不影响对原有任务的处理性能；③具备主动交互的能力，系统能够与人、环境进行主动交互，对于不确定判断和预测，能够主动发起交互，并从人和环境的反馈中来获取新的知识。

6.5.2 虚实混合数据驱动迭代演进

目标场景数据匮乏是 ATR 系统应用普遍存在的问题。由于当前大部分目标识别算法都是基于神经网络，如何获取足够的目标场景数据用于模型训练是 ATR 系统提升学习效率、识别准确率，以及实际应用效能的关键。

准确地说，获取足够目标场景数据指的是获取有准确标注的训练数据。数据标注目前极大程度依赖于人工，极其耗时、耗力。虽然随着深度神经网络模型的广泛应用，人工数据标注已经形成了一个规模巨大的产业，但人工标注对于海量数据尤其是源源不断的新增数据流的效率依然非常低下。因此，依赖于人工标注训练模型的时效性低，无法满足复杂多变的目标场景应用，导致 ATR 系统在瞬息万变的战场环境中失去掌握主动的能力。

如何不依赖大量人工实现模型训练数据的标注，是近几年人工智能应用领域高度关注的问题。在自动驾驶领域中，以特斯拉为代表的自动驾驶方案采用了一种“自动标注”(Auto Labeling)的技术。该技术融合多传感器、时空一致性等各类相互耦合的信息，将其纳入到统一框架进行优化，从而实现场景数据的目标与语义关系的自动标注，全过程无须人工参与。相比传统人工标注，特斯拉的自动标注可将万个单元标注耗时从三个月降低到一周之内，极大地提升了标注效率。

特斯拉的自动标注实现过程如图 6-9 所示。首先将客户汽车或采集的数据划分成一个个短小的数据片段(Clip)。每个数据片段包含某段时间内的摄像头视频数据和其他传感器如 IMU、GPS、里程计等数据。数据片段通过一些事先预训练好的网络模型进行多任务的预测，如场景的语义分割、道路目标识别、深度与深度估计等。对预测的信息进行静态场景与行车轨迹的时空融合得到最终的标签信息。

特斯拉自动标注技术的关键在于将多个任务(目标识别、场景语义分割、深度估计、光流)与多传感器(视觉、IMU、GPS、里程计)信息耦合，并充分利用场景在几何、光学方面的时空一致性，将预训练模型输

图 6-9 特斯拉利用场景的时空一致性实现自动标注

出的结果进一步优化融合并反向提升标签的质量。自动标注的标签数据又可用于训练更好的网络模型,预测结果质量提升又反过来提升了最终自动标注数据的质量。如此反复迭代,可让整个系统不断演进,性能持续提升。

该自动标注思路无疑对 ATR 系统的迭代演进具有极大启发。ATR 系统中同样存在多任务、多传感器的应用背景,ATR 任务也与具体场景紧密耦合。因此,对于 ATR 数据的标注工作,也能够从多个任务维度、多传感器融合入手,并挖掘特定应用场景在某些特性(如场景本身几何空间特性、信号特性)的时空一致性,实现目标场景数据的全自动标注。

自动标注虽然可解决真实世界数据的高效生成问题,但真实世界数据采集依然存在覆盖性差、数据冗余度高的问题。对于军事目标尤其如此,很多情况下仅能获取少量的目标数据甚至根本无法获取目标数据。此外,还可能存在某些极端情况(Corner Case),如无法通过数据采集的方式进行覆盖。

在自动驾驶应用中也存在类似情况。为了解决真实世界数据的覆盖性问题,仿真是一种必要手段。在特斯拉自动驾驶解决方案中,为了应对某些罕见场景,如一条狗在高速公路上奔跑,就采用了仿真进行数据生成。通过仿真进行数据生成的关键是让生成的数据尽量接近真实。为达到该目的,需考虑以下几个关键因素。

(1) 精准的传感器建模。精准的传感器建模是让仿真数据具备真实感的必要前提。如对于自动驾驶中的核心传感器视频摄像头,需要对其成像过程中的噪声、运动模糊、折射、曝光、敏感度等关键参数进行数学建模，并使得成像过程尽量与真实过程一致。在 ATR 应用中，所涉及的传感器包括各型谱的雷达、红外传感器、光学相机、多光谱相机等，类型更加丰富，模式更加多样化。因此，在针对 ATR 的仿真数据生成过程中，应更加关注对各类型传感器进行精准数学建模。

（2）高逼真的场景数据渲染。高逼真的场景数据渲染是仿真数据生成最为关键的环节。场景数据渲染是将定义或构建好的场景模型输入到传感器数学模型中通过正向演算输出传感器数据。因此，除了传感器模型的精准程度和场景模型的精细程度，场景数据渲染的逼真度还取决于传感器与场景模型耦合计算过程的真实度。特斯拉数据仿真过程采用了复杂的光线追踪方式实现摄像头与场景三维模型的耦合计算，并在时空域应用抗锯齿技术以提升渲染的逼真度。ATR 应用涉及的传感器与场景更加多样化，如何提升各类传感器与场景模型耦合计算的逼真度更具挑战，也是待深入研究与探讨的关键问题。

（3）数据多样化与大规模场景构建。数据的多样性是防止模型过拟合，提升模型泛化能力的必要前提。数据多样化可通过构建大量各种类型的场景，或调整场景的不同参数实现。因此，能否快速地构建仿真场景与实现场景参数化表示是实现数据多样化的效率瓶颈。而场景传统构建依赖于大量人工参与，耗时耗力，无法满足大量仿真数据快速生成的需求。为实现高效的场景构建，需要对场景要素进行组件化、参数化。这些场景要素可根据需求进行组合，快速生成场景，且每个场景要素参数可根据需求进行调整、设置，从而达到动态调整场景的目的。

（4）虚实融合数据生成。虚实融合数据生成能够有针对性地对某些特定的真实场景进行数据增广，从而对某些极端或者罕见情况进行更好的模型训练。具体来说就是利用真实数据构建场景模型，再通过数据渲染获得不同视角下的新数据。这种虚实结合生成的数据质量取决于真实数据所构建的场景模型完整度。当真实数据对场景覆盖度不够，所构建场景会存在较多缺失的视角。因此，在生成数据的过程中，需将数据渲染的视角尽量靠近真实数据采集时的视角。此外，场景重构的质量也决定了数据生成的质量。如果场景重构存在较大的误差，所生成的新数据反而会对模型的训练带来负面影响。所以，如何基于真实数据重构高质量场景的模型，是进行虚实融合的数据生成的关键。

6.5.3 迭代自组织特征映射(RSOM)网络

人的学习过程实际上是一个监督学习和无监督学习相结合、循序渐进、自治的学习过程[56]。自组织特征映射(Self-Orignization Mapping, SOM)网络作为一种无监督学习、具有自组织功能的神经网络,其通过连接权重的无监督学习,使得连接权向量的空间分布密度与输入数据的概率密度趋于一致,因此在测试数据样本的分布与训练数据样本分布大致一致的情况下可以取得很好的效果[19]。如图 6-10 所示,SOM 的基本结构是由输入层和竞争层组成,输入层神经元数为 n, 对应于输入模式矢量维数,竞争层由 $M = m \times l$ 个神经元组成且构成一个二维平面阵列,输入层与竞争层之间的连接权重通过竞争学习机制,使得输入样本聚类到竞争层对应的神经元,连接权重的分布逐渐逼近输入样本的分布。

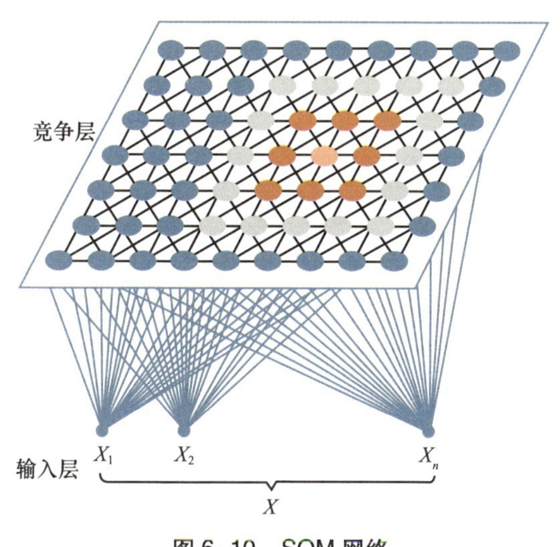

图 6-10 SOM 网络

假设输入样本为 n 维向量 $\boldsymbol{x}_k = [x_1^k, x_2^k, \cdots, x_n^k]^{\mathrm{T}}$, $(k = 1,2\cdots,p)$, 共有 p 个样本,构成训练样本集。竞争层神经元 j 的输出响应为 v_j ($j = 1,2,\cdots,M$)。竞争层神经元 j 与输入层神经元之间的连接权矢量为 $\boldsymbol{W}_j = [w_{j1}, w_{j2}, \cdots, w_{jn}]^{\mathrm{T}}$ ($j = 1,2,\cdots,M$)。首先对输入样本 $\boldsymbol{x}_k$ 进行归一化。一般采用级差变换归一化方式,即将输入样本每一特征维对应的全部数据的 ε 和 $1 - \varepsilon$ 分位点当作该维数据的极小、极大值(设 $\varepsilon = 0.05$),对所有数据按特征维进行级差变换,得到归一化的样本数据[56]。SOM 的权重调

整采用竞争学习机制,首先对于输入样本,采用欧几里得距离最小准则来确定竞争层获胜神经元。对于获胜的神经元 g 在其周围 N_g 的区域内神经元在不同程度上都变得兴奋,而在 N_g 以外的神经元都被抑制,连接权重的调整采用如下方程:

$$W_j(t+1)=\begin{cases}W_j(t)+\eta(t)[x_k-W_j(t)], & j\in N_g(t)\\ W_j(t), & j\notin N_g(t)\end{cases} \tag{6-8}$$

在训练收敛后得到 SOM 网路,将训练集中的样本用最近邻算法分配到竞争层 M 个节点中。

在雷达目标识别等实际分类、识别问题中,数据维度高、数据概率分布情况非常复杂,直接使用 SOM 模型往往无法取得很好的效果。实验室团队早期提出了高效、高容量、自适应增长 RSOM 架构,如图 6-11 所示,并成功应用雷达舰船目标识别、空间目标识别等多个实战化项目中,具备持续增量学习的能力[56]。

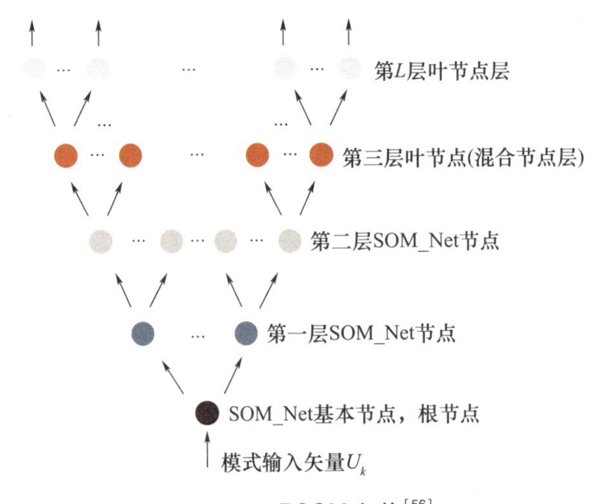

图 6-11　RSOM 架构[56]

RSOM 是一个递归增长的层次化树型结构,基本思想是首先用原始训练样本训练一个 SOM 网络,作为 RSOM 树的根节点,并将样本分配到对应的竞争层节点中;然后根据一定判决条件判断对归入某一节点的样本是否进一步训练子 SOM 网络,以此方式采用递归的方法实现对所有节点的分析,直到没有节点需要进一步生长为止,由此形成一个 RSOM 树。

在 RSOM 的框架下,实验室团队探索了 RSOM 特征选择、增量学习、

RSOM 树的裁剪/合并与再生长方法、RSOM 树群落生长和自主新类发现等方法，提出了 RSOM 增量学习的分布式集群实现方法，开发了能够进行循序渐进式学习、监督学习与无监督聚类相结合的智能学习系统[56-57]。并且，实验室团队将 RSOM 成功应用于某型雷达目标识别系统，部署于多个雷达站，分别采集万余条雷达回波样本数据，进行回波特征提取、特征选择和模型训练，在某雷达站五类目标上的平均识别准确率达到了 91%[56]。

参考文献

[1] 郭炜炜. SAR 图像目标分割与特征提取[D]. 长沙：国防科学技术大学，2007.

[2] ZHU X，MONTAZERI S，ALI M，et al. Deep Learning meets SAR：Concepts，models，pitfalls，and perspectives[J]. IEEE Geoscience and Remote Sensing Magazine，2021，9(4)：143-172.

[3] PARISI G I，KEMKER R，PART J L，et al. Continual lifelong learning with neural networks：A review[J]. Neural Networks，2019，113：54-71.

[4] MAI Z D，LI R W，JEONG J，et al. Online continual learning in image classification：An empirical survey[J]. Neurocomputing，2022，469：28-51.

[5] DELANGE M，ALJUNDI R，MASANA M，et al. A continual learning survey：Defying forgetting in classification tasks[J]. IEEE Transactions on Pattern Analysis and Machine Intelligence，2022，44(7)：3366-3385.

[6] REBUFFI S A，KOLESNIKOV A，SPERL G，et al. iCaRL：Incremental classifier and representation learning[C]//Proceedings of the IEEE/CVF Conference on Computer Vision and Pattern Recognition，2017，5533-5542.

[7] MALLYA A，LAZEBNIK S. Packnet：Adding multiple tasks to a single network by iterative pruning[C]//Proceedings of the IEEE/CVF Conference on Computer Vision and Pattern Recognition，2018：7765-7773.

[8] 王志刚，王海涛，佘琪，等. 机器人 4.0：边缘计算支撑下的持续学习和时空智能[J]. 计算机研究与发展，2020，57(9)：10.

[9] MARTIAL M，AURÉLIA B，PATRICK B. The stability-plasticity dilemma：Investigating the continuum from catastrophic forgetting to age-limited learning effects[J]. Frontiers in Psychology，2013，4：504.

[10] MCCLOSKEY M，COHEN N J. Catastrophic interference in connectionist networks：The sequential learning problem[J]. Psychology of Learning and Motivation，1989，

24:109-165.

[11] FUSI S,DREW P J,ABBOTT L F. Cascade models of synaptically stored memories [J]. Neuron,2005,45(4):599-611.

[12] LI Z,HOIEM D. Learning without forgetting[J]. IEEE Transactions on Pattern Analysis and Machine Intelligence,2017,40(12):2935-2947.

[13] JUNG H,JU J,JUNG M,et al. Less-forgetting learning in deep neural networks[J]. 2016,arXiv:1607.00122.

[14] KIRKPATRICK J,PASCANU R,RABINOWITZ N,et al. Overcoming catastrophic forgetting in neural networks[C]//Proceedings of the National Academy of Sciences of the United States of America,2016,114(13):3521-3526.

[15] ZENKE F,POOLE B,GANGULI S. Continual learning through synaptic intelligence [C]//International Conference on Machine Learning,2017:3987-3995.

[16] MALTONI D,LOMONACO V. Continuous learning in single-incremental-task scenarios[J]. Neural Networks,2019,116:56-73.

[17] SENGHAS A,OZYUREK A. Children creating core properties of language: Evidence from an emerging sign language in nicaragua[J]. Science,2004, 305(5691):1779-1782.

[18] POWER J D,SCHLAGGAR B L. Neural plasticity across the lifespan[J]. Wiley Interdiplinary Reviews:Developmental Biology,2017,6(1):1-9.

[19] KOHONEN T,SCHROEDER M R,HUANG T S. Self-organizing maps[M]. 3rd ed. Berlin:Springer,1997.

[20] ACHILLE A,ROVERE M,SOATTO S. Critical learning periods in deep neural networks[J]. 2017,arXiv:1711.0885.

[21] ELMAN J L. Learning and development in neural networks:The importance of starting small. [J]. Cognition,1993,48(1):71-99.

[22] BENGIO Y,LOURADOUR J,COLLOBERT R,et al. Curriculum learning[C]// Proceedings of International Conference on Machine Learning,2009,41-48.

[23] GRAVES A,BELLEMARE M G,MENICK J,et al. Automated curriculum learning for neural networks[C]//Proceedings of International Conference on Machine Learning,2017,1311 1320.

[24] WEISS K,KHOSHGOFTAAR T M,WANG D D. A survey of transfer learning[J]. Journal of Big Data,2016,3(1):1-40.

[25] PAN S J,QIANG Y. A survey on transfer learning[J]. IEEE Transactions on Knowledge and Data Engineering,2010,22(10):1345-1359.

[26] LAMPERT C H,NICKISCH H,HARMELING S. Learning to detect unseen object

classes by between-class attribute transfer[C]//Proceedings of the IEEE/CVF Conference on Computer Vision and Pattern Recognition,2009:951-958.

[27] VINYALS O,BLUNDELL C,LILLICRAP T,et al. Matching networks for one shot learning[C]//Proceedings of International Conference on Neural Information Processing Systems,2016,3637-3645.

[28] RING M B. CHILD:A first step towards continual learning[M]. Berlin:Springer,1998.

[29] HUANG G,LARADJI I,VAZQUEZ D,et al. A Survey of self-supervised and few-shot object detection[J]. IEEE Transactions on Pattern Analysis and Machine Intelligence, 2022:1-20(Early Access).

[30] RUSU A A,VEČERIK M,ROTHÖRL T,et al. Sim-to-real robot learning from pixels with progressive nets[C]//Proceedings of the Conference on Robot Learning. 2017:262-270.

[31] KANG B,LIU Z,WANG X,et al. Few-shot object detection via feature reweighting [C]//Proceedings of the IEEE/CVF International Conference on Computer Vision, 2019:8420-8429.

[32] CHEN H,WANG Y,WANG G,et al. Lstd:A low-shot transfer detector for object detection[C]//Proceedings of the AAAI Conference on Artificial Intelligence,2018,32(1).

[33] WANG X,HUANG T E,DARRELL T,et al. Frustratingly simple few-shot object detection[C]//Proceedings of International Conference on Machine Learning. 2020:9919-9928.

[34] WU J,LIU S,HUANG D,et al. Multi-scale positive sample refinement for few-shot object detection[C]//Proceedings of European Conference on Computer Vision. 2020:456-472.

[35] BAR A,WANG X,KANTOROV V,et al. Detreg:Unsupervised pretraining with region priors for object detection[C]//Proceedings of the IEEE/CVF Conference on Computer Vision and Pattern Recognition. 2022:14605-14615.

[36] KARLINSKY L,SHTOK J,HARARY S,et al. Repmet:Representative-based metric learning for classification and few-shot object detection[C]//Proceedings of the IEEE/CVF Conference on Computer Vision and Pattern Recognition, 2019:5197-5206.

[37] WU X,SAHOO D,HOI S. Meta-rcnn:Meta learning for few-shot object detection [C]//Proceedings of ACM International Conference on Multimedia,2020,1679-1687.

[38] KANG B,LIU Z,WANG X,et al. Few-shot object detection via feature reweighting [C]//Proceedings of the IEEE/CVF International Conference on Computer Vision, 2019,8420-8429.

[39] YAN X, CHEN Z, XU A, et al. Meta r-CNN: Towards general solver for instance-level low-shot learning[C]//Proceedings of the IEEE/CVF International Conference on Computer Vision, 2019, 9577-9586.

[40] REN S, HE K, GIRSHICK R, et al. Faster r-CNN: Towards real-time object detection with region proposal networks[J]. IEEE Transactions on Pattern Analysis and Machine Intelligence, 39(6): 1137-1149.

[41] FAN Q, ZHUO W, TANG C K, et al. Few-shot object detection with attention-RPN and multi-relation detector[C]//Proceedings of the IEEE/CVF Conference on Computer Vision and Pattern Recognition, 2020: 4013-4022.

[42] JING L, TIAN Y. Self-supervised visual feature learning with deep neural networks: Asurvey[J]. IEEE Transactions on Pattern Analysis and Machine Intelligence, 2021, 43(11): 4037-4058.

[43] MISRA I, MAATEN L. Self-supervised learning of pretext-invariant representations [C]//Proceedings of the IEEE/CVF Conference on Computer Vision and Pattern Recognition, 2020: 6706-6716.

[44] CHEN T, KORNBLITH S, NOROUZI M, et al. A simple framework for contrastive learning of visual representations[C]//Proceedings of International Conference on Machine learning. PMLR, 2020: 1597-1607.

[45] HE K, FAN H, WU Y, et al. Momentum contrast for unsupervised visual representation learning[C]//Proceedings of the IEEE/CVF Conference on Computer Vision and Pattern Recognition, 2020: 9729-9738.

[46] VAN DEN OORD A, LI Y, VINYALS O. Representation learning with contrastive predictive coding[J]. 2018, 10. 48550/arXiv. 1807. 03748.

[47] HENAFF O. Data-efficient image recognition with contrastive predictive coding[C]// Proceedings of the International Conference on Machine Learning, 2020: 4182-4192.

[48] CHEN T, KORNBLITH S, NOROUZI M, et al. A simple framework for contrastive learning of visual representations[C]//Proceedings of the International Conference on Machine Learning, 2020: 1597-1607.

[49] CARON M, BOJANOWSKI P, JOULIN A, et al. Deep clustering for unsupervised learning of visual features[C]//Proceedings of the European Conference on Computer Vision, 2018: 132-149.

[50] ASANO Y M, RUPPRECHT C, VEDALDI A. Self-labelling via simultaneous clustering and representation learning[J]. 2019: arXiv: 1911. 05371.

[51] CARON M, MISRA I, MAIRAL J, et al. Unsupervised learning of visual features by contrasting cluster assignments[C]. Proceedings of Advances in Neural Information

Processing Systems,2020,33:9912-9924.

[52] XIE J, GIRSHICK R B, FARHADI A. Unsupervised deep embedding for clustering analysis[C]//Proceedings of the International Conference on Machine Learning, 2016:478-487.

[53] 姬强,孙艳丰,胡永利,等. 深度聚类算法研究综述[J]. 北京工业大学学报, 2021,47(8):13.

[54] GRILL J B, STRUB F, ALTCHÉ F, et al. Bootstrap your own latent-a new approach to self-supervised learning[C]//Proceedings of the Advances in Neural Information Processing Systems,2020,33:21271-21284.

[55] LIU B. Learning on the job: Online lifelong and continual learning[C]//Proceedings of the AAAI Conference on Artificial Intelligence,2020,34(9):13544-13549.

[56] 夏胜平,张乐锋,虞华,等. 基于 RSOM 树模型的机器学习原理与算法研究[J]. 电子学报,2005,33(005):939-944.

[57] 夏胜平,刘建军,袁振涛,等. 基于集群的增量分布式 RSOM 聚类方法[J]. 电子学报,2007,35(3):7.

第 7 章 目标识别测试评估

本章对 ATR 系统测试评估这一问题进行阐述，旨在介绍 ATR 测试评估的整体思路和方法。为了实现基于任务与场景的定制化 ATR 效能评估，提出了面向任务场景的 ATR 测试评估体系与架构，并给出了 ATR 系统的测试指标体系及测试方法。

7.1 ATR 系统测试评估体系

相较 ATR 技术的快速发展，ATR 系统效能评估的相关研究滞后，且受制于目标场景的复杂性与不确定性，ATR 系统评估技术的发展一直面临瓶颈[1]。理想条件下，ATR 效果评估与 ATR 系统应该具有理论模型支撑的映射关系。通过定量化 ATR 系统的输入，统计 ATR 系统的输出，利用一定的算法给出评估结论；最终形成一个具有通用性的 ATR 效果评估体系。但由于实际任务场景的复杂性、多样性和不确定性，通常难以进行有效的映射建模，不仅缺乏机理上系统、完善的理论支撑，也缺乏应用效果上权威、普适的方法。因此，目前还没有形成一个真正具有工程应用意义上的、参考性好的 ATR 系统测试评估体系。

7.1.1 ATR 系统测试评估需求

先进智能系统强调具有自学习、自组织、自生长的能力[2]，即系统能够根据应用环境发现自身的不足，并有针对性地进行状态调整，使整个系统具有不断适应新环境、解决新问题的能力。同样，对 ATR 系统而言，进化与扩展的能力，不仅是重要的研究方向，更是推动工程实用的动力[3]。

识别系统要进行自我更新和扩展，首先必须对整个系统的工作状态和性能进行全面而客观的评价。在某种触发条件下，如定时/定样本量、人工启动，以及出现新目标等情况发生时，能够分析识别系统的工作状态，掌握其各项关键参数和指标，这样才能明确系统是否需要进行更新。在迭代完善过程中，逐步获得性能更好的识别模板，促进整个系统性能的提升。

尽管 ATR 已发展了相当长的时间，但与其相关的评价理论与方法却还未完善。由于每一个识别系统均存在许多与其相关的性能度量、代价指标和特性要求，导致了尚不存在被广泛接受的通用的识别系统评价方法。ATR 系统评估技术的研究已经引起越来越多的重视。1992 年我们提出[2]，“评估阶段是 ATR 系统发展周期中最重要的阶段之一，但还未引起足够的重视。ATR 系统是复杂的数据处理系统。毫无疑问，近几年来 ATR 算法变得很复杂，且算法的设计更多的是基于启发式的、试验型的，从而使得评估和预测这类系统的性能更加复杂。”到今天正好 30 年，关于 ATR 系统评估问题仍然是尚未有效解决的重要基础性难题。

在现有的 ATR 评估研究中，大多聚焦于 ATR 算法本身的测试评估，也是目前可查到的长期以来 ATR 测试评估的主要研究方向，属于 ATR 系统性能评估的主要研究重点。针对 ATR 算法性能进行评估，通常采用单个任务设计方式来开展，这就导致了由于任务维度单一、缺乏系统性的考虑，该方法很难应用于针对 ATR 系统的测试评估。造成这种结果的主要原因：①ATR 算法的提出、验证、测试与 ATR 系统的任务场景耦合不紧密；②面向任务的测试验证流程与 ATR 系统设计流程缺乏衔接；③针对新型、智能化系统与算法，缺乏体系化评估视角与评估手段。

为了更好地从工程应用视角有效衡量 ATR 系统，需要从各维度、各阶段能力对 ATR 系统进行定量化、准确的测试与评估。美国学者 Hatem Nasr 也在其研究中表示“当前 ATR 技术的一个关键问题是无法有效地评估 ATR 系统的性能和组件算法。除了评估系统性能的问题外，通常无法确定系统在某些情况下表现不佳的原因。这很大程度上是由于目前用于提取和分析大量数据的工具盒方法相对不成熟。用于测试、评估和优化复杂 ATR 系统及其组成算法的时间和精力是开发过程生命周期中最长的阶段。对于开发下一代 ATR 系统，有效的 ATR 系统性能的诊断和评估，成熟的工具、技术、标准和基础知识至关重要。”[1]

因此,从各种维度来分析,建立一套一致的,定性定量相结合的,以经验为基础的,科学有效的 ATR 系统效能的测试评估方法至关重要[4]。从工程应用角度来说,实际场景应用是检验 ATR 系统性能最有效的手段,但期望每一项 ATR 技术都通过实际应用来论证是需要付出巨大代价,也是难以接受的[5]。如图 7-1 所示,开展 ATR 系统性能评估的理论和方法研究,构建体系化的测试流程方法,不仅可以促进 ATR 整体技术研究快速和规范化发展;同时,还能推动建立面向任务场景的 ATR 系统性能测试评估框架、测试评估指标体系与评估方法。真正将 ATR 系统测试评估方法结合到系统设计、算法论证、技术研发的每个环节中,实现"测试左移""测建一体",对 ATR 技术领域的发展具有非凡的意义[6]。

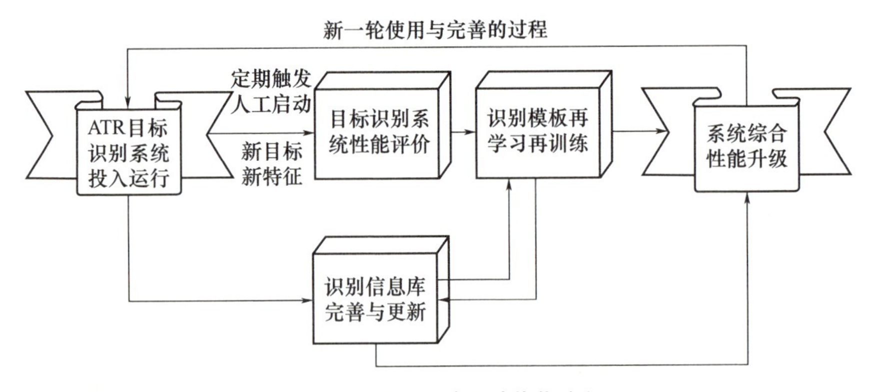

图 7-1　ATR 系统设计优化流程

7.1.2　ATR 系统测试评估发展趋势

美国从 19 世纪 70 年代末就开始关注 ATR 系统效果测试评估相关研究,美国空军实验室更是将提高 ATR 系统的评估水平作为一项尚未解决的重要问题加以研究[7],不但在理论研究方面遥遥领先,而且开发出的测试评估平台更是现有成熟产品中最早一代,其中具有代表性的测试评估平台之一就是 Honeywell 系统研究中心开发的 Auto-1。但是,由于美国空军实验室研究的部分技术内容涉密,因此,可以调研到的资料并不太多。国内在 ATR 系统测试评估方面的起步比较晚,主要的研究还集中在高校与研究所,研究成果也更多集中在理论研究方面,其中国防科技大学、华中科技大学进行了多年的研究;上海交通大学近些年也开始进行 ATR 系统性能的测试评估方法研究,并搭建了多源融合识别测试场、室

内群智能无人系统测试场,依托测试场开展相关测试评估方法研究;工业部门相关研究所在工程系统试验验证方面做了很多相关工作。但综合国内外的研究现状来看,欧、美国家在理论与实践方面均处于前列,我国在ATR 测试评估领域起步晚且基础薄弱,但已引起许多学者和应用部门的关注。

从研究技术框架来分的话,ATR 系统评估方法分为两大类:算法层评估和系统层评估[8],如图 7-2 所示。

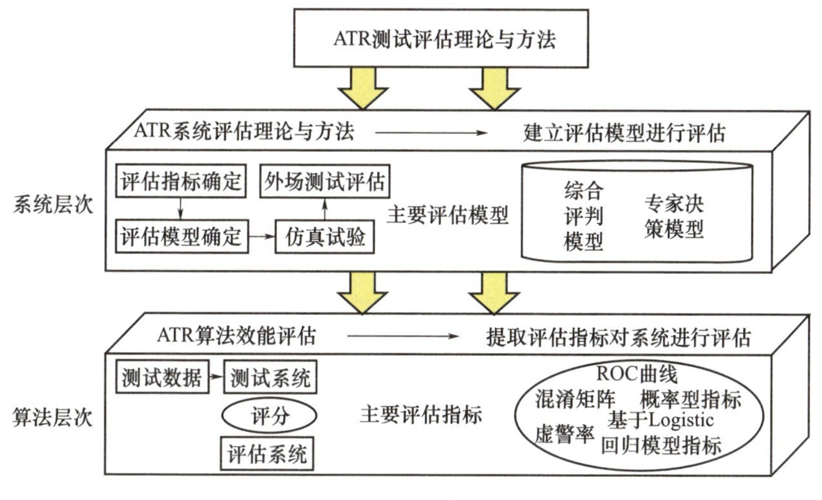

图 7-2 ATR 系统评估方法

7.1.2.1 ATR 算法性能测评

ATR 算法的性能评估是通过设计合理的试验方法,用较少的试验次数和适宜的评估方法,获得被评测算法性能的数据模型。通常建立该数学模型的方法有两大类:第一类是通过分析过程机理与规律,结合已知的定律、定理和原理建立数学模型,称为机理分析法。该方法的优点是不必做大量的试验,从理论上深入分析被评测算法的性能,称为“白箱”问题,其缺点是必须提出合理严谨的假设,如果假设不合理,脱离实际情况,就会影响测评结果。第二类是基于试验的方法。利用输入/输出数据所提供的信息来建立过程的数学模型,称为辨识分析法。由于对内部原理并不了解,因此该过程被称为“黑箱”问题。其优点是无需深入了解过程的机理,只需要从外部测量数据进行分析;但缺点是必须设置大量试验,且试验设计必须合理,才能获得正确的分析结果。

针对ATR算法测试评估,应选择合适的测试评估指标以及分类方法,并通过优化指标体系架构和分类器模型,获得系统准确的评估结果。基于混淆矩阵、接收机操作特征(Receiver Operating Characteristic,ROC)曲线和概率型指标[9-10]等建立的分类器可以在一定条件下准确地描述ATR算法的性能。在分类变量问题中Logistic回归模型引入的优化方法可以表征相应的评估方法,通过验证得出曲线下面积和强偏差区间可准确地反应ATR算法的识别效果[11]。也有将ATR算法作为一个"黑箱"模型,利用系统辨识方法对输入/输出数据进行建模,并建立相应的指标体系,结合美国空军的测试平台对评估方法的有效性进行了验证[12]。

7.1.2.2 ATR系统的效能测评

系统层次性能评估的文献数量相较于算法层次评估较少,因为ATR系统层次的差异性较大,难以采用单一的评估标准对其进行测试评估。现有的研究内容通常是基于决策分析模型或通过对不同性能提出分类定义[13-15],以衡量和反映ATR系统的性能特征。也有研究者针对雷达目标识别系统测试评估理论及关键科学问题,通过模糊综合评价等模型实现了对ATR系统效能的评估[16]。除此之外,在车载激光雷达方面也结合应用场景提出过目标关联的检测性能评价指标[17]。在水下目标识别系统的性能评估中采用船舰辐射噪声信号对目标分类模型进行训练,并最终形成一套水下目标识别系统性能评估方法[19]。

综上所述,国外针对ATR系统评估技术的研究起步早,且已初步形成工程应用案例,但由于技术涉密,可供参考的内容不多。国内在ATR系统测试评估问题开展的研究还属于起步阶段,虽然已经有部分理论成果和评估框架[20],但工程化应用实例很少,缺乏应有的测试平台、数据库,以及评估标准。

7.1.3 面向任务场景的ATR系统测试评估体系架构

从ATR系统测试评估概念可以看出,它主要是通过定量化衡量系统的输入,统计识别系统的输出,基于一定的评价算法来给出测评结果。测试评估系统并不了解ATR系统的识别过程与机理,测评结果仅需要给出识别系统在特定任务与场景下的测评结论即可。因此,ATR系统测试评估的整体思路,是在对任务描述以及环境条件定量化表征的基础上,建立

合理的指标体系,结合有效的评估模型得出定量的评估结果。

为了建立 ATR 性能指标体系和评估方法,首先需要合理定义 ATR 系统性能评估的若干概念,具体包括 ATR 系统性能、识别层次、目标界定条件、决策过程、测试条件等概念的解释和理解。复杂的任务场景会给识别带来很大的阻碍,尤其在外场测试中,环境、天气等变化可能会极大降低某一传感器的精度,从而影响整个系统的识别效果。因此,应考虑结合任务场景复杂度的 ATR 系统测试评估体系框架。首先,面向任务场景的 ATR 系统测试评估体系中基本概念的若干定义如下[21]。

(1) ATR 系统性能。ATR 系统完成目标识别的能力称为"性能",为完成目标识别任务所消耗的资源则称为"代价"。二者相互矛盾却又紧密相关,ATR 系统通常是在一定代价范围内寻求性能的最优化。为此,为了准确描述 ATR 系统的性能,一般从四个方面进行表征:准确性(ATR 系统在理想训练条件下的性能)、扩展性(ATR 系统在非理想训练条件下,但符合建模要求的条件下的性能)、稳健性(ATR 系统在非理想训练条件下的性能)和有效性(ATR 系统在正常工作的性能)。

(2) 识别层次。由于各类型 ATR 系统的背景和应用场景都各不相同,面对的目标也差异较大,目标的识别层次可依层级由粗到细划分为四个层次:敌我、种类、类型、型号。

(3) 目标界定。目标指的是任何属于目标类或其余类的对象,非目标既为不属于目标类也不属于其余类的对象。其中目标类与其余类分别属于特定目标类以及广义目标类。

(4) 决策过程。识别过程分三部分决策过程:检测决策、判别决策和分类决策。

(5) 测试条件。能够影响 ATR 系统性能的一个多维空间子集组成的特定条件。包含四种条件:工作条件(开发者期望的理想工作条件)、训练条件(ATR 系统开发过程中使用的训练条件)、测试条件(ATR 系统实际的测试条件)和建模条件(基于模型驱动 ATR 系统建模的边界条件)。

基于上述 ATR 系统测试评估基本概念,了解到任务复杂度与环境场景对于 ATR 系统性能的影响至关重要,不仅影响 ATR 系统的识别性能,同时决定了识别层次、测试条件等各个环节。因此,提出了一种面向任务场景的 ATR 系统测试评估体系,即以面向任务场景的 ATR 系统测试评估体系(Task,Ability,Concern and Metrics,TACM)框架作为 ATR 系统综合测试方法。TACM 是基于欧洲的自动驾驶项目 Adaptive,结合 ATR 修改而来,能适用于不同任务复杂程度、不同复杂场景,以及不同 ATR 系统的评估。相较于自动驾驶测试评估从三个维度来进行评估的方法[19-20],面向任务场景的 ATR 系统测试评估体系将从工程应用的维度,且考虑 ATR 系统的特殊性来进行分析。从对任务场景复杂度的拆分开始,将测试评估指标体系与测评任务一一对应,也就是将待测评问题与测评工具对应,最终形成合适的测试评估场景和测试评估能力,并完成评估任务。

具体面向任务场景的测试评估体系框架如图 7-3 所示,整体评估体系将分为 6 个部分。

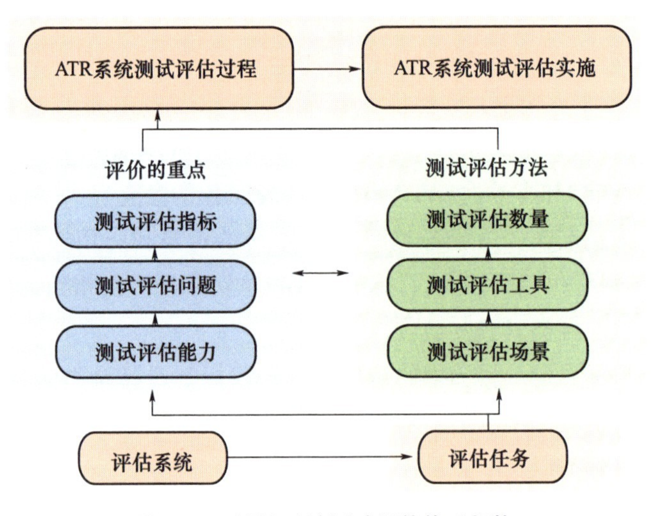

图 7-3 ATR 系统测试评估体系架构

(1) 描述 ATR 系统(System)。

(2) 描述任务(Task),根据任务类型明确系统所处测试条件,包括确认任务需要与识别有关参数、外界环境与目标识别过程有关的因素等。

(3) 确定评价重点:完成任务所需具备的能力(Abilities),完成任务关心的问题(Concerns)和评价指标体系(Metrics)。

(4) 确定测试方法:定义测试场景(Scenarios),选择测试评估指标体系,测试工具(Tools)和测试量(Amount)。

(5) 制定测试流程(Develop test process)。

(6) 执行(Execution)。

通过以上6个步骤即可获得面向任务的ATR系统测试评估体系的整体模型,如图7-4所示,通过分析任务场景及环境类型设计相应试验,包括提取相应的指标体系,获取测试数据集合;结合专家经验的分析,进一步得到评估结果;通过模型分类,最终得到测试评估等级。

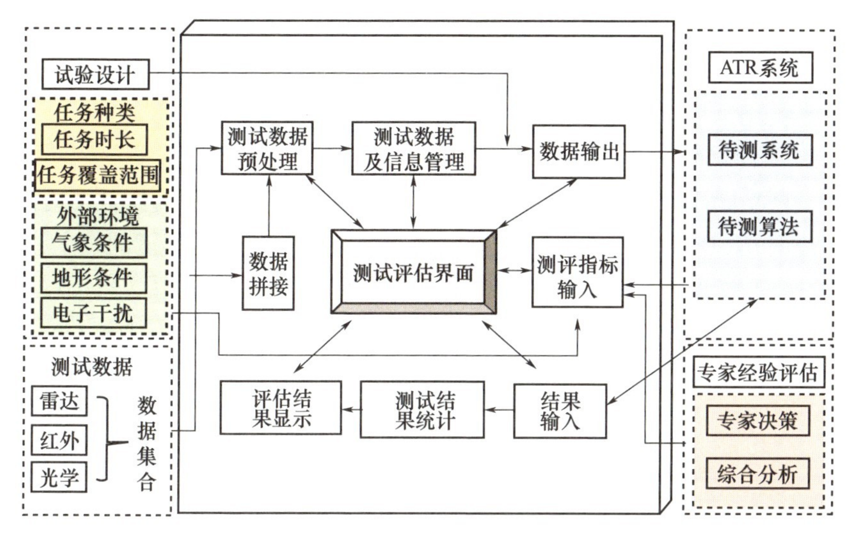

图7-4 ATR系统测试评估体系总体模型

7.2 ATR系统测试评估指标体系

评估指标的定义和选择是ATR系统性能测试评估的基础。对于面向任务场景的ATR系统的测试评估,每种任务的场景不同,难易程度不同,测试的着重点也不同,在测试时需要选择合适的测试评估指标体系才能够实现对该系统的准确评估。不同类型的指标,分别反映评估对象不同维度的特性。

ATR系统效能的评价指标体系构建是ATR评估工作中首要解决的问题,关键是既能描述ATR系统性能的主要特征,还要反映其应用需求倾向。因此,在选取性能指标的过程中应遵循如下原则[24]。

(1) 完备性:即能够完全描述系统的相应性能。

(2) 非冗余:即性能指标没有重复定义。

(3) 可比较:即能够针对不同ATR系统性能差异进行比较。

(4) 可计算:即在具体评估操作时能够简捷、方便地计算出指标值。

(5) 最小化:即面对同样测试任务,指标体系选择最优化最简略的指标个数。

依据此原则,可将整个指标体系分为四大类,即任务描述指标、环境表征指标、目标识别效能指标和主观评价指标。从不同维度对 ATR 系统测试评估过程所需要描述的各类因素,选取相应的特征参数。

7.2.1 任务复杂度指标

1. 任务覆盖范围

在测试计划的“测试环境”部分中,ATR 系统执行任务需要观测的区域范围,D(Domain) = $\{A \times B \times C\}$,A、B、C 分别代表观测区域的长度、宽度、深度,区域涉及多个传感器覆盖所有的目标场景;也可定义为执行任务区间,指用户在同一个工程中工作环境的集合,普遍认识为技术上的约定和被约定执行任务的范围和空间。

2. 目标尺度范围

尺度概念一般有两种定义:一是粒度或空间分辨率,表示测量的最小单位;二是范围,表示研究区域的大小。简单来说尺度就是用来衡量一个量的标准。ATR 系统在测试环境中需观测目标物的尺寸大小,S(Size) = $a \times b \times c$,一般定义为待识别目标物的常规几何尺寸,a、b、c 分别代表被观测目标的长度、宽度、高度。

3. 任务目标种类数量

ATR 系统预计观测目标物的类别,依据前面定义,该指标应属于目标类或其余类中,在整体测试环境下,ATR 系统应识别的最低目标物数量的合集。在测试过程中,识别目标种类越多,识别性能越好,但应确保最低识别种类数量。

4. 任务时长

在测试计划中,ATR 系统在测试环境下完成所有任务类型所需要的整体时间 T,如在外场测试环境中,应代表 ATR 系统从进入测试场到全部完成测试环节,离开测试场的时间,该时间特性的优劣不仅仅与时长有关,还涉及任务复杂程度。

5. 可调集传感器数量

在测试计划中,ATR 系统在完成测试环境下所有任务类型所需要的调集的传感器数量 N_s(Numbers of Sensor),ATR 系统在执行不同复杂度

的任务时,自主选择调集不同种类的传感器数量,包含同类型传感器的个数以及多元传感器的种类;面对同样的任务类型,在完成任务的前提下,调集的传感器数量越小,代表系统的性能越好。同样,可调集传感器的性能同样对 ATR 评估会产生较大的影响。传感器的性能参数直接影响到探测数据的质量优劣,自然直接影响到了测试评估的结果。

6. 代价指标

ATR 系统为了达到一定的目标识别能力必然要消耗一定的资源,即实现目标识别所付出的代价。评估 ATR 系统的应用效能时不仅要评估 ATR 算法是否能实现预定的识别能力,还要考察为了达到系统的目标识别能力所付出的代价。ATR 系统的代价包括许多方面,从整体来看代价可分为系统资源代价、系统开发代价和系统使用代价三个方面[7]。

(1) 系统资源代价是指实现目标识别功能所占用的感知、通信与计算资源的数量与成本。例如,占用的探测系统的功率资源、频谱资源、时间资源等,还有占用的系统数据存储与处理资源等。数据存储的花费可通过模板的数量、模型的数量来衡量。数据处理的代价可以用系统的运行时间(耗时)、工作状态下所使用的硬件资源、占用的存储空间等方式来衡量。

(2) 系统开发代价是指实现 ATR 系统所付出的人工成本、数据与物料成本、试验验证成本等各类成本的总和。例如,采集和获取 ATR 系统在设计、训练及测试过程中所需数据的成本,包括实测数据和人工合成的仿真数据,其代价可通过所花费时间或经费等来衡量。

(3) 系统使用代价是指 ATR 系统在实际应用时所需要的人力成本以及系统所需要的维护、支持与服务更新的成本。

7.2.2 环境复杂度指标

7.2.2.1 气象条件

1. 能见度

能见度是用来定义大气的透明度指标,通常指的是视力正常的人在一定天气条件下能够看清楚物体轮廓的最远距离。在极端天气下如暴雨、雾、霾、沙尘暴等情况下大气透明度降低,能见度变差,因此该指标极易受当时天气状况影响而变化。具体可通过将规定尺寸黑色物体放置地

面,在亮色背景条件下可被清楚看见的最大距离;或在暗色背景条件下可以看清目标轮廓的最远距离。

在气象学定义里,气象光学视程被用来表示能见度。其含义具体表达为白炽灯在色温为2700K发出的平行光束光通量,经由大气中传输削弱至初始值的5%,此削弱过程通过的路径长度称为能见度。测量方法一般为目测,也可以选用标准的测量仪器按照国家标准对其进行测试,如大气透射仪、激光能见度自动测量仪等设备[25]。在目标识别测试评估过程中,该指标通常应用于基于光学图像的自动目标识别系统的测评指标体系。

2. 雨衰

雨衰是电波进入雨层后所引起的衰减。它主要包括两大类别:雨粒吸收衰减和雨粒散射衰减。雨粒衰减是因为雨粒具有介质损耗引起的衰减,雨粒散射衰减则指的是由于电波碰到雨粒时,被其多次再反射引起的衰减。这种二次发射的电波是向四面八方散射的,这就是所谓的二次散射。但就是由于发生了二次散射,原方向上入射电波就被抵消而引起了衰减。

雨衰特性的大小与雨滴的直径与波长比有一定的可比性关系,而雨滴的半径则仅仅与降雨率有关,与雨衰特性无关。实测结果发现一般雨滴半径均约为0.025~0.3cm。C波段电波波长较雨滴半径相差较大为7.5cm左右,因此不易受到降雨的影响,衰减一般小于2dB。Ku波段电波波长约为2.5cm,此波段极易收到降雨的影响,最大可达20dB。雨衰大部分表现为热损耗,属于吸收衰减。尤其当电波波长与雨滴几何尺寸相近时,将会引起雨滴的共振,并加剧衰减。可是在实际情况下雨滴尺寸大小不一,且无论雨滴大小作为介质它都要吸收一定的能量。所以,依据实测与统计结果,雨粒吸收衰减通常比散射衰减大[26]。该指标对雷达信号目标识别具有很大的影响,因此多应用于该领域的测评指标体系中。

3. 常规气象指标

常规气象描述指标包括平均气压、年平均气温和相对空气湿度,均用来表征任务场景当前的特征。

(1) 气压主要受海拔高度影响,一般来说,海拔越高,气压越低,自然年平均气压也就越低。年平均气压是指多年中各月平均气压的平均值,平均大气压的公式如下(H为海拔高度,单位为m):

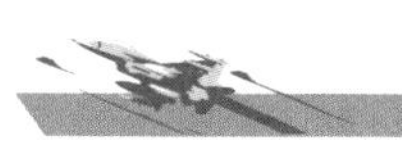

$$P_H = 1013 \times \frac{16955 - H}{16955 + H} \tag{7-1}$$

（2）年平均气温指的是一年内逐月月平均气温的算术平均值。

（3）相对空气湿度指水在空气中的蒸气压与同温度同压强下水的饱和蒸汽压的比值，即湿空气的绝对湿度和相同温度下可能达到的最大绝对湿度之比。也可表示为是空气中水蒸气分压力与相同温度下水的饱和压力之比[27]。该指标多应用于光学图像自动识别系统测评指标体系，对雷达目标识别系统也有一定影响，因此常见于这两类识别任务的测评指标体系中。

7.2.2.2 地理条件

1. 地形特征

地形特征是人们用于描述空间过程变化的重要指标。①地形类型及分布。陆地有五种基本地形，山地（海拔大于500m，峰峦起伏坡度陡峻）、丘陵（海拔小于500m，地面有起伏）、高原（海拔大于500m，地面坦荡边缘陡峻）、平原（海拔小于200m，地面非常平坦）、盆地（周围高、中间低），其他地形如河谷冲积扇形、冰斗等。②地势。地势定义地表高低起伏总趋势，如中国地势西高东低。③地面起伏。一般用地面平坦、地面崎岖、地面起伏大、地面高差悬殊、山高谷深等定性描述。④海拔和相对高度。一般用海拔高低，相对高度大小描述。该指标通常影响到光学图像目标识别，因此多作为其测试评估指标体系的二级指标。

2. 坡度与坡向

坡度定义为斜坡与水平方向夹角的正切值。坡向指的是坡面法线在水平面上的投影方向，由高指向低的方向。该指标通常应用在基于光学图像目标识别系统的测试评估指标体系。

3. 障碍物数量

测试场景中，地物环境与干扰目标会对 ATR 系统识别效果产生影响的障碍物目标的数量。该指标多用于光学图像识别的测评指标体系二级指标类别，对于雷达目标识别也存在一定影响。

4. 杂波

杂波通常指的是环境中来自于非主动采集的、干扰雷达或探测系统正常工作的客观存在的回波。杂波可以来自于海洋、地面、岛屿、生物等的回波，强杂波会影响观测系统，以至难以观测到真实目标物，要在杂波的背景里快速识别出运动目标也较为困难。常用动目标显示和动目标检测两种方法来区分固定杂波和运动目标物。针对雷达识别系统常采用杂波可见度、杂波衰减度和改善因子来描述杂波的特征[28]。该指标多应用于雷达目标识别系统测评指标体系,对其他方式的识别效果影响较小。

5. 海况

海况通常指得是海面在风作用前提下产生风浪和涌浪,从而引起的海貌特征情况,也有通过海面波峰形状或者波峰破裂后浪花出现的多少来进行定义的。气象部门通常将其分为 10 个等级,0 级代表海表面风平浪静,无浪花产生,能见度为目标物清晰可见;9 级则代表海表面布满稠密的浪花以及白沫,海浪会形成颠簸感,海面能见度较差。通常在 ATR 系统测评过程中也有用浪高来进行海况等级的区分定义,具体需要针对任务场景需求来选择合适的参数进行表征。海况指标多用于雷达目标识别,而对于光学图像的目标识别系统也会产生较大影响,也经常作为重要环境指标之一。

7.2.2.3 干扰

实际应用中,各类干扰能严重影响 ATR 系统的探测与识别能力。按干扰类型可分为激光干扰、红外干扰、雷达干扰等;按照干扰的产生机理一般会分为有源干扰与无源干扰。本书在 ATR 系统评估中重点以雷达目标识别为案例,这里主要按照雷达干扰的工作性质介绍压制性电子干扰和欺骗性电子干扰[29]。

1. 压制性电子干扰

压制性电子干扰是通过在雷达的调谐频带上产生宽带或窄带噪声信号,通过空间辐射形成压制环境,以实现干扰真实目标回波信号的目的,是一种有源干扰方法。因为干扰信号的产生机理与接受系统的工作原理相似,理论上系统本身难以摆脱这种类型的干扰。干扰通常分成两种:宽带干扰和窄带干扰。宽带干扰通常是全波段的干扰,可以覆盖整个调谐频带,其中又可以按工作方式分为宽带噪声干扰方式、闪烁干扰方式以及扫频干扰方式。窄带跟踪干扰相比于宽带干扰,指的是点噪声产生的干扰,刚好覆盖系统工作频段,从而获得最大的干扰功率密度。具体指标包含抗干扰品质因素、自卫距离、相对自卫距离及有效抗干扰扇面等可以用来进行系统抗干扰能力的表征[30]。

2. 欺骗性电子干扰

欺骗性干扰不同于压制干扰，其采用模拟目标的特性产生回波信号，通过虚假信息来迷惑 ATR 系统使其识别误差增大，它可以采用有源干扰的方式也可以采用无源干扰的方式。有源欺骗干扰是通过干扰设备调制转发，形成针对性强、干扰功率小的干扰信号方式。无源欺骗性干扰则是通过投放各类特性都与真实目标物相似的虚假目标装置，对探测系统形成欺骗的干扰模式。按其特性不同可分为距离欺骗干扰、角度欺骗干扰、速度欺骗干扰、自动增益控制（Automatic Gain Control，AGC）欺骗干扰与多参数欺骗干扰等。

7.2.3 目标识别性能指标

7.2.3.1 混淆矩阵

混淆矩阵也称误差矩阵，用 n 行 n 列的矩阵来进行精度评价，基于混淆矩阵的具体评价指标有准确率、精确率、召回率、特异度和 F1 分数等，从不同侧面反映分类问题的精度。混淆矩阵由真值和预测值统计得到，TP（True Positive）代表真值为某类并正确预测为该类的数量，TN（True Negative）代表真值不为某类并正确预测为其他类的数量，FP（False Positive）代表真值不为某类但错误地预测为该类的数量（即虚警或假阳性，Ⅰ类错误），FN（False Negative）代表真值为某类，但误测为其他类的数量（漏检或假阴性，Ⅱ类错误）。

表 7-1 三分类问题的一个混淆矩阵

矩阵		预测类		
		猫	狗	兔子
实际情况	猫	6	3	1
	狗	2	5	1
	兔子	0	2	10

如表 7-1 所列，对于猫这个类别，TP 为 6，TN 为 18（5+1+2+10），FP 为 2（2 只狗被错误地预测为猫），FN 为 4（3 只猫被错误地预测为狗，1 只猫被错误地预测为兔子）。基于此，可以计算反映不同侧面的指标：

$$\mathrm{ACC}=\frac{N_{\mathrm{TP}}+N_{\mathrm{TN}}}{N_{\mathrm{TP}}+N_{\mathrm{TN}}+N_{\mathrm{FP}}+N_{\mathrm{FN}}}\times 100\% \tag{7-2}$$

$$P=\frac{N_{\mathrm{TP}}}{N_{\mathrm{TP}}+N_{\mathrm{FP}}}\times 100\% \tag{7-3}$$

$$R=\frac{N_{\mathrm{TP}}}{N_{\mathrm{TP}}+N_{\mathrm{FN}}}\times 100\% \tag{7-4}$$

$$\mathrm{SPC}=\frac{N_{\mathrm{TN}}}{N_{\mathrm{TN}}+N_{\mathrm{FP}}}\times 100\% \tag{7-5}$$

$$F_{\mathrm{measure}}=\frac{(\alpha^2+1)\times P\times R}{\alpha^2(P+R)}\times 100\% \tag{7-6}$$

式中:准确率(ACC)反映总体的预测效果;精确率(P)是该类的正确预测占所有预测值为该类的比例,也称为查准率,反映预测的精度(精确率为1说明所有预测为该类的结果都是正确的);召回率(R)是该类的正确预测占所有真值为该类的比例,也称为查全率,反映预测的灵敏度(召回率为1说明所有真值中存在的该类都被预测出来了);特异度(SPC)是其他类的正确预测占所有真值为其他类的比例,反映预测负样本的灵敏度;F_{measure} 是加权考虑 P 和 R 的综合指标,最常见的是取参数 $\alpha=1$ 的F1分数,能同时反映查准率和查全率。

准确率、精确率、召回率、特异度、F1分数等指标适用于所有分类问题。

7.2.3.2 概率型指标

混淆矩阵可从不同层面上评价识别的效果,实现包括识别率、召回率等特性表征,但由于其维度过多导致量化比较不便。概率型指标作为另一类更常用的指标,能更灵活便利地表征ATR系统的识别效果,包含正确检测概率和虚警概率等。除此之外,置信区间和假设检验方法的引入使得对ATR系统识别效率评估科学合理,得出的结论可以直接反映ATR系统识别效率,更具有指导意义。

1. 准确识别概率和虚警率

测试评估过程中将目标分为目标类型和非目标类型,采用不同的数据集对其测试。最常用也最易想到的指标是识别正确的概率和反映误识别发生率的虚警率,它们能最简单直接地反映ATR系统在识别任务上的完成度,其中将目标物准确识别的概率称为准确识别率,一般用符号 P_{DET} 表示。而系统将非目标物类型识别为目标物类型的概率则称为虚警率,一般用 P_{FA} 表示。

2. 置信区间

通过有限的试验对单个 ATR 系统进行检测评估,得到概率型指标的估计值。置信区间标定了在显著范围下的估计值,若该区间包含有所需检测系统待估计指标的真值,说明该系统满足性能评估的要求;但是如果真值并未包含于置信区间之内,说明该 ATR 系统测试评估过程不符合要求,需进一步改进。当然两种结论均是在一定显著性水平下得出的,允许识别结果包含一定的错判,只要显著性水平低,测试评估结果就具有一定现实意义。如果基于相同指标来进行不同的多个算法测试评估和筛选的话。首先假设评估指标为随机变量,并做出合理假设估计;然后分别计算不同显著性水平下每种算法的置信区间。若各区间的置信度没有重合,说明各类算法特性不同,且易于比较,选取其最大概率指标估计值作为其最优化算法。而当各区间置信度有重叠时,则相反,说明算法特性不同不易做出比较,可通过假设检验法做出选择[21]。

3. 假设检验

假设检验是 ATR 系统评估测试过程中常用的概率型指标,又称为统计假设检验指标。该指标旨在用来判断个体样本与个体样本,是判断与整体样本的差异是由误差引起的,还是由本质差异引起的统计推断方法。在 ATR 系统测试评估过程中用来判断不同指标间的差异程度通常采用参数估计方法和假设检验方法。一般参数估计是通过统计量推断出参数值,而参数检验则是通过样本处理结果推断出假设是否合理[15,18]。在假设检验的所有方法中,显著性检验是其中最常用的统计推断形式,除此之外,还包含 z 检验、t 检验等。

4. 代价函数评估方法

代价函数属于系统代价估计过程的表征指标,主要是用来描述识别算法判决承担的风险,应该采用取小的方式来进行选择。利用代价函数评估 ATR 系统效果首先假设两类目标正确识别的代价为零,进行错误识别所付出的代价相同。在代价因子确定后,代价函数将转化为错误率的加权值,加权因子也被称为错误代价因子。代价函数从反方面表征了联合识别概率的大小。对相同任务场景下单一识别算法代价函数值越小,识别算法性能越优;而如果要对多个识别算法进行效果评估的话,则需要通过各自求取代价函数,以最小者做为最优算法[21]。

7.2.3.3 ROC 曲线指标

信号检测理论中,ROC 是一种坐标图式的分析工具,得名于曲线上各点反映相同的感受性,它们都是对同一信号刺激的响应,在不同的判断标准下所产生的结果。

当信号侦测(或变量测量)的结果是一个连续值时,类与类的边界必须用一个阈值(即判断标准)界定,不同的阈值下 TP、FP、TN 和 FN 会有很大差异。基于混淆矩阵定义真阳性率(TPR)和假阳性率(FPR):

$$\mathrm{TPR}=\frac{N_{\mathrm{TP}}}{N_{\mathrm{TP}}+N_{\mathrm{FN}}} \tag{7-7}$$

$$\mathrm{FPR}=\frac{N_{\mathrm{FP}}}{N_{\mathrm{FP}}+N_{\mathrm{TN}}} \tag{7-8}$$

TPR 代表在所有实际为阳性的样本中,被正确地判断为阳性的比例,等价于召回率 R;FPR 代表在所有实际为阴性的样本中,被错误地判断为阳性的比例,等价于 1-SPC。以 FPR 为横坐标,TPR 为纵坐标,形成 ROC 空间如图 7-5 所示,对角线把空间划分为两个区域,左上区域代表较好的分类结果(胜过随机分类),右下区域代表差的分类结果(劣于随机分类),完美的分类器位于左上角。

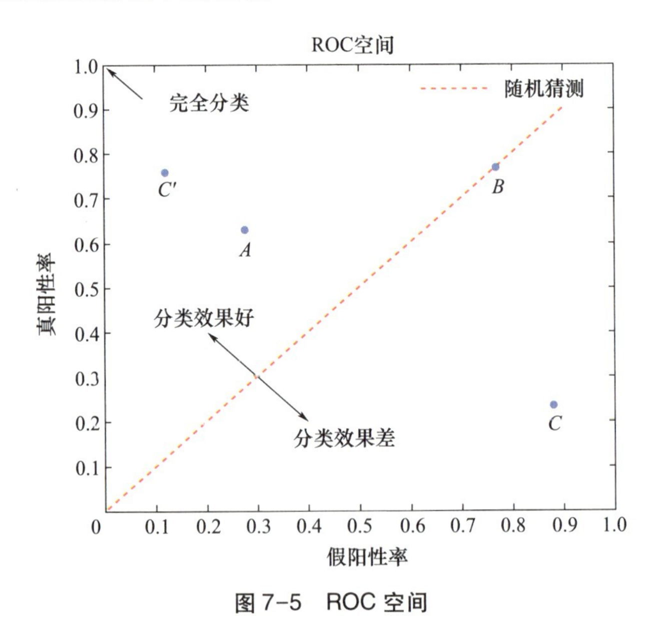

图 7-5 ROC 空间

当一个分类模型和它的阈值确定后，就能获得空间上的一个点，确定不同的阈值，可以获得多个点，将这些点与(0,0)点和(1,1)点连成线，形成ROC曲线，ROC曲线下的面积被命名为“曲线面积”(Aera Under the Curve，AUC)。

图7-6示例了三种ROC曲线和AUC，最完美的AUC为1，随机分类的AUC为0.5，AUC衡量了不同阈值下真阳性率和假阳性率，是一种综合指标。

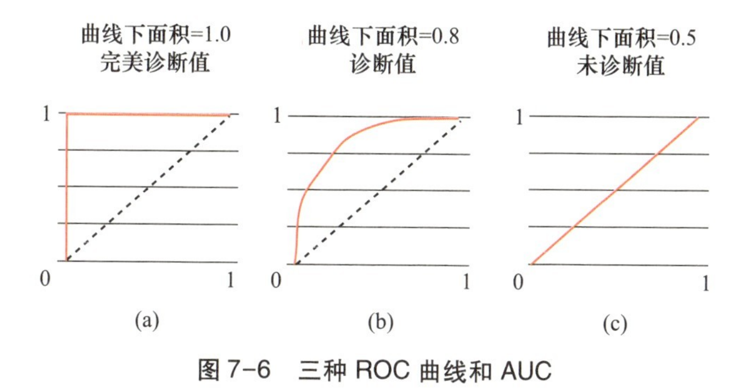

图7-6 三种ROC曲线和AUC

ROC分析广泛地应用于医学、无线电、生物学、犯罪心理学领域中，近年来在机器学习和数据挖掘领域也得到了很好的发展。例如，在目标检测领域中，用精确率 P 和召回率 R 分别作为横纵坐标构成ROC空间，在不同交并比、不同置信度阈值下，AUC可作为一个综合和通用的指标。

7.2.4 主观评价指标

ATR系统在测试环境下，除了依据既定指标体系给出的评价结果外，还需要进行测试人员现场测评的评价，即测试人员对ATR系统在测试过程中的所有表现给出评价意见和评价等级，通过人为介入对ATR系统测试评估能力给出评价表述的阶段。具体的评价内容包括，整体系统应用效能评估指标、人机交互性能评估。除此之外，ATR系统在不同场景、不同环境部署的可迁移性、适配部署速度与适配性能的评价，通常也由测试人员给出评分等级。该类型指标更多反映了ATR系统与操作者的互动性能，以及该系统的应用效果能力是否提升了整体任务的完成效率或精准性。

7.2.5 指标体系规范化

以上四类指标体系是通用性任务场景的综合分析所囊括的全部指

标,通常该集合内的指标体系会存在冗余或重叠,而实际应用场景中,可能更关注部分指标。因此,在获得最初的评价指标体系后,通常要对整体指标进行筛选,即指标体系的初选。初选规则一般是采用综合分析法,主要是针对 ATR 系统面对的任务和场景进行逐步细分,将整体需要评价的对象和目标拆解为独立的评价要素,形成各核心目标的评价要素。因此,用具体的统计量指标来表征待评价因素,同时基于该指标对同类型的指标进行聚类,将相近似的指标体系化为同一体系,最终形成不同层次的初选指标。这里,依据专家决策等方法确认其权重,并对指标体系进行优化试用,最终确定指标体系架构。指标体系构建流程如图 7-7 所示。

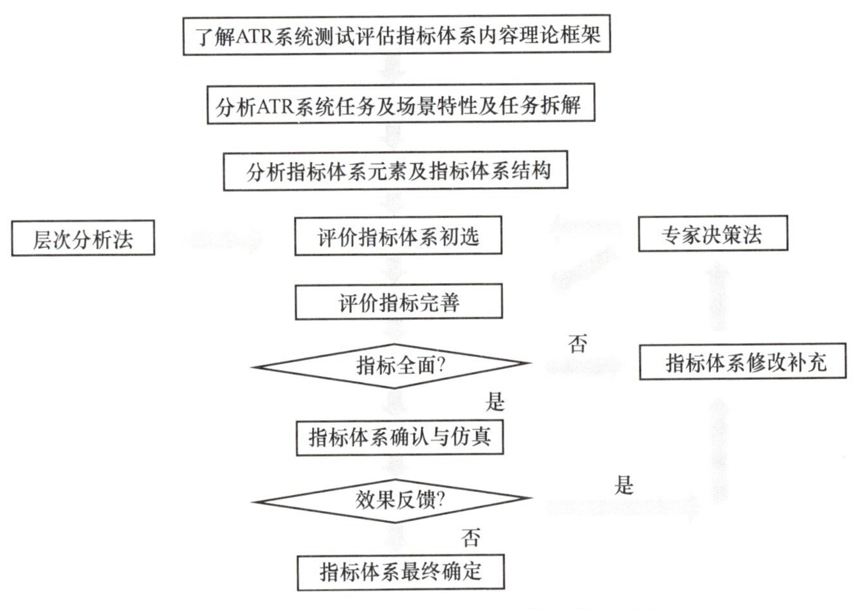

图 7-7　ATR 系统测试评估指标体系构建流程

以对海警戒监视雷达的目标识别系统为例,结合其实际的任务场景及环境因素,其指标体系按照指标选择标准可以分为四大类。一级指标包含任务复杂度、环境复杂度、识别性能以及主观评价四类。二级指标任务复杂度指标结合实际又分解为任务覆盖范围、目标种类数量、任务时长以及代价指标;环境复杂度则包含海况、雨衰以及地形条件等;识别性能包含识别正确率和虚警率;主观评价指标包含应用效能、人机交互能力和适配性。

如图 7-8 所示,在 ATR 系统指标体系四个类别中,每种指标都有其特定的形式、意义、量纲,在进行进一步分析建模前,首先需要通过数学变

换等方式对指标体系内的所有指标进行规范化处理。常见的规范化处理方法包含针对数值型指标的“标准化”处理法、归一化处理法、极值处理法、功效系数法等。针对区间数型指标的规范化，如置信区间之类的测试数据，不是单个数值而是一个取值范围。通常采用两步规范化方法，首先将其转化为一个确定数值，再利用数值型规范化进行二次处理。除此之外，还有针对特殊指标的规范化处理方法，如混淆矩阵、ROC 曲线指标这两种，通常先将其转化为衍生可量化指标，再采用数值型指标的规范化方法对其进行第二次规范化处理[31]。

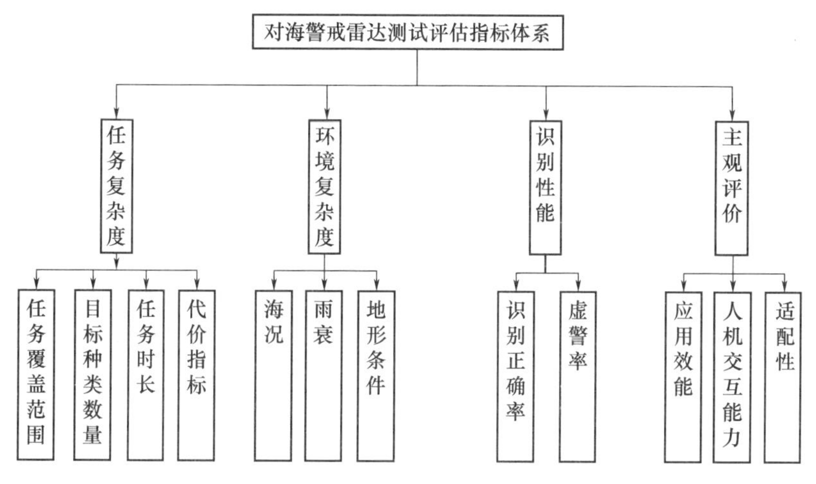

图 7-8 对海警戒雷达系统测试评估指标体系构建流程

7.2.6 复杂度计算模型

为了实现对 ATR 系统的测试评估任务，需要对任务复杂度、环境复杂度等指标进行定义与分级。不同的任务要素和不同的环境要素的组合，表征了不同 ATR 系统执行任务的复杂度。这个复杂度是经过多种因素综合评价的结果，也直接影响测试评估方法的选择，因此，对任务和环境复杂度进行量化是非常有必要的，而且参考自动驾驶测试评估技术中对于任务及环境的分级定义的模式，采用熵的相关理论方法来计算 ATR 系统任务场景和环境场景的关键要素信息，可以在某种程度下协助 ATR 系统进行任务场景的分类和优化。

为了计算指定任务复杂度的表征，以及对执行任务所面临的场景复杂度的描述，设置复杂度评价模型 C 来表示：

$$C = \theta_1 \cdot (\alpha_1 \sum X_1 + \alpha_2 \sum X_2 + \alpha_3 \sum X_3 \cdots) \tag{7-9}$$

式中：θ_1 为 ATR 系统环境复杂度系数；$X_1, X_2, X_3, \cdots$ 分别代表了指标类别中的主要要素，即二级指标的要素信息；$\alpha_1, \alpha_2, \alpha_3, \cdots$ 分别代表是 $X_1, X_2, X_3, \cdots$ 各要素类的权重，通常选取具有丰富 ATR 识别研究的专家进行元素间的要素和要素类打分，通过多名专家打分的平均值来量化各指标要素的权重，从而进一步表征要素的难易程度。

7.3 ATR 系统测试评估方法与测试环境

ATR 系统测试评估指标体系的建立，实现了对任务及场景的分解重构，确认了在该任务场景下实现 ATR 系统识别效果评估的具体框架思路，下一步需要建立测试系统评估的思路及测试方法。

7.3.1 ATR 系统测试评估等级划分及规范

2003 年，美国国家标准研究院提出并建立了无人系统自主级别框架，首先对各类无人系统进行了全面的分析评价和智能分级，为形成无人驾驶自主性评价提供了规范化框架及理论指导。参考其智能评级的研究思路[22-23]，我们在进行 ATR 系统效能测试评估的研究过程中，首先对其评价等级进行定义和分级。

ATR 系统的智能水平评估不能孤立地考虑，它是 ATR 系统自身、任务和环境综合的结果。因此，需要根据 ATR 系统在执行特定任务时的环境复杂度、任务复杂度、识别准确度和系统交互便利度来评价 ATR 系统的智能化水平。

按照上一节评估指标体系分类规则，将 ATR 系统测试评估指标体系分为四大指标，包含任务描述度指标、环境复杂度指标、目标识别效能指标、主观评价指标等，评价能力由一个字符 $L_{\text{ATR}}+X$ 位序列数组表示。分别代表 ATR 系统不同侧面的评价能力等级 $L_1 \sim L_5$，其中 L_1 代表不具备该方面的能力，L_5 代表达到能力成熟。每个单项能力中按技术指标又可以进行二级指标能力的拆分。例如，任务描述指标分为 1~5 级，但是其中任务覆盖范围难度也可以再分为 1~5 级，任务时长难度分为 1~5 级，调集传感器数量能力分为 1~5 级等。

实际环境依据能见度不同、雨衰不同以及地理条件的各不相同在分别进行评估后，依据该条件对自动目标识别结果的影响程度确认级别。最终综合评价得到 $L_{ATR}+X$ 的最终等级。依据上述 ATR 系统从四个方面划分 ATR 系统测试评估等级，结合对海雷达目标监视识别的任务场景，形成表 7-2 ATR 系统的测试评估等级。

表 7-2 ATR 系统的测试评估等级

<table>
<tr><th>评估水平等级</th><th>任务复杂度</th><th>环境复杂度</th><th>识别性能</th><th>主观评价</th><th>评分等级</th></tr>
<tr><td>L5</td><td>任务复杂度最高，覆盖范围广、识别难度高，消耗代价低</td><td>气象、地形和干扰等环境复杂度最高</td><td>识别准确率、精确率最高，漏检率或假阳性为 0</td><td>识别能力应用评估最强，人机交互性能评估性能最好，系统可适配性能最好</td><td>(5,5,5,5);(5,5,5,4);(5,5,4,5);(5,4,5,5);(4,5,5,5)</td></tr>
<tr><td>L4</td><td rowspan="2">任务复杂度较高，覆盖范围较广、识别难度较高，消耗代价较小</td><td rowspan="2">气象、地形和干扰等环境复杂度较高</td><td rowspan="2">识别准确率、精确率较高，漏检率或假阳性极低</td><td rowspan="2">识别能力应用评估较强，人机交互性能评估性能较好，系统可适配性能较好</td><td>(5,5,4,4);(5,4,4,5);(4,4,5,5);(4,5,5,4);(5,4,4,4);(4,4,4,5)(4,4,5,5);(4,5,5,4)…</td></tr>
<tr><td>L3</td><td>(4,4,4,4);(4,4,4,3);(4,4,3,4);(3,4,4,4);(4,3,4,4);(4,4,3,3);(4,3,3,4);(3,3,4,4)…</td></tr>
<tr><td>L2</td><td>任务复杂度中等，覆盖范围中等、识别难度中等，消耗代价中等</td><td>气象、地形和干扰等环境复杂度中等</td><td>识别准确率、精确率中等，漏检率或假阳性较高</td><td>识别能力应用评估中等，人机交互性能评估性能中等，系统可适配性能中等</td><td>(3,3,3,3);(3,3,3,2);(3,3,2,3);(3,2,3,3);(2,2,2,3);(2,2,3,2);(2,2,2,2);(2,2,2,1);(2,2,1,2);(2,1,2,2);(1,2,2,2);(2,1,1,1)…</td></tr>
</table>

续表

评估水平等级	任务复杂度	环境复杂度	识别性能	主观评价	评分等级
L1	任务复杂度低,覆盖范围有限、识别难度低,消耗代价最大	气象、地形和干扰等环境复杂度最低	识别准确率、精确率最低,漏检率或假阳性最高	识别能力应用评估较差,人机交互能力较差,系统可适配性能差	(1,1,1,1)

依据 ATR 系统性能测试评估等级分类可以得到整体系统的测试评估结果,如图 7-9 和图 7-10 所示,从不同维度分别得到了系统的评价等级。

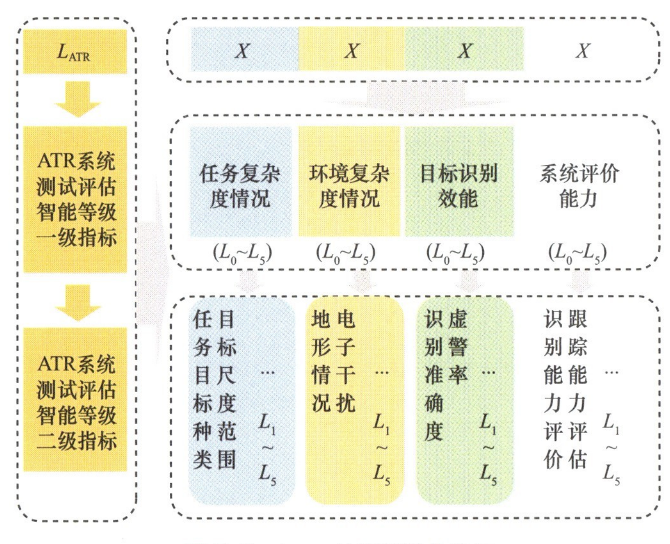

图 7-9　L_{ATR}+X 测试评估等级

7.3.2　ATR 系统测试评估模型建立

7.3.2.1　评价指标选取方法

要实现对 ATR 系统的测试评估评价,需要确定 ATR 系统各级指标的权重。7.2 节给出了本节 ATR 系统各种评估测试指标。我们知道不同指标针对不同场景设计,它们的效力也大不相同,所以如何高效利用这些指标需要一个客观的选取方法。在无人驾驶测试评估过程中,对于指标

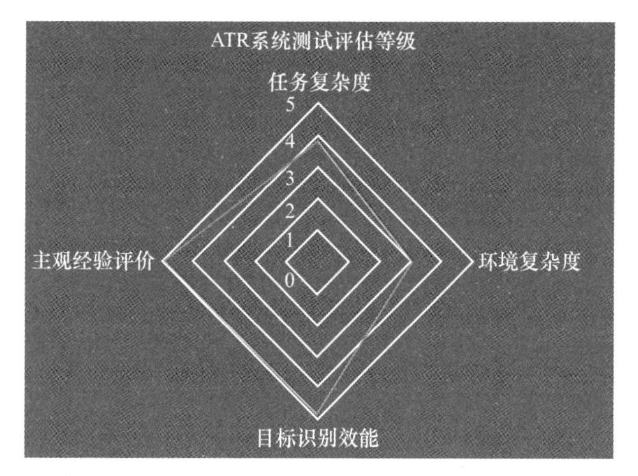

图 7-10 $L_{ATR}+X$ 测试评估等级一级指标展示

权重的选择通常选用层次分析法(Analytic Hierarchy Process,AHP)和可拓展层次分析法,已经获得了较成熟的应用结果。其中,综合法是常用的评价指标选取方法,它是按照一定的标准对已有指标进行聚类,而后使之成为一种体系的方法。若将不同观点综合起来,就可以构造出相对全面的综合评价指标体系,因此综合法适用于对现有评价指标体系的完善与发展[32]。参考无人驾驶系统测试评估体系中各级指标构建模式,本节ATR 系统测试评估模型的构建将采用综合法对测试指标进行选取。通常综合法选择过后的指标体系为初选指标,为指标可能性全集的完全展示,但并不属于充分必要的指标,需要进一步再对初选指标进行完善化筛选、优化,通过分析法和专家决策法最终选择必要且合理的指标,排除不合理指标。

7.3.2.2 评价指标权重 w 选取

评价指标对评价结果有着直接影响,要想实现对整个 ATR 系统的客观评价,就需要确定各指标的权重 w。AHP 是美国匹斯堡大学 T. L. Saaty 教授创立的为了解决多目标复杂问题的定性与定量相结合、系统化、层次化的决策分析方法。AHP 的主要思路是首先按问题要求构建一个能描述系统功能或特征的递阶层次架构,然后通过比较评价因素间的相对重要性,给出相应比例标度,构成上层某因素对下层相关因素的判断矩阵 $\boldsymbol{A}$,即

$$A=[w_{ij}]_{m\times n} \tag{7-10}$$

式中:w_{ij} 表示两评价指标间的重要度;m 和 n 表示矩阵的行与列。以给

出相关因素对上层某因素的相对重要程度组成序列,即权重关系[33]。

需要注意的是,在构造 $\boldsymbol{A}$ 时,需要确保它的合理性和一致性。同时,对于权重向量的求解,这里采用和积法。

ATR 任务种类多样性强,任务目标不尽相同,系统构成也较为复杂。因此,通用的客观评价指标权重计算模型常常不能准确反映真实测试评估需求。在实际评价过程中,可结合系统设计者、系统使用者、测试评估者的主观认知,采用主客观结合的综合评估模型来确定最终纳入评价指标体系的指标权重。

7.3.2.3 综合评价法

在数学上,本节将最终的评指标 E 定义为

$$E = \sum_{i=1}^{n} w_i f(i) \tag{7-11}$$

式中:n 为评价指标个数;w_i 为第 i 个评价指标权重;$f(i)$ 为第 i 个评价指标。需要指出的是,$f(i)$ 是已被归一化的无量纲指标。

显然,ATR 系统评价需要考虑的指标比较多,采用式(7-11)加权的方式可以确保每个指标的充分利用。对获得的 E 值,在进一步采用阈判别的方法确定该 ATR 系统是否符合实际要求。

7.3.3 面向任务场景的 ATR 系统测试评估流程

7.3.3.1 测试评估准备工作

从工程化视角来进行 ATR 系统测试评估工作,需要首先从各维度分析任务类型、环境特性以及系统本身特性等因素,再依据系统的特点进行测试评估流程的确定。第一步需要进行评估准备的内容包括:确认被测评系统类型;确认执行任务类型,并对任务内容进行拆分;确定测试评估指标体系,并依据指标类型确定试验环境及试验要求。这其中,确定测试评估指标体系为最关键的步骤之一。实现 ATR 系统测试评估的前提是,依据任务场景的描述设计合理的指标体系。例如,针对海上搜救任务,任务场景应考虑海况信息、任务覆盖范围、目标尺度等指标,在识别效果指标中应突出考虑定位指标的建立。并且在指标体系建立过程中,以先粗后细的原则:首先进行大致分类确认;然后依据任务类型再进行拆分,进一步将指标体系进行细化;最后针对不同量纲、不同定义的指标类进行规范化处理,即可作为测试评估的输入量。

经过对 ATR 系统测试评估指标体系的选择，已经基本可以确认待测目标类型、待识别参量，以及测试评估试验测试环境等信息，之后可以对被评估系统依据相关标准进行规范化试验测试，进入评估环节。

7.3.3.2 测试评估试验方案及流程

1. 任务场景拆分

结合任务场景，明确试验中各项具体要求，依据待测目标和环境场景的特殊性，确认包括评估指标体系的获取方式、评估指标体系的筛选逻辑、各类评估指标权重、评估模型选择的依据、评估模型配置的原则、数据录取及归一化的规则、各种检验的风险等。

2. 基于综合评价的评估模型建立

依据 ATR 系统本身特性以及应用环境的特殊性，选取合适的指标体系后，形成一个全面但冗余的指标聚类，在进行规范化处理后，将其进行初步筛选，可采用综合法对其进行处理。初筛后的指标体系作为全面的测评指标体系全集，包含了从任务场景描述、环境表征表述、目标识别效果描述，以及系统能力主观经验评价多种维度的指标。进一步使用选择分析法和专家决策法进行二次筛选，获得最优化的指标体系。然后再确认每个类型指标权重，最终使用综合分析法获得所需要的评估模型。

3. 确定评估试验各参数

基于以上任务拆分及指标体系筛选，确认各类测评试验具体要求，确定评估模型中的待定参数、其他相关过程参数以及约束条件。

4. 设计测试试验

完成前述工作，可以按照任务的需求进行识别试验，注意试验条件与设定条件一致。

5. 测试评估结果及分级报告生成

测试评估过程中详细记录包括过程参量以及结果数据，还有相关试验条件等详细信息，通过软件化平台自动生成测试评估报告，对于需要人工介入的指标或参数，如指标体系中需要人工打分的主观评价指标体系，可采用人工打分来进行。测评试验结束后，将指标权重及模型相关过程指标自动内部存储记录，以便于后续模型优化时作为参考值。其中，ATR 系统测试评估指标体系的确认包含有自动提取指标和人工录入指标，因此可以选用测试过程中，进行评级，评级结果将与其他指标评估结果进行综合分析。评估结果经过系统的规范化处理、权重计算及综合法模型计算，最终得到系统的最终评级打分。

7.3.3.3 ATR 效果评估分级实例

这里结合对海警戒监视雷达的目标识别实际应用来开展 ATR 效果评估评级实例分析。对海警戒监视雷达的任务目标是针对近海视距范围内的海面目标开展常态化监视与识别判情。任务覆盖范围为 60~80km 内海面场景；目标识别种类要求为海面船只的大、中、小与军、民分类，具体分类包含大型商货船、中型商货船、小型民船（渔船）、驱逐舰（大型军舰目标）、护卫舰（中型军舰目标）等，获取目标数据如表 7-3 所列。可使用的传感器为单台窄带 L 波段雷达，脉宽 1.6μs；任务环境因素包括气象条件（晴/小雨/大雨）、海况条件（1~9 级）地形条件（陆地/岛屿、有/无）等。

表 7-3 基于海军某警戒雷达获取目标数据

序号	目标类型	数量/艘	粗分类类型	小计/艘
1	大型商货船	1406	大型目标	7163
2	驱逐舰	5757		
3	中型商货船	4815	中型目标	7917
4	护卫舰	2199		
5	小型民船	2760	小型目标	2760

首先对任务场景和环境特性拆分，任务场景描述指标选择了任务覆盖范围、目标尺度范围、任务目标种类、任务时长、可调集传感器数量及代价指标；其次对环境表征指标进行确认，依据试验条件分别进行气象条件、地理条件和电子干扰等因素的级别进行确认。结合本案例环境表征指标包括气象条件、海况、地形条件（杂波）等指标；目标识别效果指标选择检测准确率、虚警率作为评估指标；主观评价指标选择应用效能、交互能力指标等。

在系统测试评估指标体系确定后，设计评估过程参数与评估模型类型，确定试验条件。针对系统进行多次的识别试验，详细记录其检测能力指标，包括准确率、虚警率以及处理时间等。同时，在试验结束时，有测评人员对系统的操作性能及人机交互性能给出相应评分。再者，针对不同量纲的指标类型进行规范化、归一化处理；依据主客观综合分析法获得了各指标权重如表 7-4 所列。

表 7-4 案例 ATR 系统指标体系参考值、测评值及权重比值

一级指标	权重	二级指标	参考值	评测值 节点 1	评测值 节点 2	评测值 节点 3	权重
任务复杂度	0.2	任务覆盖范围	距离:10~80km; 方位:360°	距离:10~80km; 方位:360°; 站点:单站	距离:10~80km; 方位:360°; 站点:2-3 站	距离:10~80km; 方位:360°; 站点:≥5	0.4
		目标种类数量	大于 10	8	12	20	0.4
		任务时长	全天时	全天时	全天时	全天时	0.1
		代价指标	1~5	3	2	1	0.1
环境复杂度	0.2	海况	0~9 级	1~3 级	1~4 级	1~5 级	0.5
		雨衰	1~5	2	3	3	0.2
		地形条件杂波	1~5	2	4	5	0.3
目标识别性能	0.4	识别正确率	100%	粗分类:0.85; 细分类:0.75	粗分类:0.92; 细分类:0.83	粗分类:0.96; 细分类:0.89	0.6
		虚警率	0	粗分类:0.06; 细分类:0.32	粗分类:0.05; 细分类:0.13	粗分类:0.04; 细分类:0.12	0.4
主观评价	0.2	应用效果	—	中	良	良	0.4
		人机交互	—	中	良	优	0.5
		适配性	—	中	优	优	0.1

通过结合指标权重的指标评级后，可以得到每一类指标特性的权重等级划分结果，利用综合分析法将各二级指标整合后形成整体系统的测试评估结果，如图 7-11 所示。且该系统在两年的运行期间经过多次测评及系统优化后，在不同阶段的评测节点性能不断完善升级，整体性能得到了进一步提升，最终系统识别率提高到 95.8%，目标识别能力较强，识别效能指标评级为 L_4；人机交互能力也达到 L_5，用户体验非常好，该系统操作便捷，人机交互友好。该 ATR 系统的任务复杂难度中等，评级为 L_3；环境类型相对复杂，评级为 L_4；因此该 ATR 系统测试评估总体等级水平为 L_{ATR}-3 4 4 5。如图 7-12 所示，属于在复杂环境及任务场景下，具有较好的识别能力以及应用效能的系统，说明该系统算法适配性较好，系统架构最优化且合理。

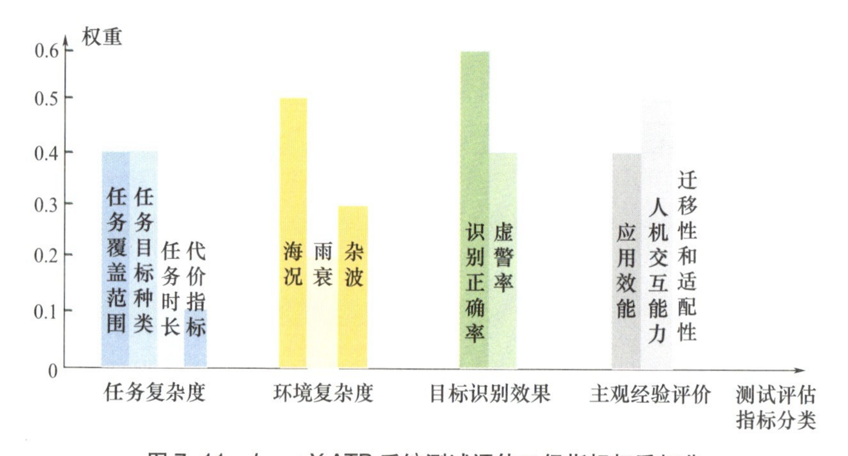

图 7-11　$L_{ATR}+X$ ATP 系统测试评估二级指标权重打分

最后针对实验室团队实际研发的对空雷达某 ATR 装备系统，构建系统指标体系，并以系统交付使用一个月和一年两个评测时间点来对系统 ATR 效能做一个评估。基于实际运行数据可以得出，因 ATR 系统具有良好的目标数据精确处理能力与在线优化演进能力，该装备正式移交启用一个月就达到了很高的识别效能，并在一年后就提升到一个稳定的应用水准。

结合表 7-5 系统性能的测评指标体系及权重划分，依据综合分析法整合后可以得到整体系统的测试评估结果。该 ATR 系统面向的任务复杂难度较高，评级为 L_4；环境类型相对单一，评级为 L_2；系统识别率提高到 98%，目标识别能力较强，识别效能指标评级为 L_5；主观评价从评估节

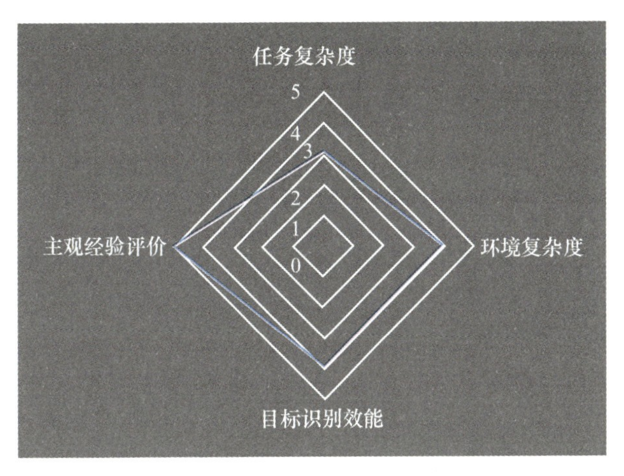

图 7-12 对海警戒雷达 ATR 系统测试评估等级

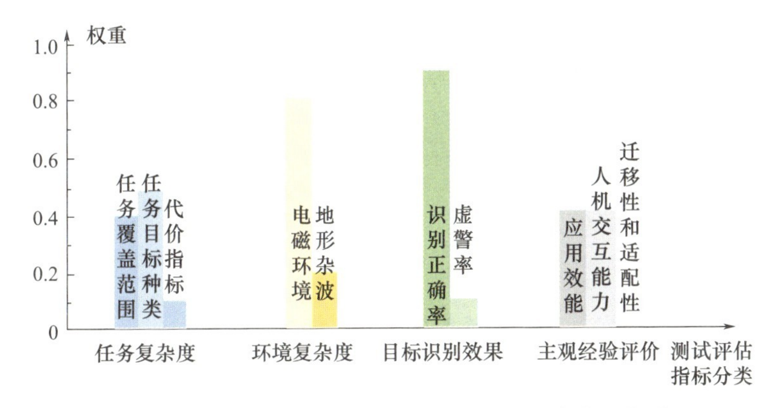

图 7-13 $L_{ATR}+X$ ATR 系统测试评估二级指标权重打分

点 1 的 L_3，通过一年的系统迭代演进，整体达到 L_5，该系统操作便捷，人机交互友好，且具备较好的适配性能。最终该 ATR 系统测试评估总体等级水平为 L_{ATR}-4 2 5 5，如图 7-14 所示。

表 7-5 某 ATR 系统指标体系参考值、测评值及权重比值

一级指标	权重	二级指标	参考值	评测值节点 1	评测值节点 2	权重
任务复杂度	0.3	任务覆盖范围	装备指标（搜索、跟踪、识别区域范围）	达到	优于	0.4
		目标种类/数量	四大类/2500	4/2300	4/2700	0.5
		代价指标	1~5	3	1	0.1

续表

一级指标	权重	二级指标	参考值	评测值节点 1	评测值节点 2	权重
环境复杂度	0.1	电磁环境	1~5	1	1	0.8
		地形杂波	1~5	2	2	0.2
目标识别性能	0.4	识别正确率	100%	96%	98%	0.9
		虚警率	0	1%	0	0.1
主观评价	0.2	应用效果	/	良	优	0.4
		人机交互	/	中	优	0.4
		适配性	/	良	优	0.2

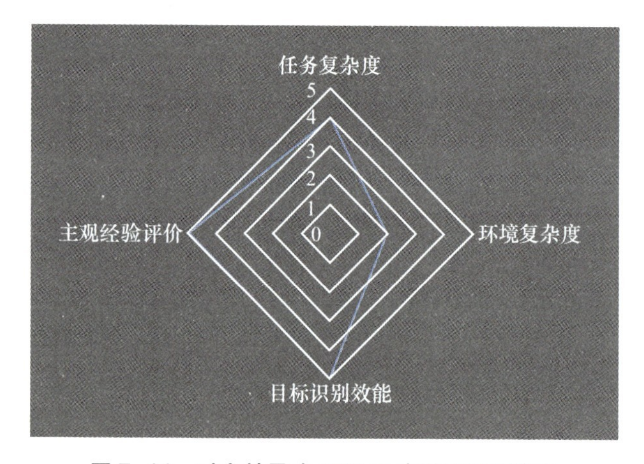

图 7-14　对空某雷达 ATR 系统测试评估等级

7.4　ATR 测试技术发展趋势与展望

目前,现有的针对任务场景 ATR 系统测试评估技术的研究已有了长足的发展,但仍存在很多问题:①测试数据及场景库的多样性不够、覆盖性不强,难以形成通用的测试场景库;②由于任务的多样性和复杂性,测试评估指标体系选择难以统一,依据专家经验进行权重打分筛选的标准不同,导致不同专家测评的结果不同;③针对不同类型的动态场景和任务类别下的 ATR 系统进行测试和评估,如何获得目标真值,如何配合不同任务提出适合的测评指标体系,都还未形成标准的解决方案。

未来 ATR 系统测试评估技术的发展必然会向着差异化和标准化发

展,在任务场景上实现差异化,在测试评估方法上实现标准化,从而构建满足多样化和差异化的测试评估方法,同时实现多维数据共享及接口通用,促使 ATR 系统测试评估技术得到更广泛的应用和更深入的研究。鉴于针对 ATR 系统测试评估等级划分,未来也希望在该方向开展测评及标准认定的工作。依据特定任务场景的 ATR 系统目标识别的测试内容,参考系统测试评估的具体需求,结合我国在该领域的发展趋势,构建出适用于 ATR 系统测试评估标准的架构,建立规范化测试评估流程,最终实现科学准确地考核 ATR 系统及相关组成模块。

参考文献

[1] NASR H,SADJADI F. Automatic target recognition algorithm performance evaluation: The bottleneck in the development life cycle[C]//Proceedings of SPIE-The International Society for Optical Engineering,1989:1098.

[2] 郁文贤. 智能化识别方法及其在舰船雷达目标识别系统中的应用[D]. 长沙:国防科学技术大学,1992.

[3] 郁文贤,等. 某雷达目标识别信息处理系统技术方案报告[R]. 长沙:国防科技大学 ATR 实验室,2003.

[4] 庄钊文,郁文贤,王浩,等. 信息融合技术在可靠性评估中的应用[J]. 系统工程与电子技术,2000,22(3):4.

[5] 何俊. 毫米波宽带高分辨 ATR 算法性能评估方法研究[D]. 长沙:国防科技大学,2004.

[6] WU S M,FLACH P. A scored AUC metric for classifier evaluation and selection[C]//Proceedings of the ICML 2005 Workshop on ROC Analysis in Machine Learning,2005.

[7] BASSHAM C B. Automatic target recognition classification system evaluation methodology[D]. Dayton:Air Force Institute of Technology,2002.

[8] 刘伟. 自动目标识别系统效能评估方法研究[D]. 长沙:国防科学技术大学,2007.

[9] ALSING S G. The evaluation of competing classifiers[D]. Dayton:Air Force Institute of Technology,2000.

[10] PARKER D R,GUSTAFSON S C,ROSS T D. Unified measures of target detection system performance evaluation[R]. Dayton:Wright-Patterson Aire Force Base,2006.

[11] 何峻,赵宏钟,付强. 自动目标识别性能评估指标简述[J]. 电讯技术,2007,47(5):6.

[12] 廖云涛. ATR 性能评估方法的研究[D]. 武汉:华中科技大学,2002.

[13] ERNISSE B E,ROGERS S K,DESIMIO M P,et al. Complete automatic target cuer/recognition system for tactical forward-looking infrared images[J]. Optical Engineering,1997,36(9):2593-2603.

[14] DUDGEON D E. ATR performance modeling and estimation[J]. Digital Signal Processing,2000,10(4):269-285.

[15] 李彦鹏. 自动目标识别效果评估[D]. 长沙:国防科学技术大学,2004.

[16] 庄钊文,黎湘,李彦鹏,等. 自动目标识别效果评估技术[M]. 北京:国防工业出版社,2006.

[17] 湖北亿咖通科技有限公司. 一种车载系统的目标检测性能的评价方法和电子设备:CN202010431130.6[P]. 2020-08-25.

[18] 中国人民解放军火箭军工程大学. 一种雷达目标识别效果评价装置:CN201910525308.0[P]. 2020-07-21.

[19] 哈尔滨工程大学. 一种利用舰船辐射噪声仿真信号的水下目标识别系统性能评估方法:CN202011109940.6[P]. 2021-01-15.

[20] 付强,何峻. 自动目标识别评估方法及应用[M]. 北京:科学出版社,2013.

[21] 孙长亮. 基于 ROC 曲线的 ATR 算法性能评估方法研究[D]. 长沙:国防科学技术大学, 2006.

[22] 熊光明,高利,吴绍斌,等. 无人驾驶车辆智能行为及其测试与评价[M]. 北京:北京理工大学出版社,2015.

[23] 冯屹,王兆. 自动驾驶测试场景技术发展与应用[M]. 北京:机械工业出版社,2020.

[24] 何峻,赵宏钟,付强. 自动目标识别性能评估指标简述[J]. 电讯技术,2007,47(5):6.

[25] 王光里. 公路能见度概念及测量仪器的计量校准原理与方法探讨[J]. 吉林交通科技,2010,3:9-12.

[26] 郭烜. Ka 频段雨衰特性研究[D]. 西安:西安电子科技大学,2012.

[27] 黄成浩,付朝阳,李红梅,等. 一种烟气湿度测试仪校准装置和方法[J]. 计量与测试技术,2021,48(4):3.

[28] 王坤,张剑云,周青松. 针对 STAP 雷达的分布式投散射伪杂波干扰方法[J]. 探测与控制学报,2020,42(6):8.

[29] 申建华,殷成志,闫巍. 压制干扰模拟及其电路实现[C]//中国电子学会电子对抗分会学术年会,2003.

[30] 李亚南,韩壮志. 雷达抗有源压制式干扰效果的评估指标与测试[J]. 现代雷达,2015,37(9):5.

[31] 陈颖文.空战武器装备系统的效能评估技术研究[D].长沙:国防科学技术大学,2003.

[32] 于明政,熊世权,廖世龙,等.基于综合方法的区域科技进步监测指标选择与ANP权重确定[J].科技管理研究,2010,6:62-65.

[33] 张炳江.层次分析法及其应用案例[M].北京:电子工业出版社,2014.

第 8 章 结语——永恒的挑战

ATR 的发展源于作战任务的固有需求，但一直面临着从理论到技术，再到应用的系统性挑战。由于 ATR 系统识别对象固有的未知性与复杂性，识别环境的动态性与开放性，以及日益加剧的对抗性和不确定性，使得 ATR 的发展永远在路上。ATR 领域当前与未来面临的挑战性技术与工程应用问题主要体现在 ATR 技术与的战斗任务的耦合、识别系统的预测水平、与场景的适应能力三个方面。

1. ATR 技术链与应用任务链的构建与耦合

在第 1 章绪言中，本书将 ATR 系统的核心能力归纳为互为关联有机衔接的三个能力：数据信息能力、信息认知能力和感知通信计算支撑能力。围绕三个能力，本书梳理与构建了 ATR 的核心技术体系。ATR 能力服务于战斗识别任务，不同作战阶段的任务需求构成了 ATR 工程应用任务链。ATR 系统根据任务过程中的需求实时提供目标识别与决策支持。但现实情况下，ATR 技术链与应用任务链的构建与耦合长期面临着众多困难。

（1）ATR 能力受限于任务需求存在的固有不确定性。目前战斗识别任务的需求一般都是定性为主，任务想定与实际场景存在较大差距，同时也缺乏任务需求的规范化表征与生成，因此在装备研制阶段难以形成有效的任务链，需要通过大量的试验验证来完善任务需求与任务列表。任务需求的不确定性将给 ATR 系统的早期开发，尤其是核心算法的开发带来困难。

（2）ATR 技术创新与系统集成之间存在隔阂。ATR 系统的性能与探测载荷平台能力、与任务需求、与环境复杂度、与探测传感器本身特性、

与体系支持等都紧密相关。因此,ATR 是系统的整体功能集成体现,ATR 指标不能简单的看成是一个数据的统计指标,它实际上都是系统性的总体指标。实际情况是,很多研究 ATR 的技术人员,不太熟悉也很难了解任务总体,ATR 技术的创新研究和工程应用之间存在很大的缝隙。

(3) ATR 效能受限于传感器自身能力与探测模式。大量现役的探测装备,尤其是雷达,都是以目标发现跟踪为目的,系统设计通常遵循的是点目标处理思想,因此传感器本身就不提供或仅提供很少的精细化描述信息。这种传统的探测模式在机理上决定了不适用于目标识别模式,即使通过各种处理方法,也难以实现信息“补齐”。这将涉及装备观测与使用方式的调整。

(4) ATR 能力的形成与拓展受多元创新协同不足制约。ATR 系统能力的形成与能力的演进需要在装备使用中迭代,但研制方交付用户装备后,一般难以提供、也很少提供与目标识别紧密相关的数据处理、管理与更新等软件与服务。在装备用户、装备研制方和 ATR 技术与服务提供方之间还难以形成高效的技术创新协同链路。

2. ATR 系统的识别性能受制于预测目标模型的能力

ATR 之难,源于对识别对象不完备、不确定的观测。目标的非合作性与欺骗性、干扰的引入、环境的变化,以及受限的观测手段、有限的观测时空窗口等,再加上目标与场景先验信息与知识的局限性等,都使得通过有限训练样本与模型建立的 ATR 方法很难满足实战要求。突破传统 ATR 方法的局限性有以下几个方面。

(1) 要解决目标与环境的有效建模问题。因为样本和先验信息受限,以及实际应用场景的不确定性,所以建模的要求不是为了精确,而是要尽可能覆盖各类可能的目标模型。这需要建立一个复杂的层次化、网络化的目标分类模型空间,在不同的识别层次上采用不同的建模方法。

(2) 要解决特定应用场景预测目标模型的有效选择、裁剪和快速学习训练与装订问题。要针对各类应用场景,快速形成任务模型与流程,设置可能目标集合与相应的预测目标模型,并导入各类参考目标数据、知识和关联环境信息等,快速训练形成面向特定应用任务的 ATR 算法软件。

ATR 系统的不确定性源于很多因素,如缺乏目标先验信息、噪声观测、干扰影响等,因此需要通过有效预测目标场景状态或缩小目标场景空间,来降低目标模型预测的复杂性,从而提高 ATR 的可靠性。同时,预测

模型的识别性能与其自身学习能力正相关，因此保持 ATR 系统识别算法快速、高效的学习能力是非常必要的，包括提供强大的计算平台，缩短 ATR 系统预测模型训练时间。

3. ATR 系统面临的场景适应性挑战

场景适应性是 ATR 必然面临的挑战性难题。ATR 总是处于动态开放的环境下，新需求、新任务、新数据、新目标不断出现，目标特性的变化和应用场景多样性要求 ATR 系统具备自学习、自组织、自生长的能力。场景适应性不但是算法研发、系统开发阶段必须要考虑的一个关键功能指标，更是 ATR 系统实战环节面临错综复杂背景环境时的能力体现。

（1）发展软件定义的柔性 ATR 系统架构和以识别为核心 ATR 操作系统，以适应快速、灵活定制或更新不同作战环境条件下的 ATR 系统的需要。

（2）发展敏捷、轻量化的 ATR 系统架构和识别处理技术产品，以适应各类灵巧型智能武器的发展需求。

（3）加强目标场景表征与分类研究，形成规范化的分类、分级 ATR 目标场景视图。在此基础上，发展 ATR 跨场景高效迁移学习、融合学习方法，提升跨域、跨场景下的 ATR 系统能力。

（4）发展 ATR 领域更为有效的系统学习演进理论与方法，使得 ATR 系统能够在使用过程中进行持续高效的进化与扩展，保持对新出现目标类型、样本特性和场景状态稳定的识别能力；建立适应 ATR 战斗识别任务特点的虚实混合训练模型与模式，最大程度地构建开放的 ATR 生态，形成场景、数据、算法的闭环，为加速 ATR 系统的泛化应用建立核心技术基础。

ATR 之美，既在于她的难，更在于她的至关重要、不可或缺，是一个永恒的挑战。ATR 的发展需要领域相关技术的进步与应用整合，需要更多的领域研究人员面向应用场景深耕细作，不断地把 ATR 技术的研究和工程应用推向极限，享受 ATR 之美，成就 ATR 之美。

主要缩略语

（按出现顺序排序）

ATR	自动目标识别	Automatic Target Recognition
IFF	敌我识别系统	Identification of Friend or Foe
NATO	北大西洋公约组织(简称北约)	North Atlantic Treaty Organization
CID	战斗识别	Combat Identification
OODA	观察-调整-决策-行动	Observe-Orient-Decide-Act
DARPA	美国国防高级研究计划局	Defense Advanced Research Projects Agency
MSTAR	移动和固定目标自动识别项目	Moving and Stationary Target Automatic Recognition
TRACE	对抗环境目标识别与适应项目	Target Recognition and Adaption in Contested Environments
RCS	雷达散射截面积	Radar Cross Section
HRRP	高分辨距离像	High Resolution Range Profile
SAR	合成孔径雷达	Synthetic Aperture Radar
ISAR	逆合成孔径雷达	Inverse Synthetic Aperture Radar
ANN	人工神经网络	Artificial Neural Networks
CNN	卷积神经网络	Convolutional Neural Networks
GAN	生成对抗网络	Generative Adversarial Network
CAD	计算机辅助设计	Computer Aided Design
NTSDS	国家目标与威胁特性数据库系统	National Target/Threat Signatures Data System
EOC	扩展操作条件	Extended Operating Conditions

MASINT	测量与特征情报	Measurement and Signature Intelligence
SAIP	半自动图像处理	Semi - Automated IMINT (Image Intelligence) Processing
MTR	动目标识别	Moving Target Recognition
NIIRS	美国国家图像解译等级标准	National Imagery Interpretability Rating Scale
STFT	短时傅里叶变换	Short-Time Fourier Transform
PCA	主成分分析	Primary Component Analysis
SPCA	稀疏主成分分析	Sparse Primary Component Analysis
2DPCA	二维主成分分析	2-Dimensional Primary Component Analysis
OA	开放架构	Open Architecture
CPU	中央处理单元	Central Processing Unit
DSP	数字信号处理	Digital Signal Processing
DDMS	数字化数据管理规范	Digital Data Management Specification
FPGA	现场可编程逻辑门阵列	Field Programmable Gate Array
ROS	机器人操作系统	Robot Operating System
XPU	“X”(GPU/CPU)处理单元	“X” Process Unit
SWaP	尺寸,重量,功率	Size,Weight,Power
ETL	抽取,转化,加载	Extract,Transform,Load
QoS	服务质量(模型)	Quality of Service (Model)
NASA	美国国家航空航天局	National Aeronautics and Space Administration
SSR	任务调度成功率	Successful Scheduling Ration
TUR	任务时间利用率	Time Utilization Ratio
TRE	威胁等级响应比	Threat Ratio of Execution
PSO	粒子群优化算法	Particle Swarm Optimization
Q-RAM	服务质量资源分配方法	QoS Resource Allocation Method
EST	最早起始时间算法	Earliest Start Time
ROC	接收机操作特征	Receiver Operating Characteristic

GIS	地理信息系统	Geographic Information System
C4ISR	指挥、控制、通信、计算机、智能、侦察和监视系统	Command, Control, Communication, Computer, Intelligence, Surveillance and Reconnaissance
JDL	实验室理事联合会	Joint Directors of Laboratories
DFS	信息融合专家组	Data Fusion Sabinal
AIS	船舶自动识别系统	Automatic Identification System
NNDA	最近邻数据关联	Nearest Neighbor Data Association
PDA	概率数据关联	Probability Data Association
JPDA	联合概率数据关联算法	Joint Probability Data Association
IMU	惯性测量单元	Inertial Measurement Unit
GNSS	全球导航卫星系统	Global Navigation Satellite System
RTK	实时动态	Real-Time Kinematic
KF	卡尔曼滤波	Kalman Filter
EKF	拓展卡尔曼滤波	Extended Kalman Filter
UKF	无迹卡尔曼滤波	Unscented Kalman Filter
CI	协方差交叉	Covariance Intersection
CEC	美军协同作战能力	Cooperative Engagement Capability
DDS	数据分发系统	Data Distribution system
CEP	协同作战处理器	Cooperative Engagement Processor
UOOSMF	无序量测滤波器	Unified Out-of-Sequence Measurements Filter
BPAF	基本概率分配函数	Basic Probability Assignment Function
BBA	基本信度指派	Basic Belief Assignment
MOP	性能度量	Measure of Performance
PBAR	均衡信度分配准则	Proportional Belief Assignment Rule
LwF	无遗忘学习	Learning without Forgetting
EWC	弹性权重巩固模型	Elastic Weight Consolidation
iCaRL	增量分类与表示学习	Incremental Classifier and Representation Learning

ROI	感兴趣区域	Region of Interest
RCNN	区域卷积网络	Region Convolutional Neural Networks
RPN	区域提取网络	Region Proposal Network
CPC	对比预测编码	Contrastive Predictive Coding
GRU	门控循环单元	Gated Recurrent Unit
RNN	循环神经网络	Recurrent Neural Network
NCE	噪声对比评估	Noise Contrast Estimation
DEC	深度嵌入聚类	Unsupervised Deep Embedding for Clustering Analysis
KL	KL 散度	Kullback-Leibler Divergence
IMU	惯性测量单元	Inertial Measurement Unit
GPS	全球定位系统	Global Position System
RSOM	迭代自组织特征映射	Recursive Self-Organizing Map
SOM	自组织特征映射	Self-Orignization Mapping
TACM	面向任务场景的 ATR 系统测试评估体系	Task,Ability,Concern and Metrics
AGC	自动增益控制	Automatic Gain Control
TP	真阳性	True Positive
TN	真阴性	True Negative
FP	假阳性	False Positive
FN	假阴性	False Negative
AUC	曲线面积	Area Under the Curve
AHP	层次分析法	Analytic Hierarchy Process